计算思维与人工智能基础

薛红梅　申艳光　孙胜娟　倪健　卢斯　主编

清华大学出版社

北京

内 容 简 介

为深入贯彻落实党的"二十大"精神,加快建设数字中国,培养大批具备计算思维和人工智能素养的创新人才,本书以培养学生的计算思维能力和人工智能应用能力为目标,力求做到理论与实践相结合、知识与能力并重、科技与人文交融,为读者提供一本内容丰富、结构清晰、实用性强的人工智能通识课教材。

本书分为理论篇和实践篇两大部分,共 8 章。第 1~6 章为理论篇,从计算思维与计算机系统基础入手,详细介绍了计算机系统基础知识,深入探讨了人工智能的概念、核心要素、关键技术及应用,帮助学习者全面掌握人工智能的理论体系。此外,还涵盖了分布式计算环境、云计算、大数据、物联网、区块链等前沿技术,帮助学习者了解人工智能在当代技术环境中的应用与发展趋势。第 7~8 章为实践篇,聚焦 Python 编程实战,通过实验和项目实战逐步引导学习者掌握 Python 编程技巧,掌握如何利用 AI 开放平台编程实现文字识别、图像识别等功能;深入探讨 AIGC(生成式人工智能)工具的应用,涵盖写作、图表、演示文稿、图像、视频、代码生成等多个领域,结合实际案例,帮助学习者快速上手 AIGC 工具,提升工作效率。

本书紧跟时代步伐,注重思维训练,强化实践应用,既适合作为高等院校人工智能通识课程的教材,也可作为人工智能爱好者的自学用书。

图书在版编目(CIP)数据

计算思维与人工智能基础 / 薛红梅等主编. -- 北京 :清华大学出版社,
2025.7. -- ISBN 978-7-302-69638-4

Ⅰ. O241;TP18

中国国家版本馆 CIP 数据核字第 20252FQ412 号

责任编辑:龙启铭
封面设计:何凤霞
责任校对:徐俊伟
责任印制:曹婉颖

出版发行:清华大学出版社
        网   址:https://www.tup.com.cn,https://www.wqxuetang.com
        地   址:北京清华大学学研大厦 A 座   邮   编:100084
        社 总 机:010-83470000   邮   购:010-62786544
        投稿与读者服务:010-62776969,c-service@tup.tsinghua.edu.cn
        质量反馈:010-62772015,zhiliang@tup.tsinghua.edu.cn
        课件下载:https://www.tup.com.cn,010-83470236
印 装 者:大厂回族自治县彩虹印刷有限公司
经   销:全国新华书店
开   本:185mm×260mm   印   张:20.25   字   数:479 千字
版   次:2025 年 7 月第 1 版   印   次:2025 年 7 月第 1 次印刷
定   价:56.00 元

产品编号:112370-01

以人工智能为代表的新一轮科技革命和产业变革正在重构全球创新版图、重塑全球经济结构。人工智能作为引领未来的战略性技术，正在深刻改变着人类的生产生活方式，推动着社会各领域向智能化方向加速演进。为深入贯彻落实党的"二十大"精神，加快建设数字中国，培养大批具备计算思维和人工智能素养的创新人才，本书紧密结合社会发展需求，以培养学生的计算思维能力和人工智能应用能力为目标，力求做到理论与实践相结合、知识与能力并重、科技与人文交融，为读者提供一本内容丰富、结构清晰、实用性强的人工智能通识课教材。

本书特色如下。

（1）**紧跟时代步伐，体现最新发展**。

本书内容紧跟人工智能技术发展趋势，涵盖了机器学习、深度学习、自然语言处理、计算机视觉等前沿技术，并介绍了生成式人工智能（AIGC）等新兴领域，帮助学生了解人工智能的最新发展动态和应用前景。

（2）**注重思维训练，培养创新能力**。

本书以计算思维为主线，引导学生运用抽象、分解、模式识别、算法设计等思维方式分析和解决问题，培养学生的逻辑思维能力、问题解决能力和创新能力。

（3）**强化实践应用，提升动手能力**。

本书设计了丰富的实验和案例，引导学生运用 Python 编程语言和人工智能开放平台进行实践操作，帮助学生将理论知识转化为实践能力，提升学生的动手能力和解决实际问题的能力。

（4）**融入思政元素，培养家国情怀**。

本书将社会主义核心价值观、中华优秀传统文化、科技强国战略等思政元素融入教学内容，引导学生树立正确的世界观、人生观和价值观，培养学生的家国情怀和社会责任感。

此外，本书中利用"思考与探索""角色模拟""能力拓展与训练"等栏目多方位、多角度培养学生工程能力，包括终身学习能力、团队工作和交流能力、社会及企业环境下建造产品的系统能力、具备可持续发展理念的人工智能综合应用能力。

期望本书能助力读者系统地掌握人工智能的基础理论、核心技术以及典型应用；培育学生在人工智能领域的创新思维与实践能力；帮助学生突破传统学科的界限，养成跨学科的思考模式；有力推动学科交叉融合，促进复合型人才的培养。

本书由河北工程大学与中智讯（武汉）科技有限公司联合编写，河北工程大学本科教材建设基金资助出版,河北工程大学信息与电气工程学院领导提供了大量的意见和建议,人工智能通识课课程组的老师赵辉、杨丽(大)、王彬丽、杨丽(小)、张艳丽、楚荣珍、崔继馨,通信工程系的老师贾少锐、张龙也为本书的编写付出了辛勤的劳动,在此表示感谢。编者参阅和引用了大量参考文献,在此对相关作者表示衷心的感谢。

由于作者的水平有限及时间仓促,书中难免存在不足之处,恳请读者批评和指正,以使其更臻完善!

编　者

2025 年 3 月

目录

理　论　篇

知之者不如好之者，好之者不如乐之者。

——孔子《论语》

第 1 章 计算思维与计算机系统基础

1.1 计算机技术

1.1.1 计算机的发展

在社会的发展过程中,人类不断发明和改进各种计算工具,如贝壳、绳子、算筹、算盘、计算尺、计算器、机械式计算机等。1946 年第一台通用电子计算机 ENIAC(Electronic Numerical Integrator And Computer,电子数字积分计算机)的诞生,是 20 世纪杰出的科技成就,是人类科学发展史上的重要里程碑。

自 ENIAC 诞生以来,计算机已经走过了 70 多年的发展历程。计算机的体积不断变小、成本不断下降,但性能、速度在不断提高。根据计算机主机所使用的物理元器件,可将计算机划分为四代。

第一代(1946—1958 年)——电子管计算机时代

这一代计算机的主要特征是:以电子管为基本电子器件;使用机器语言和汇编语言;应用领域主要局限于科学计算;运算速度每秒只有几千次至几万次。由于体积大、功率大、价格昂贵且可靠性差,因此,很快被新一代计算机所替代。然而,第一代计算机奠定了计算机发展的科学基础。

第二代(1959—1964 年)——晶体管计算机时代

这一代计算机的主要特征是:晶体管取代了电子管;软件技术上出现了算法语言和编译系统;应用领域从科学计算扩展到数据处理;运算速度已达到每秒几万次至几十万次;此外,体积缩小,功耗降低,可靠性有所提高。

第三代(1965—1970 年)——中小规模集成电路时代

这一代计算机的主要特征是:普遍采用了集成电路,使体积、功耗均显著减少,可靠性大大提高;运算速度每秒几十万次至几百万次;在此期间,出现了向大型和小型化两极发展的趋势,计算机品种多样化和系列化;同时,操作系统的出现,使得软件技术与计算机外围设备发展迅速,应用领域不断扩大。

第四代(1971 年至今)——大规模和超大规模集成电路时代

这一代计算机的主要特征是:中、大及超大规模集成电路(VLSI)成为计算机的主要器件;运算速度已达每秒几十万亿次以上。大规模和超大规模集成电路技术的发展,进一步缩小了计算机的体积和功耗,增强了计算机的性能;多机并行处理与网络化是第四代计算机的又一重要特征,大规模并行处理系统、分布式系统、计算机网络的研究和实施进展迅速;系统软件的发展不仅实现了计算机运行的自动化,而且正在向工程化和智能化迈进。

目前计算机的物理元器件仍处于第四代,虽正朝微型化、巨型化、网络化和智能化发展,但系统结构未获大突破,仍属冯·诺依曼计算机。未来计算机技术可能在光计算机(以光传输信息,并行处理和运算速度强)、生物计算机(用生物芯片)、量子计算机(利用微观粒子多现实态运算)等方面取得突破。

我国电子计算机研究始于1953年,1958年中科院计算所研制出第一代电子管计算机103型。20世纪60年代初开始研制第二代计算机。

1983年12月,慈云桂教授历经5年主持研制出我国首台亿次级巨型计算机"银河Ⅰ",他和团队还研制出系列大、中、小型计算机,为我国计算机发展做出重要贡献。

"银河Ⅰ"是我国高速计算机研制的重要里程碑,之后"银河Ⅱ""银河Ⅲ"运算速度不断提升。1995年"曙光1000"研制成功,是我国首套独立研制的大规模并行计算机系统。2013年"天河二号"成全球最快超算。

2020年全球超算TOP500榜单中,中国超算数量位列全球第一,占比超45%。神威"太湖之光"曾连续四届获全球超算TOP500冠军,且全部使用国产自主知识产权处理器芯片。

2021年,中国发布了新一代超级计算机"神威·海洋之光",进一步提升了计算性能,并在气候模拟、生物医药、材料科学等领域发挥了重要作用。此外,中国的"天河"系列超级计算机也在不断升级,最新的"天河三号"在2022年实现了每秒百亿亿次(Exascale)的计算能力,成为全球最快的超级计算机之一。

2022年,中国进一步推出了"祖冲之二号"量子计算机,其在处理特定问题上的速度远超传统计算机,标志着中国在量子计算领域的领先地位。

💬 **思考与探索**

1946年,在参与Mark系列计算机研制的人员中有一位杰出女性——格蕾丝·霍普(Grace Hopper),她在发生故障的Mark计算机里找到了一只飞蛾,这只小虫被夹扁在继电器的触点里,影响了机器的正常运行,霍普诙谐地把程序故障称为"臭虫(Bug)",这一奇妙的称呼后来竟成为计算机故障的代名词,而"Debug"则成为调试程序、排除故障的专业术语。

1.1.2　图灵机模型

1936年,年仅24岁的英国人艾伦·图灵(1912—1954)发表了著名的《论应用于决定问题的可计算数字》一文,提出了理想计算机的数学模型,即图灵机(Turing Machine)。

图灵机是图灵构造出的一台抽象的机器,该机器由以下几个部分组成。

(1) 一条无限长的纸带 TAPE:纸带被划分为一个接一个的小格子,每个格子上包含一个来自有限字母表的符号,字母表中有一个特殊的符号表示空白。纸带上的格子从左到右依次被编号为 0,1,2,……,纸带的右端可以无限伸展。

(2) 一个读写头 HEAD:该读写头可以在纸带上左右移动,它能读出当前所指的格子上的符号,并能改变当前格子上的符号。

(3) 一套控制规则:它根据当前机器所处的状态以及当前读写头所指的格子上的符号来确定读写头下一步的动作,并改变状态寄存器的值,令机器进入一个新的状态。

(4) 一个状态寄存器:它用来保存图灵机当前所处的状态。图灵机的所有可能状态数目是有限的,并且有一个特殊的状态。

注意,这台机器的每一部分都是有限的,但它有一个潜在的无限长的纸带,因此这种机器只是一台理想的设备。图灵认为这样的一台机器就能模拟人类所能进行的任何计算过程。

简单地说,设想有一条无限长的纸条,纸条上有一个个方格,每个方格可以存储一个符号,纸条可以向左或向右运动。图灵机可以做 3 个基本操作:读取指针头指向的符号;修改方格中的字符;将纸带向左或向右移动,以便修改其邻近方格的值。

下面通过在空白的纸带条上打印 110 这 3 个数字的例子来描述图灵机的计算过程,如图 1.1 所示。

(1) 往指针头指向的方格中写入数字 1;
(2) 使纸带向左移动一个方格;
(3) 往指针头指向的方格写入数字 1;
(4) 继续让纸带向左移动一个方格;
(5) 往指针头指向的方格写入数字 0,这样就完成了一个简单的图灵机操作。

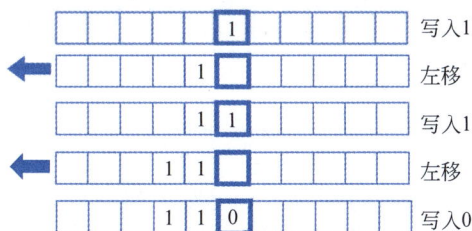

图 1.1　图灵机的计算过程

图灵将人计算时的工作分解为简单动作并机械化,用形式化方法揭示计算本质:计算是计算者对纸带上 0 和 1 执行指令,经有限步骤实现符号串变换。图灵机理论证明复杂计算可由系列简单操作完成,为计算机诞生奠定理论基础。图灵机模型依固定程式和输入确定性运行,是用数学精确定义的可行计算模型,现代计算机是其具体实现。

1997 年 5 月 11 日,国际象棋世界冠军卡斯帕罗夫败给 IBM 的"深蓝",这场"搏杀"持续 9 天令人难忘。棋盘一侧是卡斯帕罗夫,另一侧许峰雄通过黑色计算机操纵"深蓝"。许峰雄等科学家为"深蓝"输入近两百万局国际象棋程序,提升其运算速度至每秒分析 2

亿步棋,还让特级大师本杰明当"陪练"完善程序。5月3日到11日,"深蓝"以3.5∶2.5的总比分战胜卡斯帕罗夫,"深蓝队"获70万美元奖金,卡斯帕罗夫获40万美元。

"深蓝"战胜卡斯帕罗夫在社会引发争议,有人认为机器智力超越人类甚至会控制人类。但人的智力和机器智力本质不同,因人类对自身精神和脑结构认识不足,无法用严密数学语言描述,而计算机是能用严密数学语言描述的计算工具。

1.1.3　冯·诺依曼机

1946年2月,世界上第一台电子数字计算机 ENIAC 在美国宾夕法尼亚大学诞生。在图灵机的影响下,1946年美籍匈牙利科学家冯·诺依曼(von Neumann,如图1.2所示)提出了一个"存储程序"的计算机方案。这个方案包含了以下3个要点。

(1)采用二进制的形式表示数据和指令。

(2)将指令和数据存放在存储器中。

(3)由控制器、运算器、存储器、输入设备和输出设备五大部分组成计算机。

冯·诺依曼机模型的工作原理的核心是"程序存储"和"程序控制",即先将程序(一组指令)和数据存入计算机,启动程序就能按照程序指定的逻辑顺序读取指令并逐条执行,自动完成指令规定的操作。

图1.2　冯·诺依曼

由于存储器与中央处理单元之间的通路太狭窄,每次执行一条指令,所需的指令和数据都必须经过这条通路,因此单纯地扩大存储器容量和提高 CPU 速度,并不能有效地提高计算机性能,这是冯·诺依曼机结构的局限性。

1.1.4　计算机的主要特点

1. 运算速度快

计算机的运算速度从诞生时的每秒几千次发展到每秒几万万亿次以上,使得过去烦琐的计算工作,现在在极短的时间内就能完成。

2. 计算精度高

计算机采用二进制进行运算,只要配置相关的硬件电路就可增加二进制数字的长度,从而提高计算精度。目前微型计算机的计算精度可以达到64位二进制数。

3. 具有"记忆"和逻辑判断功能

"记忆"功能是指计算机能存储大量信息,供用户随时检索和查询,既能记忆各类数据信息,又能记忆处理加工这些数据信息的程序。逻辑判断功能是指计算机除了能进行算术运算外,还能进行逻辑运算。

4. 能自动运行且支持人机交互

所谓自动运行,就是人们把需要计算机处理的问题编写成程序,存入计算机中;当发出运行指令后,计算机便在该程序控制下依次逐条执行,不再需要人工干预。"人机交互"则是在人们想要干预计算机时,采用问答的形式,有针对性地解决问题。

1.1.5　计算机的分类

随着计算机的发展,分类方法也在不断变化,现在常用的分类方法有以下几种。

1. 按计算机处理的信号分类

(1) 数字式计算机:数字式计算机处理的是脉冲变化的离散量,即以 0、1 组成的二进制数字。它的计算精度高、抗干扰能力强。日常使用的计算机就是数字式计算机。

(2) 模拟式计算机:模拟式计算机处理的是连续变化的模拟量,例如电压、电流、温度等物理量的变化曲线。模拟式计算机解题速度快,但精度低、通用性差,主要用于过程控制,但现在已基本被数字式计算机所取代。

(3) 数模混合计算机:数模混合计算机是数字式计算机和模拟式计算机的结合。

2. 按计算机的硬件组合及用途分类

(1) 通用计算机:这类计算机的硬件系统是标准的,并具有扩展性,安装上不同的软件就可完成不同的工作。它的通用性强,应用范围广。

(2) 专用计算机:这类计算机是为特定应用而量身打造的,其内部程序一般不能被改动,常常被称为"嵌入式系统"。比如,控制智能家电的计算机,工业用计算机和机器人,汽车内部的数十个用于控制的计算机,所有船舰、飞机、航天器上的控制计算机,等等。

3. 按计算机的规模分类

计算机按其运算速度快慢、存储数据量的大小、功能的强弱以及软硬件的配套规模等不同又分为巨型机(Giant Computer)、大中型计算机(Large-scale Computer and Medium-scale Computer)、小型机(Minicomputer)、微型计算机(Microcomputer)等。

(1) 巨型机:巨型机又称为超级计算机(Super Computer),通常是指最大、最快、最贵的计算机。其主存容量很大,处理能力很强。一般用在国防和尖端科技领域,生产这类计算机的能力可以反映一个国家的计算机科学水平。我国是世界上可以生产巨型机的少数国家之一,主要用于解决诸如气象、太空、能源、医药等尖端科学研究和战略武器研制中的复杂计算。

(2) 大中型计算机:这种计算机也有很高的运算速度和很大的存储量,并允许相当多的用户同时使用。当然在量级上不及巨型机,结构上也较巨型机简单些,价格相对巨型机更便宜些,因此使用的范围较巨型机更普遍,是事务处理、商业处理、信息管理、大型数据库和数据通信的主要支柱。

(3) 小型机:其规模和运算速度比大中型计算机更差,但仍能支持十几个用户同时使用。小型机具有体积小、价格低、性能价格比高等优点,适合中小企业、事业单位用于工业控制、数据采集、分析计算、企业管理以及科学计算等,也可作为巨型机或大中型机的辅助机。

（4）微型计算机：微型计算机简称微机，是当今使用最普及、产量最大的一类计算机，其体积小、功耗低、成本少、灵活性大，性能价格比明显地优于其他类型计算机，因而得到了广泛应用。微型计算机按结构和性能又可划分为单片机、单板机、个人计算机等几种类型。

1.1.6　计算机的主要应用

1. 科学计算

早期的计算机主要用于科学计算。科学计算仍然是现今计算机应用的一个重要领域，如高能物理、工程设计、地震预测、气象预报、航天技术等。由于计算机具有高运算速度和高精度以及逻辑判断能力，因此出现了计算力学、计算物理、计算化学、生物控制论等新兴学科。

2. 信息管理

信息管理是计算机应用最广泛的一个领域，可以利用计算机来加工、管理与操作任何形式的数据资料，如企业管理、物资管理、报表统计、账目计算、信息情报检索等。近年来，许多机构纷纷建设自己的管理信息系统（MIS）；生产企业也开始采用制造资源规划软件（MRP）；商业流通领域则逐步使用电子信息交换系统（EDI），即所谓无纸贸易。

3. 实时控制

计算机用于实时控制，就是使用计算机及时地搜索检测被控对象的数据，然后按照某种最佳的控制规律来控制过程的进展，从而可以大大提高生产过程的自动化水平，提高产品质量、生产效率和经济效益，降低成本。国防和高精尖领域更是离不开计算机的实时控制。

4. 系统仿真

系统仿真是利用计算机模仿真实系统的技术。利用计算机，对复杂的现实系统经过抽象和简化，形成系统模型，然后在分析的基础上运行此模型，从而得到系统一系列的统计性能。由于仿真技术所具有的安全性和经济性，因此在航空、航天、军事领域的设计、定型和训练中得到广泛应用。

5. 辅助系统

计算机辅助系统是指利用计算机的高速运算、大容量存储和图形处理能力，辅助进行工程设计、制造、测试、教学。常见的有计算机辅助设计（CAD）、计算机辅助制造（CAM）、计算机辅助测试（CAT）、计算机辅助教学（CAI）等。

6. 人工智能

人工智能的研究与应用是近年来的热门话题。利用计算机来模拟人的思维判断、推理等智能活动，使计算机具有自主学习和逻辑推理的功能。人工智能的应用领域包括模式识别、自然语言的理解与生成、自动定理证明、联想与思维的机理、数学智能检索、博弈、专家系统、自动程序设计等。

1.2　计　算　思　维

计算思维是人类认识世界和改造世界的一种新的思维方式,也是科学思维的基本方式之一,属于思维科学的一个专门领域,现已成为计算机科学技术问题求解的思想方法。

1.2.1　计算思维的概念

2006 年 3 月,美国卡内基-梅隆大学计算机系主任周以真(Jeannette M. Wing)教授在美国计算机权威杂志 *Communication of the ACM* 上发表并定义了计算思维(Computational Thinking)。她认为:**计算思维是运用计算机科学的基础概念进行问题求解、系统设计,以及人类行为理解等的涵盖计算机科学领域的一系列思维活动**。她指出,计算思维是每个人的基本技能,而不仅仅属于计算机科学家。我们应当使每个学生在培养解析能力时不仅掌握阅读、写作和算术(Reading, WRiting, and ARithmetic, 3R)能力,还要学会计算思维。这种思维方式对于学生从事任何事业都是有益的。**简单来说,计算思维就是计算机科学解决问题的思维**。

近年来,移动通信、普适计算、物联网、云计算、大数据这些新概念和新技术的出现,在社会经济、人文科学、自然科学的许多领域引发了一系列革命性的突破,极大地改变了人们对于计算和计算机的认识。无处不在、无时不用的计算思维成为人们认识和解决问题的基本能力之一。

1.2.2　计算思维的本质

当我们利用计算机处理或求解一个具体的实际问题时,其思维过程通常按以下步骤进行。

(1)分析问题:在求解问题时,首先是分析问题,理解求解问题的目的,建立正确的数学模型,并确定利用计算机求解时需要提供哪些输入信息,需要输出哪些信息等。

(2)制定计划:根据问题性质选择合适的算法,制订求解的可行性方案。在此过程中要考虑如何充分发挥计算机高速运算和计算机按照程序自动执行的优势。

(3)执行计划:计算机按照程序步骤和所提供的参数(输入的数据)进行计算,然后输出结果。

(4)检验结果:检验和分析程序运行结果是否正确,如何改进和提高。

从上述步骤可以看出,利用计算机求解问题是一个人机结合的联合方式,既要发挥人的特长——抽象,又要发挥计算机的特长——自动化,我们可以将其概括为抽象和自动化,这既是利用计算机求解问题的思维方法,也是计算思维的本质。

1. 抽象

在计算机科学中,抽象是一种被广泛使用的思维方式,也是利用计算机求解问题的第一步。计算思维中的抽象,完全超越物理的时空观,并完全用符号来表示。与数学和物理科学相比,计算思维中的抽象更为广泛,数学抽象时抛开现实事物的物理、化学和生物学等特性,仅保留其量的关系和空间的形式。而计算思维中的抽象,除了具有数学抽象的特点,还要确定合适的抽象对象和选择合适的抽象方法,并考虑如何实现的问题。例如,文件是对输入输出设备的抽象;虚拟内存是对程序存储器的抽象;进程是对一个正在运行的程序的抽象;虚拟机是对整个计算机的抽象。

2. 自动化

在计算思维中,"抽象"对应"建模","自动化"对应"模拟",抽象是手段,自动化是目的,也就是说,计算思维中的抽象最终要能够按照程序一步步地自动执行。这一过程是一种映射,即通过计算机语言把客观世界的实体(问题空间对象)映射成计算机中的实体(解空间对象)。

抽象和自动化的目的是能够一步步地自动执行抽象形成的数据模型,以求解问题、设计系统和理解人类行为。

1.2.3 计算思维的特征

计算思维是运用计算机科学的基础概念进行问题求解、系统设计、人类行为理解等涵盖计算机科学的一系列思维活动,并且在思维活动中体现计算思维的概念特性和计算思维的问题特性。

1. 计算思维的概念特性

计算思维是人类的基本思维方式,从方法论的角度讲,计算思维方式体现出如下 7 个概念特性。

(1) 计算思维是人的思维,不是计算机的思维:计算思维是人类求解问题的方法和途径,但绝非试图要让人像计算机那样思考。计算机之所以能够求解问题,是因为人类将计算思维的思想赋予了计算机。例如,用计算机求解方程时,人类将求解思想赋予计算机后,才能进行求解计算。

(2) 计算思维是概念化思维,不是程序化思维:计算思维像计算机科学家那样在抽象的多个层次上思考问题,它远远超出了计算机编程,计算机科学不等于计算机编程。

(3) 计算思维是数学和工程相互融合的思维,而不是数学性的思维:计算机科学本质上源自数学思维,其形式化基础是构建于数学之上,但因为受计算设备的限制使得计算机科学家必须进行工程思考。数学思维和工程思维的相互融合,体现抽象理论和设计的学科形态。

(4) 计算思维是思想,而不是物品:计算思维凸显问题方法和计算概念。被人们用来求解问题、管理日常生活、与他人交流和活动。例如,计算机能进行逻辑推理,它是人类智慧的结晶。

(5) 计算思维是一种基础技能,而不是机械技能:计算思维是现代社会中每个人都必须掌握的。刻板的技能意味着机械地重复,但计算思维不是这类机械重复的技能,而是一种创新的能力。

(6) 计算思维是一种理念,而不是表现形式:计算思维是一种引导计算机教育家、研究者和实践者的前沿理念,并且面向所有人和所有领域能融入人类的各种活动中,而不是停留和表现在形式上。计算思维是解决问题的有效工具,在所有学科、所有专业中都能得到应用。

(7) 计算思维是一种思维方法,而不是一种思维模式:计算思维可以由人或计算机执行,例如递归、迭代、黎曼积分,人和机器都可以计算。但人的计算速度无法与计算机相比,借助于计算机的超算能力,人类就能够用智慧去解决那些在计算机时代之前不敢尝试的问题,实现"只有想不到,没有做不到"的境界。

2. 计算思维的问题特性

计算思维通常表现为人们在问题求解、系统设计以及人类行为理解的过程中对抽象、算法、数据及其组织、程序、自动化等概念和方法潜意识的应用,周以真教授将其概括为如下 7 个问题方法。

(1) 计算思维利用化繁为简、化难为易,通过约简、嵌入、转化和仿真等方法把一个看来困难的问题重新阐释为一个我们知道怎样解决问题的思维方式。

(2) 计算思维利用递归思维、并行处理,既能把代码译成数据,又能把数据译成代码,是一种多维分析推广的类型检查方法。

(3) 计算思维是采用抽象和分解来控制庞杂的任务,或进行巨大复杂系统设计的方法,因而是一种基于关注点分离的方法。

(4) 计算思维是选择合适的方式来陈述一个问题,或对一个问题的相关方面进行建模使其易于处理的思维方法。

(5) 计算思维是按照预防、保护以及通过冗余、容错和纠错的方式,从最坏情况进行系统恢复的一种思维方法。

(6) 计算思维是利用启发式推理寻求解答,在不确定情况下的规划、学习和调度的思维方法。

(7) 计算思维是利用海量数据加快计算,在时间和时空之间、处理能力和存储容量之间进行权衡折中的思维方法。

1.2.4　计算思维中的思维方式

计算思维主要包括了数学思维、工程思维以及科学思维中的逻辑思维、算法思维、网络思维和系统思维方式,其中运用逻辑思维精准地描述计算过程;运用算法思维有效地构造计算过程;运用网络思维有效地组合多个计算过程。

1. 逻辑思维

逻辑思维是人类运用概念、判断、推理等思维类型反映事物本质与规律的认识过程,属于抽象思维,是思维的一种高级形式。其特点是以抽象、判断和推理作为思维的基本形式,以分析、综合、比较、抽象、概括和具体化作为思维的基本过程,从而揭露事物的本质特征和规律性联系。

◆ **例 1-1**　某团队旅游地点安排问题。

某个团队计划去西藏旅游,除拉萨市之外,还有 6 个城市或景区可供选择:E 市、F

市、G 湖、H 山、I 峰、J 湖。考虑时间、经费、高原环境、人员身体状况等因素,有以下要求:

① G 湖和 J 湖中至少要去一处。

② 如果不去 E 市或者不去 F 市,则不能去 G 湖游览。

③ 如果不去 E 市,也就不能去 H 山游览。

④ 只有越过 I 峰,才能到达 J 湖。

如果由于气候原因,这个团队不去 I 峰,以下哪项一定为真?

A. 该团队去 E 市和 J 湖游览。

B. 该团队去 E 市而不去 F 市游览。

C. 该团队去 G 湖和 H 山游览。

D. 该团队去 F 市和 G 湖游览。

选项分析:

A. 去 E 市和 J 湖:去 J 湖需要越过 I 峰,所以被排除,错误。

B. 去 E 市而不去 F 市:条件(2)要求 E 和 F 必须同时去,F 市必须去,错误。

C. 去 G 湖和 H 山:G 湖必须去,但 H 山无强制要求,错误。

D. 去 F 市和 G 湖:根据条件(2),F 市必须去,G 湖必须去,正确。

结论:D. 该团去 F 市和 G 湖游览一定为真。

生活中逻辑思维的例子很多,比如常见的"数独"游戏等。

2. 算法思维

算法思维是计算机科学领域极具标志性的思维范式,它聚焦于通过构建算法模型来拆解和解决复杂问题,是计算机程序设计学习过程中必须掌握的核心能力。

2016 年 3 月,谷歌研发的围棋人工智能 AlphaGo 与世界冠军李世石展开巅峰对决,最终以 4∶1 的悬殊比分大获全胜。这场举世瞩目的人机大战,不仅是深度学习技术的重大突破,更是算法思维的辉煌胜利。在我们的日常生活与科技应用中,算法无处不在:网页浏览时的每一次点击响应、移动购物的智能推荐、卫星导航的精准定位、潜艇作战的系统决策,乃至金融市场的股票走势分析,无一不依托算法构建底层逻辑。

这种思维方式在历史故事中也早有体现。电影《战国》里,孙膑率领齐军出征途中收留了数百灾民,情报显示其中暗藏敌国奸细。在时间紧迫、难以逐一排查的情况下,孙膑想出妙计:命人煮制加了大量辣椒的粥。正常情况下,辣味过重的粥令人难以下咽,但濒临绝境的灾民为求生存往往不会挑剔。通过观察众人进食反应,奸细自然无所遁形,这一策略展现出的筛选智慧与算法思维异曲同工。

类比到计算机领域,当面临"五把钥匙中仅有一把能开锁"的问题时,最直观的解决方式是逐一尝试,直至找到正确答案。这种看似简单的穷举策略,正是计算机科学中经典的枚举算法——通过系统地遍历所有可能解,实现问题的有效求解。

3. 网络思维

网络思维强调网络构成的核心是对象之间的互动关系,可以包括基于机器的人际互动("人-机-人"关系),涉及以虚拟社区为基础的交往模式、传播模式、搜索模式、组织管理模式、科技创新模式等,如社交网络、自媒体、人肉搜索、专业发展共同体;也可以包括机器间的互联("机-人-机"关系),涉及因特网、物联网、云计算网络等的运行机制,如网络协议、大数据。

4. 系统思维

系统思维就是把认识对象作为系统,从系统和要素、要素和要素、系统和环境的相互联系、相互作用中综合地考察和认识对象的一种思维方法。简单地说,就是对事情全面思考,不只是就事论事,把想要达到的结果、实现该结果的过程、过程优化以及对未来的影响等一系列问题作为一个整体系统进行研究。

1.3　信息在计算机内的表示

1.3.1　常用数制及数制转换

1. 数制的概念

数制是人们利用符号来计数的科学方法。数制可以有很多种,但在计算机的设计和使用中,通常引入二进制、八进制、十进制、十六进制等。

进位计数制的有关概念如下。

(1) 用不同的数字符号表示一种数制的数值,这些数字符号称为数码。

(2) 数制中所使用的数码的个数称为基数,如十进制数的基数是 10。

(3) 数制每一位所具有的值称为权,如十进制各位的权是以 10 为底的幂。例如,680326 这个数,从右到左各位的权为个、十、百、千、万、十万,即以 10 为底的 0 次幂、1 次幂、2 次幂等。所以为了简便起见,也可以顺次称其各位为 0 权位、1 权位、2 权位等。

(4) 用"逢基数进位"的原则进行计数,称为进位计数制。如十进制数的基数是 10,所以其计数原则是"逢十进一"。

(5) 位权与基数的关系是:位权的值等于基数的若干次幂。

例如,十进制数 4567.123,可以展开为下面的多项式:

$$4567.123 = 4 \times 10^3 + 5 \times 10^2 + 6 \times 10^1 + 7 \times 10^0 + 1 \times 10^{-1} + 2 \times 10^{-2} + 3 \times 10^{-3}$$

式中的 10^3、10^2、10^1、10^0、10^{-1}、10^{-2}、10^{-3} 为该位的位权,每一位上的数码与该位权的乘积,就是该位的数值。

(6) 任何一种数制表示的数都可以写成按位权展开的多项式之和,其一般形式如下:

$$N = d_{n-1}b^{n-1} + d_{n-2}b^{n-2} + d_{n-3}b^{n-3} + \cdots + d_1b^1 + d_0b^0 + d_{-1}b^{-1} + \cdots + d_{-m}b^{-m}$$

式中:

- n——整数部分的总位数。
- m——小数部分的总位数。
- $d_{下标}$——该位的数码。
- b——基数。如二进制数 $b=1$,十进制数 $b=10$,十六进制数 $b=16$ 等。
- $b^{上标}$——位权。

2. 常用数制

(1) 常用计数制。常用计数制如表 1.1 所示。

表 1.1　常用计数制的比较

进 制	数 码	基数	位权	计数规则
二进制	0、1	2	2^i	逢二进一
八进制	0、1、2、3、4、5、6、7	8	8^i	逢八进一
十进制	0、1、2、3、4、5、6、7、8、9	10	10^i	逢十进一
十六进制	0、1、2、3、4、5、6、7、8、9、A、B、C、D、E、F	16	16^i	逢十六进一

（2）常用计数制的对应关系。常用计数制的对应关系如表 1.2 所示。

表 1.2　常用计数制的对应关系

十 进 制 数	二 进 制 数	八 进 制 数	十 六 进 制 数
0	0000	0	0
1	0001	1	1
2	0010	2	2
3	0011	3	3
4	0100	4	4
5	0101	5	5
6	0110	6	6
7	0111	7	7
8	1000	10	8
9	1001	11	9
10	1010	12	A
11	1011	13	B
12	1100	14	C
13	1101	15	D
14	1110	16	E
15	1111	17	F

（3）常用计数制的书写规则。在应用不同进制的数时，常采用以下两种方法进行标识。

• 采用字母后缀。

B（Binary）——表示二进制数。二进制数 101 可写为 101B。

O（Octonary）——表示八进制数。八进制数 101 可写为 101O。

D（Decimal）——表示十进制数。十进制数 101 可写为 101D。一般情况下，十进制数后的 D 可以省略，即无后缀的数字默认为十进制数。

H（Hexadecimal）——表示十六进制数。十六进制数 101 可写为 101H。

- 采用括号外面加下标。

举例如下：

$(1011)_2$——表示二进制数 1011。

$(1617)_8$——表示八进制数 1617。

$(9981)_{10}$——表示十进制数 9981。

$(A9E6)_{16}$——表示十六进制数 A9E6。

3. 不同进制数之间的转换

(1) r 进制数与十进制数之间的转换。

① 将 r 进制数转换为十进制数。

r 进制数转换为十进制数使用"位权展开式求和"的方法。

例 1-2　将二进制数 1101.011 转换为十进制数。

解：$1101.011B = 1 \times 2^3 + 1 \times 2^2 + 0 \times 2^1 + 1 \times 2^0 + 0 \times 2^{-1} + 1 \times 2^{-2} + 1 \times 2^{-3} = 13.375D$。

② 将十进制数转换为 r 进制数。

十进制整数转换为 r 进制整数的方法如下：整数部分使用"除基数倒取余法"，即除以 r 取余，直到商为 0，然后余数从右向左排列（即先得到的余数为低位，后得的余数为高位）；小数部分使用"乘基数取整法"，即乘以 r 取整，然后所得的整数从左向右排列（即先得到的整数为高位，后得到的整数为低位），并取得有效精度。

例 1-3　将十进制数 13.25 转换为二进制数。

解：

先将整数部分 13 转换：

```
2 | 13          ——— 余数为 1，即 a₀=1
   2 | 6        ——— 余数为 0，即 a₁=0
      2 | 3     ——— 余数为 1，即 a₂=1
         2 | 1  ——— 余数为 1，即 a₃=1
            0
```

再将小数部分 0.25 转换：

```
      0.25
    ×)  2
      0.50      —— 整数为 0，即 a₋₁=0
      0.50
    ×)  2
      1.00      —— 整数为 1，即 a₋₂=1
```

所以最后转换结果为 13.25D＝1101.01B。

(2) 二进制数、八进制数、十六进制数之间的转换。

因为 $8 = 2^3$，$16 = 2^4$，因此，八进制数相当于三位二进制数，十六进制数相当于四位二进制数,从而,转换方法分别为"**三位合一/一分为三**"和"**四位合一/一分为四**"。

① 二进制数转换为八进制数或十六进制数。

方法:以小数点为界向左和向右划分,小数点左边(即整数部分)每三位或每四位二进制数一组构成一位八进制数或十六进制数,位数不足三位或四位时最左边补"0";小数点右边(即小数部分)每三位或每四位二进制数一组构成一位八进制数或十六进制数,位数不足三位或四位时最右边补"0"。

例1-4　把二进制数 10111011.0110001011 转换为八进制数。

解:

```
010   111   011   .   011   000   101   100
 ↓     ↓     ↓         ↓     ↓     ↓     ↓
 2     7     3     .   3     0     5     4
```

10111011.0110001011B＝273.3054O

② 八进制数或十六进制数转换为二进制数。

方法:把一位八进制数用三位二进制数表示,把一位十六进制数用四位二进制数表示。

例1-5　把八进制数 135.361 转换为二进制数。

解:

```
 1     3     5     .   3     6     1
 ↓     ↓     ↓         ↓     ↓     ↓
001   011   101   .   011   110   001
```

135.361O＝001011101.011110001B＝1011101.011110001B

4. 二进制数的运算

计算机具有强大的运算能力,它可以进行的运算有算术运算和逻辑运算。

(1) 算术运算。

与十进制数的算术运算一样,二进制数的算术运算也有加、减、乘、除四则运算,只不过更加简单。在计算机内部,二进制数的加法是基本的运算,四则运算中的其他运算都可以从加法及移位运算推导出来。例如,减法实质上就是加上一个负数,需要用到后文中介绍的补码进行运算;乘法是多次重复加法等。这使计算机的运算器结构更加简单,稳定性更好。

二进制数的加法运算规则如下。

```
0+0=0
0+1=1
1+0=1
1+1=10(逢二进一)
```

多位二进制数相加与十进制数一样,从低位到高位逐位相加,注意进位也要参加运算。

（2）逻辑运算。

计算机不仅可以进行算术运算，而且能够进行逻辑运算，这是因为计算机使用了实现各种逻辑功能的电路，并利用逻辑代数的规则进行各种逻辑判断。

① 逻辑数据的表示。二进制数的 1 和 0，在逻辑上可代表真与假、对与错、是与非、有与无。这种具有逻辑性的量称为逻辑量，逻辑量之间的运算称为逻辑运算，逻辑运算的结果也只能是 1 或 0，代表逻辑推理上的真或假。

② 逻辑运算。逻辑运算的基本运算是逻辑与（AND）、逻辑或（OR）、逻辑非（NOT）。在逻辑运算中，逻辑与也称为逻辑乘，通常用"AND""∧"或"×"表示；逻辑或也称为逻辑加，通常用"OR""∨"或"＋"表示；逻辑非也叫作"取反"，代表逻辑上的否定，它只能对一个逻辑量进行运算，逻辑量 A 的"非"，其表示方法是在逻辑量 A 上加一短横，即 $\overline{A}$。

把逻辑量的各种可能组合与对应的运算结果列成表格，这种表格称为"真值表"。一般在真值表中用"1"表示"真"，用"0"表示"假"。表 1.3 是三种基本逻辑运算的真值表。

表 1.3　逻辑与、逻辑或、逻辑非的真值表

A	B	A∧B	A∨B	$\overline{A}$
0	0	0	0	1
0	1	0	1	1
1	0	0	1	0
1	1	1	1	0

表 1.3 中，A 和 B 表示两个逻辑量。A∧B 在逻辑上等同于"A 并且 B"，即只有当 A 为真并且 B 为真时，"A 与 B"的结果才为真，当 A 和 B 有一个是假，则"A 与 B"的结果为假。

表 1.3 中，A∨B 在逻辑上等同于"A 或者 B"，即只要 A 和 B 中有一个为真，"A 或 B"的结果就为真，只有当 A 和 B 都是假时，"A 或 B"的结果才为假。

表 1.3 中，$\overline{A}$ 是 A 的逻辑非（取反），若 A=1，则 $\overline{A}$=0；若 A=0，则 $\overline{A}$=1。

例如，对二进制数 11001011 和 11100101 进行按位逻辑与运算的算式如下。

$$\begin{array}{r} 11001011 \\ \underline{\land\quad 11100101} \\ 11000001 \end{array}$$

所以，$(11001011)_2 \land (11100101)_2 = (11000001)_2$。

又如，对二进制数 11001011 和 11100101 进行按位逻辑或运算的算式如下。

$$\begin{array}{r} 11001011 \\ \underline{\lor\quad 11100101} \\ 11101111 \end{array}$$

所以，$(11001011)_2 \lor (11100101)_2 = (11101111)_2$。

1.3.2　数值信息的表示和处理

数值型数据指的是数学中的数,有正负和大小之分。计算机中的数值型数据分为两种:定点数和浮点数。

1. 定点数表示

定点数是约定小数点在某个固定位置上的数。定点数有两种:定点整数和定点小数。约定小数点在数值的最右边为整数,约定小数点在数值的最左边为小数。计算机中的整数又分为两类:无符号整数和有符号整数。无符号的整数一定是正整数,有符号的整数既可以是正整数,又可以是负整数。

(1) 无符号整数。

无符号整数常用于表示存储单元的地址这类正整数,可以是 8 位、16 位、32 位、64 位或更多位。8 位表示的正整数其取值范围为 $0\sim255(2^8-1)$,16 位表示的正整数其取值范围为 $0\sim65535\ (2^{16}-1)$,32 位表示的正整数其取值范围为 $0\sim4294967295(2^{32}-1)$。

(2) 有符号整数。

为了在计算机中正确表示有符号数,通常规定寄存器中最高位为符号位,并用 0 表示正,用 1 表示负,这是在一个 8 位字长的计算机中,正数和负数的格式分别如图 1.3 和图 1.4 所示。

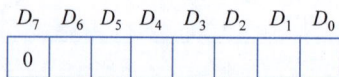

图 1.3　正数

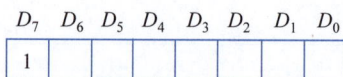

图 1.4　负数

最高位 D_7 为符号位,$D_6\sim D_0$ 为数值位。这种把符号数字化,并与数值位一起编码的方法,很好地解决了带符号数的表示方法及其计算问题。

有符号整数常用的有原码、反码、补码三种编码方法。

① 原码。原码编码规则:符号位用 0 表示正,用 1 表示负,数值部分不变。

例 1-6　写出 N1＝＋1010110,N2＝－1010110 的原码。

解:

　　　　[N1]原＝01010110,[N2]原＝11010110

② 反码。反码编码规则:正数的反码与原码相同;而负数的反码是将符号位用 1 表示,数值部分按位取反。

例 1-7　写出 N1＝＋1010110,N2＝－1010110 的反码。

解:

　　　　[N1]反＝01010110,[N2]反＝10101001

③ 补码。补码编码规则:正数的补码与原码相同;而负数的补码是将符号位用 1 表示,数值部分先按位取反,然后末位加 1。

例 1-8　写出 N1＝＋1010110,N2＝－1010110 的补码。

解：

$$[N1]_补 = 01010110, \quad [N2]_补 = 10101010$$

（3）机器数中小数点的位置。

计算机中的数据有定点数和浮点数两种表示方法。这是由于在计算机内部难以表示小数点。因此小数点的位置是隐含的,隐含的小数点位置可以是固定的,也可以是浮动的,前者的表示形式称为"定点数",后者的表示形式称为"浮点数"。

定点数是指小数点固定在某个位置上的数据,一般有小数和整数两种表现形式。定点整数是把小数点固定在数据数值部分的右边,如图 1.5 所示。定点小数是把小数点固定在数据数值部分的左边,但在符号位的右边,如图 1.6 所示。

0	0	0	0	0	0	0	1	0	0	1	1	1	0	0	1

符号位　　　　　　　数值部分　　　　　　小数点位置

图 1.5　机器内的定点整数

1	1	1	0	1	0	0	0	0	0	0	0	0	0	0	0

符号位　小数点位置　　　　数值部分

图 1.6　机器内的定点小数

例1-9　设机器的定点数长度为两字节,用定点整数表示 313D。

解： 因为 313D＝100111001B,故机器内表示形式如图 1.5 所示。

例1-10　用定点小数表示－0.8125D。

解： 因为－0.8125D＝－0.110100000000000B,故机器内表示形式如图 1.6 所示。

2. 浮点数表示

之所以称为浮点数,是因为按照科学记数法表示时,一个浮点数的小数点位置是可变的,比如,1.23×10^9 和 12.3×10^8 是相等的。浮点数可以用数学写法,如 1.23、3.14、－9.01,等等。但是对于很大或很小的浮点数,就必须用科学记数法表示,比如,将十进制数 68.38、－6.838、0.6838、－0.06838 用指数形式表示,它们分别为 0.6838×10^2、-0.6838×10^1、0.6838×10^0、-0.6838×10^{-1}。

用一个纯小数(称为尾数,有正、有负)与 10 的整数次幂(称为阶码,有正、有负)的乘积形式来表示一个数,就是浮点数的表示法。同理,一个二进制数 N 也可以表示如下：

$$N = \pm S \times 2 \pm P$$

式中的 N、P、S 均为二进制数。S 为 N 的尾数,即全部的有效数字(数字小于 1),S 前面的正负号是尾数的符号,简称数符；P 为 N 的阶码,P 前的正负号为阶码的符号,简称阶符。

在计算机中一般浮点数的存放方式如图 1.7 所示。

阶符	阶码 P	数符	尾数 S

图 1.7　浮点数的存放方式

> **注意**：在浮点表示法中,尾数的符号和阶码的符号各占一位;阶码是定点整数,阶码的位数决定了所表示数的范围;尾数是定点小数,尾数的位数决定了所表示数的精度。在不同字长的计算机中,浮点数所占的字节不同。

假如某计算机字长为 16 位,规定前 6 位表示阶码(包括阶符),后 10 位表示尾数(包括数符),则 16 位的分配如图 1.8 所示。

阶　符	阶码 P	数　符	尾　数 S
第 1 位	第 2～6 位	第 7 位	第 8～16 位

图 1.8　字长 16 位浮点数的存放方式

例如,有 16 位浮点数(以补码表示)如图 1.9 所示。

0	00101	1	110101000

图 1.9　字长 16 位浮点数

阶码的符号位是 0,为正数,正数的补码与原码相同;尾数的符号位是 1,为负数,需要将尾数的补码还原为原码,其方法是对补码取反加 1(或对补码减 1 取反),得到原码为 1001011000,因此该 16 位浮点数表示的十进制数如下。

$$(-0.001011000)_2 \times 2_2^{+(00101)} = (-0.001011000)_2 \times 2^{+5} = (-101.1)_2 = (-5.5)_{10}$$

1.3.3　字符信息的表示和处理

1. 西文字符

现在国际上广泛采用美国标准信息交换码(American Standard Code for Information Interchange,ASCII)。它选用了常用的 128 个符号,其中包括 32 个控制字符、10 个十进制数(注意,这里是字符形态的数)、52 个英文大写字母和小写字母、34 个专用符号。这 128 个字符分别由 128 个二进制数码串表示。目前广泛采用键盘输入方式实现人与计算机间的通信。当键盘提供输入字符时,编码电路给出与字符相应的二进制数码串,然后送交计算机处理。计算机输出处理结果时,会把二进制数码串按同一标准转换成字符。

ASCII 码由 7 位二进制数对它们进行编码,即用 0000000～1111111 共 128 种不同的数码串分别表示 128 个字符,如表 1.4 所示。因为计算机的基本存储单位是字节(Byte),一字节含 8 个二进制位(Bit),所以 ASCII 码的机内码要在最高位补一个"0",以便用一字节表示一个字符。

表 1.4　ASCII 码编码标准

$b_4 b_3 b_2 b_1$ ＼ $b_7 b_6 b_5$	000	001	010	011	100	101	110	111
0000	空白(NUL)	转义(DLE)	SP	0	@	P	、	p
0001	序始(SOH)	机控$_1$(DC1)	!	1	A	Q	a	q
0010	文始(STX)	机控$_2$(DC2)	″	2	B	R	b	r
0011	文终(EXT)	机控$_3$(DC3)	#	3	C	S	c	s
0100	送毕(EOT)	机控$_4$(DC4)	$	4	D	T	d	t
0101	询问(ENQ)	否认(NAK)	%	5	E	U	e	u
0110	承认(ACK)	同步(SYN)	&.	6	F	V	f	v
0111	告警(BEL)	阻终(ETB)	'	7	G	W	g	w
1000	退格(BS)	作废(CAN)	(	8	H	X	h	x
1001	横表(HT)	载终(EM)	)	9	I	Y	i	y
1010	换行(LF)	取代(SUB)	*	:	J	Z	j	z
1011	纵表(VT)	扩展(ESC)	+	;	K	〔	k	{
1100	换页(FF)	卷隙(FS)	,	<	L	\	l	|
1101	回车(CR)	群隙(GS)	—	=	M	〕	m	}
1110	移出(SO)	录隙(RS)	.	>	N	∧	n	～
1111	移入(SI)	元隙(US)	/	?	O	—	o	DEL

例 **1-11**　分别用二进制数和十六进制数写出"good!"的 ASCII 码。

解：

二进制数表示：01100111B　01101111B　01101111B　01100100B　00100001B

十六进制数表示：67H　　　　6FH　　　　6FH　　　　64H　　　　21H

例 **1-12**　字符通过键盘输入和显示器输出的过程。

解： 当键盘按下某键时，则会产生位置信号，根据位置来识别所按的字符，对照 ASCII 码编码标准，找出对应的 ASCII 码并存储。完成这种功能的程序称为编码器。

解码器用来读取存储的 ASCII 码，找出其对应的字符，查找相应的字形信息，然后将其显示在显示器上。

2. 汉字字符

计算机处理汉字信息的前提条件是对每个汉字进行编码，称为汉字编码。归纳起来可分为以下四种：汉字输入码、汉字交换码、汉字内码和汉字字形码。

这四种编码之间的逻辑关系如图 1.10 所示，即通过汉字输入码将汉字信息输入计算机内部，再用汉字交换码和汉字内码对汉字信息进行加工、转换、处理，最后使用汉字字形码将汉字通过显示器显示出来或通过打印机打印出来。

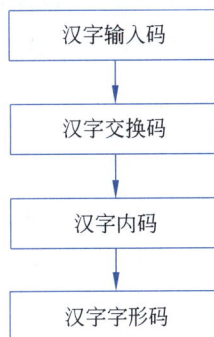

图 1.10　汉字编码间的逻辑关系

（1）汉字输入码。

汉字输入码是为从计算机外部输入汉字而编制的汉字编码,也称汉字外部码,简称外码。到目前为止,国内外提出的编码方法有百种之多,每种方法都有自己的特点,可归并为下列几种。

① 顺序码:这是一种使用历史较长的编码方法,是用 4 位十六进制数或 4 位十进制数编成一组代码,每组代码表示一个汉字。编码可以按照汉字出现的概率大小顺序进行编码,也可根据汉字的读音顺序进行编码。这种代码不易记忆,不易操作。例如区位码、邮电码等。

② 音码:这种编码方法根据汉字的读音进行编码。可在通用键盘上像输入西文一样进行输入,但同音异字、发音不准或不知道发音的字难以处理。例如微软拼音输入法、搜狗拼音输入法、智能 ABC 输入法等。

③ 形码:这种编码方法是根据汉字的字形进行编码,将汉字分解成若干基本元素(即字元),然后给每个字元确定一个代码,并按字元位置(左右、上下、内外)顺序将其代码排列,就可以构成汉字的代码。例如五笔字型、表形码、郑码等。

④ 音形码:这种编码方法是综合了字形和字音两方面的信息而设计的。例如全息码、五十字元等。

为提高输入速度,输入方法逐步智能化是目前发展趋势。例如,基于模式识别的语音识别输入、手写板输入或扫描输入等。

（2）汉字交换码。

汉字交换码是指在不同汉字信息系统之间进行汉字交换时所使用的编码。我国于1981 年制定的《信息交换用汉字编码字符集 基本集》(代号 2312—1980)中规定的汉字交换码为标准汉字编码,简称 GB 2312-80 编码或国标码。

国标码总共收录了 7445 个汉字和字符符号,其中,一级常用汉字 3755 个、二级非常用汉字和偏旁部首 3008 个、字符符号 682 个。在这个汉字字符集中,汉字是按使用频度进行选择的,其中包含的 6763 个汉字使用覆盖率达到了 99%。

一个国标码由两个七位二进制编码表示,占两字节,每字节最高位补 0。例如,汉字"大"的国标码为 3473H,即 00110100　01110011。

为了编码,将国标码中的汉字和字符符号分成 94 个区,每个区又分成 94 个位,这样汉字和字符符号就排列在这 94×94 个编码位置组成的代码表中。每个字符用两字节表示,第一个字节代表区码,第二个字节代表位码,由区码和位码构成了区位码。因此,国标码和区位码是一一对应的:区位码是十进制表示的国标码,国标码是十六进制表示的区位码。

我国台湾省的汉字编码字符集代号为 BIG5,通常称为大五码,主要用于繁体汉字的处理,它包含了 420 个图形符号和 13070 个汉字(不包含简化汉字)。

（3）汉字内码。

汉字内码是汉字在信息处理系统内部最基本的表现形式,是信息处理系统内部存储、处理、传输汉字而使用的编码,简称内码。

一个国标码占两字节,每字节最高位补 0,而 ASCII 码的内码也是在最高位补一个

"0",以便用一字节表示一个字符。所以为了在计算机内部能够区分是汉字编码还是 ASCII 码,将国标码的每字节的最高位由"0"变为"1",变换后的国标码称汉字机内码。例如,汉字"大"的机内码为 10110100　11110011。也由此可知汉字机内码的每字节都大于 128,而每个西文字符的 ASCII 码值均小于 128。

（4）汉字字形码。

汉字字形码是表示汉字字形信息的编码,在显示或打印时使用。目前汉字字形码通常有点阵方式和矢量方式两种表示方式。

① 点阵方式:此方式是将汉字字形码用汉字字形点阵的代码表示,所有汉字字形码的集合就构成了汉字库。经常使用的汉字库有 16×16 点阵、24×24 点阵、32×32 点阵和 48×48 点阵,一般 16×16 点阵汉字库用于显示,而其他点阵汉字库则多在打印输出时使用。如图 1.11 所示的点阵及代码是以"大"字为例,点阵中的每一个点都由"0"或"1"组成,一般 1 代表"黑色",0 代表"白色"。

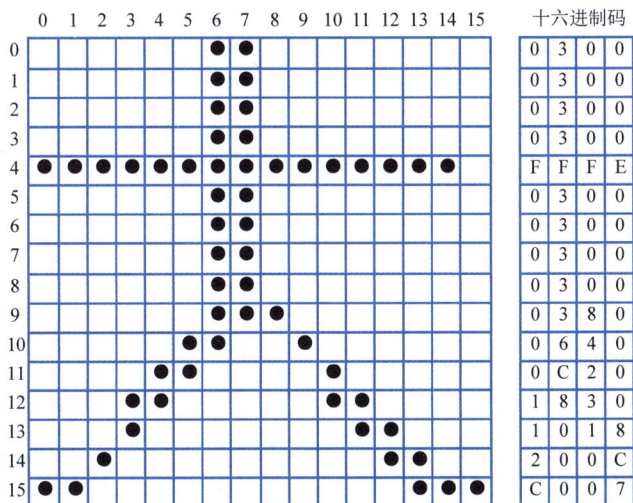

图 1.11　字形点阵及代码

在汉字库中,每个汉字所占用的存储空间与汉字书写简单或复杂无关,每个点阵块分割的粗细决定了每个汉字占用空间的大小。点阵越大,占用的磁盘空间就越大,输出的字形越清晰美观,例如 16×16 点阵的一个汉字约占 32B。对于不同的字体应使用不同的字库。

② 矢量方式:矢量字库保存的是每一个汉字的描述信息,比如一个笔画的起始、终止坐标,以及半径、弧度等,即每一个字形是通过数学曲线来描述的,它包含了字形边界上的关键点、连线的导数信息等,字体的渲染引擎通过读取这些数学矢量,然后进行一定的数学运算来进行渲染。这类字体的优点是字体尺寸可以任意缩放而不变形、变色。Windows 中使用的 TrueType 就是汉字矢量方式。Windows 使用的字库在 Fonts 目录下,字体文件扩展名为 FON 的表示是点阵字库,扩展名为 TTF 的表示是矢量字库。

点阵和矢量方式的区别是:前者编码和存储方式简单,不用计算即可直接输出,显示速度快;后者则正好相反,字形放大时效果也很好,且同一字体不同的点阵不需要不同的字库。

1.3.4　多媒体信息的表示和处理

计算机所能存储、处理的信息除了数值信息、字符文字信息外,还有图形、图像、声音和视频等多媒体信息。然而要使计算机能够存储、处理多媒体信息,就必须先将这些信息转换为二进制信息。

1. 音频

音频是用来描述声音的,现实中的音频信息是一种模拟数据。不便于数字计算机存储和处理,必须将其转换为便于计算机处理和存储的数字数据,该转换过程被称为音频数字化编码表示。

(1) 声音的基本概念。

声音是由物质振动所产生的一种物理现象,是通过一定介质传输的一种连续的波,在物理学中称为声波。声波是随时间连续变化的模拟量,可以用一种连续变化的物理信号波形来描述。声音的强弱由声波的振幅来体现,声音的高低则由声波的周期(频率)体现,如图 1.12 所示。

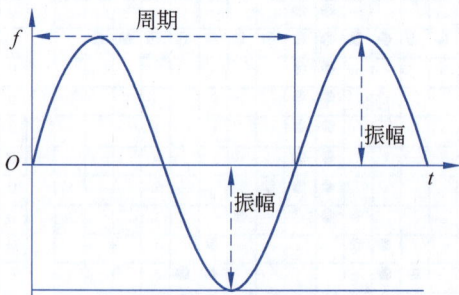

图 1.12　声音的波形

(2) 音频信息数字化。

音频信息数字化就是把模拟信息转换为数字信息,通过对声音信息采样、量化和编码来实现。

① 采样:指将模拟音频信号转换为数字音频信号时,在时间轴上每隔一个固定的时间间隔对声音波形曲线的振幅进行一次取值。我们把每秒钟抽取声音波形振幅值的次数称为采样频率,单位为 Hz。显然,采样频率越高,从声波中取出的数据就越多,声音也就越真实。

② 量化:指将采样所得到的值(反映某一瞬间声波幅度的电压值)加以数字化。采样只解决了音频波形信号在时间轴上切成若干个等份的数字化问题,但每一等份的长方形的高度(代表某一瞬间声波幅度的电压值的大小)需要用某种数字化的方法来反映,这就是量化概念。量化的过程是先将采样后的信号按整个声波的幅度划分成有限个区段的集合,并采用二进制的方式赋予相同的量化值,它决定了模拟信号数字化后的动态范围。通常量化位数有 8 位、16 位、32 位等,分别表示 2^8、2^{16}、2^{32} 个等级。

③ 编码:指将量化后的数字用二进制数来表示。编码的方式有很多,常用的编码方

式是脉冲调制,其主要优点是抗干扰能力强、失真度小、传输特性稳定,但编码后的数据量大。

(3) 音频文件的基本格式。

由于音频信息占用的存储空间很大,不同公司采用不同的存储和压缩方式,因而形成了不同的音频文件格式。常见的文件格式有 WAVE、MIDI、MP3、CD、RealAudio 和 WMA 等。

2. 图像

现实中的图像信息如同音频信息一样,属于模拟数据,不便于数字计算机存储和处理,必须将其转换为便于计算机存储和处理的数字数据,该转换过程被称为图像数字化编码表示。图像在计算机中有两种表示方法,即矢量图形和位图图形。图像处理包括信息的获取、存储、传送、输出和显示等。

(1) 图像和图形的基本概念。

计算机屏幕上显示的画面文字通常有两种描述方法:一种称为矢量图形或几何图形方法,简称图形;另一种称为点阵图像或位图图像,简称图像。图形图像是使用最广泛的一种媒体,占据着主导地位。

① 图形:用一组命令来描述,图形画面由直线、矩形、圆、圆弧、曲线等形状以及位置、颜色等属性和参数构成。图形一般是用工具软件绘制的,并可以方便地对图形的各组成部分进行移动、旋转、放大、缩小、复制、删除、涂色等处理。

② 图像:是指在空间和亮度上已经离散化的图片,通常用扫描仪扫描图形、照片、图像,并用图像编辑软件进行加工而成。图像采用像素的描述方法,适合表现有明暗、颜色变化的画面。图像大多是彩色的,并且用亮度、色调、饱和度来描述。

③ 图形与图像的区别:图形与图像的区别除了在构成原理上的区别,还有以下区别。

图形的颜色作为绘制图元的参数在指令中给出,所以图形的颜色数目与文件的大小无关,而图像中每个像素所占据的二进制位数与图像的颜色数目有关,颜色数目越多,占据的二进制位数就越多,图像的文件数据量也会随之迅速增大。

图形在进行缩放、旋转等操作后不会产生失真,而图像有可能出现失真现象,特别是放大若干倍后可能出现严重的颗粒状,缩小后会掩盖部分像素点。

图形适应于表现变化的曲线、简单的图案和运算的结果等;而图像的表现力较强,层次和色彩较丰富,适合表现自然的、细节的景物。

图形侧重于绘制、创造和艺术性,而图像偏重于获取、复制和技巧性。在多媒体应用软件中,目前用的较多的是图像、与图形之间可以用软件相互转换,真实图形绘制技术可以将图形数据变成图像,模模式识别技术可以从图像数据中提取几何数据,把图像转换成图形。

(2) 图像信息数字化。

图像信息数字化就是把真实的图像如照片、画报、图书、图纸等模拟信息转换为数字信息(计算机能够接受的显示和存储格式)。图像信息数字化通过对图像信息采样、量化和编码来实现。

① 采样：指对二维空间上连续的图像在水平和垂直方向上等间距地分割成矩形网状结构,分割形成的矩形方格称为像素。这样一幅图像就被采样成由若干像素构成的像素集合,通常被称为图像的分辨率,常用 dpi(dot per inch)表示,即每英寸有多少像素,用列数×行数表示。显然分辨率越高,图像越清晰,其存储数据量越大。例如,一幅 640×480 的图像,表示这幅图像由 640×480＝307200 像素组成。

② 量化：是将采样的每个像素点的颜色用相同位数的二进制数表示,是在将图像分成像素之后每一像素被赋值为位模式。位模式的值取决于图像。对于仅有黑白点组成的图像,1 位模式足以表示像素,即用 0 模式表示黑像素,用 1 模式表示白像素,被一个接一个地记录并存储在计算机中。如果一幅图像不是由纯黑、纯白像素组成,则可增加位模式的长度来表示灰度,例如,2 位模式可以显示 4 种灰度,用 00 表示黑色像素,01 表示深灰色像素,10 表示浅灰色像素,11 表示白色像素。如果是彩色图像,则每一种彩色图像被分解成红、绿、蓝三种主色,分别用 RGB 来表示,每一个像素有 3 位模式。

③ 编码：指将量化的二进制图像信息通过编码来压缩其数据量,因为图像文件的数据量非常巨大,如果不通过编码压缩,不仅占用大量的存储空间,也不便于信息交换和网络传输。图像的分辨率和颜色深度决定了图像文件的大小,其计算公式如下：

$$列数×行数×颜色深度÷8＝图像字节数$$

例如,表示一个分辨率为 1280×1024 的 24 位真彩色图像,需要 1280×1024×24÷8≈4 MB,由此可见,数字化后得到的图像数据量巨大,必须采用编码技术来压缩其信息,因此可以说,在一定意义上,编码压缩技术是实现图像传输与存储的关键。

（3）图像文件的基本格式。

由于图像信息占用的存储空间很大,不同公司采用不同的存储和压缩方式,因而形成了不同的图像文件格式。每种图像文件都有不同的特点和应用范围等。常见的位图格式文件有 BMP、PCX、TGA、TIFF、GIF、JPEG、PNG 等,矢量图的格式文件有 WMF、EMF、EPS、DXF 等。

3. 视频

视觉是人类感知外部世界最重要的途径之一。人类接收的所有信息中 70%～80% 来自于视觉。视觉接收的信息可以分为静止的和运动的两类。图形图像是静止信息,而视频则是运动信息,它是图像的动态形式,动态图像由一系列的静态画面按一定的顺序排列而成。我们把每一幅图画画称为一帧,帧是构成视频信息的最小单位。将这些画面帧以一定的速度连续地投射到屏幕上,由于视觉的暂停现象,给人产生一种动态效果,即视频。

（1）视频信息数字化。

普通的视频信号都是模拟的,而计算机只能处理和显示数字信号,因此在计算机使用视频信号之前必须进行数字化处理,即需要对视频信号进行扫描(采集)、采样、量化和编码处理。

① 采集：在计算机上通过视频采集卡可以接收来自视频输入端的模拟视频信号。

② 采样：模拟视频数据流进入计算机时,每帧画面均对每一像素进行采样,并按颜色或灰度量化,故每帧画面均形成一幅数字图像。对视频按时间逐帧进行数字化得到的图像序列即为数字视频,因此可以说,图像是离散的视频,视频是连续的图像。数字视频

可以用图 1.13 表示。

由图 1.13 可见，数字视频是由一幅一幅连续的图像序列构成的，其中 x 轴和 y 轴分别表示水平和垂直方向的空间坐标，而 t 轴表示时间坐标，若一幅图像沿时间轴保持一个时间段 Δt，由于人眼的视觉暂留现象，可形成连续运动图像的感觉。

③ 量化与编码：通过采集而来的视频信息是面向像素的，因此其量化与编码类似于图像信息的量化与编码。

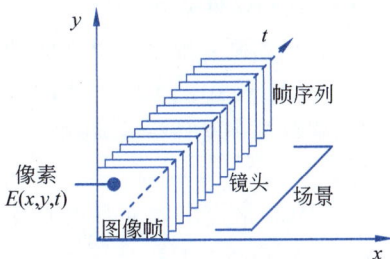

图 1.13　数字视频示意图

视频数字化后能做到许多模拟视频无法实现的事情。具体说，它具有以下优点。

① 便于处理：模拟视频只能简单的调整亮度、对比度和颜色等，因此限制了处理手段和应用范围。而数字视频由于可以存储到计算机中，能很容易进行创造性的编辑与合成，并可进行动态交互，因此数字视频可用较少的时间和费用做出高质量的交互节目。

② 在线性好：由于模拟信号是连续变化的，所以复制时容易产生失真。复制次数越多，产生误差越大，而数字视频可以有效克服因为复制而导致失真的问题，其抗干扰能力是模拟视频无法比拟的，它不会因复制、传输和存储而产生图像质量的退化。从而能够准确地再现视频图像。

③ 网络共享：通过网络数字视频可以很方便的进行长距离传输，以实现视频资源共享，而模拟视频在传输过程中容易产生信号的损耗、干扰和失真。

（2）视频文件的基本格式。

根据视频信息的使用对象不同，视频文件的格式可分为适合在本地播放的影视视频和适合在网络中播放的流媒体影视视频两类。在计算机中常见的数字视频文件格式有 MPEG、AVI、ASF、WMV、FLV 等。

4. 计算机动画

计算机动画又称计算机绘图技术，是计算机图形学和动画的子领域。动画是由一幅幅点阵图连续不断地播放而形成的运动图画.用计算机制作的动画有两种：一种为帧动画，它是根据人眼的特性，用每秒 $15\sim20$ 帧的速度顺序地播放点阵图而产生的运动感觉。另一种为造型动画。帧动画是由一幅幅连续的画面组成的图像或图形序列，这是产生各种动画的基本方法.造型动画则是对每一个活动的对象分别进行设计，赋予每个对象一些特征（如形状、大小、颜色等），然后由这些对象组成完整的画面。对这些对象进行实时变换，便形成连续的动画过程。

（1）动画制作软件。

计算机动画制作软件是创作动画的工具，不用编程。制作时只要做好主动作画面，其余的中间画面由计算机内插来完成。不运动的部分直接复制过去，与主动作画面保持一致。如果这些画面仅是二维的透视效果，则为二维动画，如果通过形式创造出空间形象的画面，就成为三维真实感动画.二维动画制作软件有 Flash、Livemotion、Imageready、Ulead Gif Animator 等。三维动画制作软件有 Cool 3D、3ds max、Maya 等。

(2) 动画文件格式。

计算机动画一般也是以视频的方式进行存放,最常用的文件格式有以下几种。

① FLIC 格式:FLIC 是 FLI/FLC 的统称,是 Autodesk 公司 2D/3D 动画制作软件中采用的彩色动画文件格式,被广泛用于动画图形中的动画系列、计算机辅助设计和游戏程序等。

② SWF 格式:SWF 是微媒体公司 Flash 的矢量动画(采用曲线描述其内容)格式,这种格式的动画在缩放时不会失真,非常适合描述几何图形组成的动画。由于这种格式的动画可以与 HTML 文件充分结合,并能添加 MP3 音乐,因此被广泛应用在网页上,成为一种准流式媒体文件。

③ GIF 格式:GIF 是一种高压缩比的彩色图像文件格式,称为图形交换格式(Graphics Interchange Format),主要用于图像文件的网络传输,目前 Internet 上动画文件多为这种格式。

5. 多媒体处理的关键技术

多媒体技术就是对多种载体(媒介)上的信息和多种存储体(媒质)上的信息进行处理的技术,包括多媒体的录入、压缩、存储、变换、传送、播放等。多媒体技术的核心则是"视频、音频的数字化"和"数据的压缩与解压缩"。

(1) 视频、音频的数字化。

原始的视频、音频的模拟信号经过采样、量化和编码后,就可以转换为便于计算机进行处理的数字符号,然后再与文字等其他媒体信息进行叠加,构成多种媒体信息的组合。

(2) 数据的压缩与解压缩。

① 数据压缩的目的:数字化后的视频、音频信号的数据量非常大,不进行合理压缩根本就无法传输和存储。例如,一帧中等分辨率的彩色数字视频图像的数据量约 7.37MB,100MB 的硬盘空间只能存储 100 帧,若按 25 帧/秒的标准(PAL 制式)传送,则要求 184 MB/s 的传送速率。对于音频信号,若取采样频率 44.1kHz,采样数字数据为 16bit,双通道立体声,此时 100MB 的硬盘空间仅能存储 10 分钟的录音。

因此,视频、音频信息数字化后,必须再进行压缩才有可能存储和传送。播放时则需解压缩以实现还原。

数据压缩的目的就是用最少的代码表示源信息,减少所占存储空间,并利于传输。

② 数据压缩的思路:数据压缩的思路是将图像中的信息按某种关联方式进行规范化并用这些规范化的数据描述图像,以大量减少数据量。例如,某个三角形为蓝色,这时只要保存三个顶点的坐标和蓝颜色代码就成了。如此规范化之后,就不必存储每个像素的信息了。

③ 数据压缩的分类:按照压缩后丢失信息的多少分为无损压缩和有损压缩两种。

无损压缩也称冗余压缩法。它去掉数据中的冗余部分,在以后还原时可以重新插入,即信息不丢失。因此,这种压缩是可逆的,但压缩比很小。

有损压缩是在采样过程中设置一个门限值,只取超过门限值的数据,即以丢失部分信息达到压缩目的。例如,把某一颜色设定为门限值后,则与其十分相近的颜色便被视为相同,而实际存在的细微差异都被忽略了。由于丢失的信息不能再恢复,所以这种压缩是不可逆的,图像质量较差,但压缩比很大。

对数据进行压缩时应综合考虑,尽量做到压缩比要大、压缩算法要简单、还原效果要好。

(3) 虚拟现实技术。

虚拟现实(Virtual Reality,VR)集成了计算机多媒体技术、计算机仿真技术、人工智能、传感技术、显示技术、网络并行处理等技术的最新发展成果,是一种由计算机生成的高技术模拟系统,它最早源于美国军方的作战模拟系统,20 世纪 90 年代初逐渐为各界所关注并且在商业领域得到了进一步的发展。这种技术的特点在于计算机产生一种人为虚拟的环境,这种虚拟的环境是通过计算机图形构成的三维数字模型,并编制到计算机中生成一个以视觉感受为主,也包括听觉、触觉的综合可感知的人工环境,从而使得在视觉上产生一种沉浸于这个环境的感觉,可以直接观察、操作、触摸、检测周围环境及事物的内在变化,并能与之发生"交互"作用,使人能够"身临其境",并能通过语言、手势等自然的方式与之进行实时交互,创建了一种多维信息空间。比如,汽车模拟驾驶室、作战模拟系统等。

1.4　计算机系统基础

计算机是一个复杂的系统,由硬件系统和软件系统组成。硬件系统是指构成计算机的所有实体部件的集合,是看得见摸得着的物理设备。软件系统是硬件系统功能的扩充和完善,是看不见的,但却不可缺少。硬件和软件相辅相成,计算机的功能才能得到充分发挥。本章主要从"结构、层次、抽象"等计算思维概念,讨论计算机硬件结构和软件系统的内容。

1.4.1　计算机系统概述

通常人们所说的计算机其实是指既包含硬件系统又包含软件系统的计算机系统。硬件系统是软件系统的工作基础。离开硬件系统,软件就无法工作;软件系统又是硬件系统功能的扩充和完善,有了软件的支持,硬件系统的功能才能得到充分的发挥;两者相互依赖、相互渗透、相互促进。

1. 计算机系统的组成

一个完整的计算机系统由硬件系统和软件系统两大部分构成,如图 1.14 所示。

硬件系统是整个计算机系统运行的物质基础,是计算机系统中所有实际物理装置的总称,分为主机和外部设备两部分。硬件可以是电子的、电磁的、机电的、光学的元件/装置或是它们的组合。主机通常安装在主机箱中,包括中央处理单元、内存储器、总线和输入/输出接口,是整个系统的控制中心。外部设备由外存储器、输入设备、输出设备等组成,它们通过输入/输出接口及总线与主机相连。

软件系统是控制计算机工作流程及具体操作计算机工作的核心,分为系统软件和应用软件。只有通过软件才能实现人们的不同工作意图,它包括了计算机系统运行时所需

```
计算机系统 ┬ 硬件系统 ┬ 主　　机 ┬ 中央处理单元 ┬ 控制器
          │         │         │             └ 运算器
          │         │         └ 内存储器
          │         └ 外部设备 ┬ 外存储器
          │                   ├ 输入设备
          │                   └ 输出设备
          └ 软件系统 ┬ 系统软件 ┬ 操作系统
                    │         ├ 语言处理系统
                    │         └ 服务型程序
                    └ 应用软件 ┬ 应用软件包
                              └ 面向问题的应用软件
```

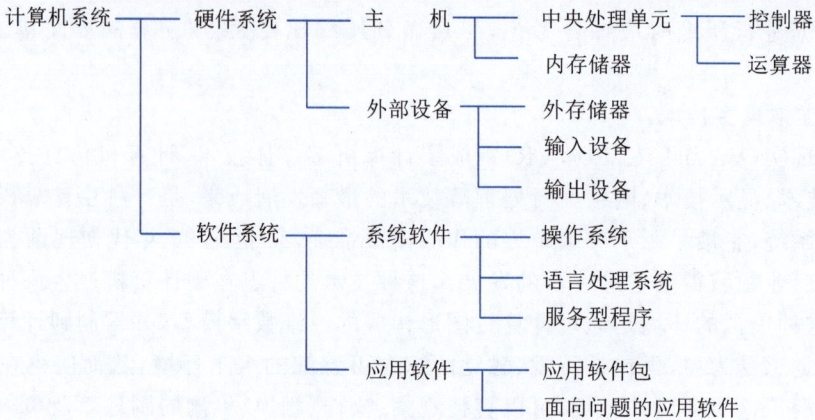

图 1.14　计算机系统的组成

要的各种程序、数据及相关的文档资料。

2. 计算机系统的层次结构

计算机系统中的硬件系统和各种软件系统是按照一定的层次结构组织起来的。系统中的每一层都具有特定的功能并提供相应的接口界面,接口屏蔽了层内的实现细节,并对层外提供了使用约定。

(1) 硬件层。

硬件系统位于整个层次结构的最底层,在机器语言的指挥和控制下进行各种具体的物理操作,是整个计算机系统运行的物理基础。硬件的指令系统组成了对外界面,系统软件通过执行机器指令来访问和控制各种计算机硬件资源。

(2) 系统软件层。

硬件系统之上是系统软件层。系统软件中的操作系统最靠近硬件,它对硬件系统进行了首次扩充和改造,帮助用户摆脱硬件的束缚,并为用户提供友好的人机界面。操作系统提供的扩展指令集组成了对外的界面,为上层的其他软件提供了有力的支持。

(3) 支撑软件层。

支撑软件层位于系统软件层之上,利用操作系统提供的功能接口及系统调用来使用计算机系统的各类系统资源,而不必知道各种系统资源的细节和控制过程,较为容易地实现各种语言处理程序、数据库管理系统和其他系统程序,并为上层的应用软件提供更多的支持。

(4) 应用软件层。

应用软件是直接面对用户的程序,处于计算机软件层的外围。正是这些丰富多彩的应用软件将计算机的功能延伸至各个领域。

通常计算机系统的用户可以分为普通终端用户、程序开发人员和系统设计人员三类。除了操作系统设计者需要直接面对计算机硬件外,普通终端用户和程序员一般都工作在操作系统之上。

用户与计算机系统各层次之间的关系,如图 1.15 所示。

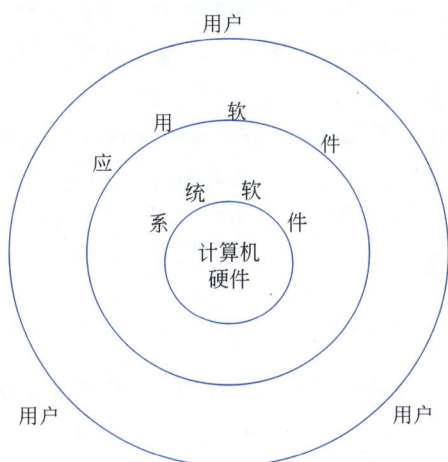

图 1.15　用户与计算机系统各层次之间的关系

> 📝 **思考与探索**
>
> 　　硬件系统是用正确的、低复杂度的芯片电路组合成高复杂度的芯片,逐渐组合,功能越来越强,这种层次化构造化的思维是计算机自动化的基本思维之一。

3. 软件和硬件的关系

　　① 硬件是软件载体,软件是硬件灵魂,二者相互依存。计算机仅有硬件而无软件,只是电子元器件组合,即"裸机",无法使用。反之,没有硬件支持,软件仅存于纸面,功能无法验证与实现。

　　② 软件和硬件界限不严格,功能有时可相互替换。因科技发展,计算机部分功能软硬件皆可实现且效果等同或相近。通常,实现相同功能时,软件效率低于硬件,速度慢、稳定性稍差,但软件使用灵活,在更新、加载、移除、融合等方面强于硬件,且价格低廉,可按需选用。

　　③ 软件和硬件协同发展。硬件技术进步,使诸多以往难以实现的设计成为可能,推动软件功能拓展。软件发展也对硬件提出更高要求,促使电子、微电子、光电等硬件领域发展,催生更快处理器、更大存储器、更高清显示方式等。

　　④ 软件和硬件未来将高度统一。随着科技发展,硬件向轻小、低能耗、高速度、大容量、智能化及生物化发展,软件将融入硬件,朝专一性和多元化发展。或许未来计算机比纸还薄,可按需写入软件功能。

1.4.2　计算机硬件系统

　　自第一台电子数字计算机问世以来,计算机制造技术日新月异,但其基本结构原理仍沿用冯·诺依曼计算机体系结构。

　　在计算机系统中,电子、机械、光电元件组成各类计算机部件与设备,这些部件和设备按系统结构要求构成有机整体,即计算机硬件系统。硬件系统是计算机快速、可靠、自动工作的基础。从逻辑功能看,计算机硬件主要实现信息变换、存储、传送与处理等功能,同时为软件系统提供具体实现的基础。

根据冯·诺依曼结构的传统框架,计算机硬件系统由运算器、存储器、控制器、输入和输出设备五大基本部件构成。这五大部件在物理上分为主机和外部设备。一般主机主要包括中央处理器、内存储器、总线、输入/输出接口等,常见的外部设备包括各种外存储器和输入/输出设备,比如硬盘、光驱、显卡、声卡、显示器、键盘、鼠标、打印机、绘图仪、扫描仪等。

1.4.2.1　系统主板

系统主板(System board)又称主板或系统板,用于连接计算机的多个部件,它安装在主机箱内,是微型计算机的最基本最重要的部件之一。在微机系统中,CPU、RAM、存储设备和显示卡等所有部件都是通过主板相结合,主板性能和质量的好坏将直接影响整个系统的性能。

集成在主机板上的主要部件有:芯片组、扩展槽(总线)、BIOS 芯片、CMOS 芯片、电池、CPU 插座、内存槽、Cache 芯片、DIP 开关、键盘插座及小线接脚等。其结构如图 1.16 所示。

图 1.16　主板的结构

主板结构是依据主板上元器件的布局排列、尺寸、形状及电源规格等制定的通用标准,如 ATX、BTX 等,所有厂商都需遵循。

主板为开放式结构,大多有 6～15 个扩展插槽,供计算机机外围设备控制卡(适配器)插接,便于对计算机子系统局部升级,配置更灵活。

芯片组是主板核心,几乎决定主板功能,影响电脑系统性能。按位置分北桥和南桥芯片。北桥提供对 CPU 类型、主频、内存等的支持;南桥提供对键盘控制器等的支持。北桥起主导作用,也称为主桥。

主板上的“系统内存插槽”用于安插内存条。内存按线数分 72 线、168 线等;按容量分 512MB、1GB 等,用户可依插槽类型和个数增插内存条。

扩展插槽用于固定扩展卡并连接系统总线,也称为扩展槽等,外设通过接口电路板连到总线接插口,可连接声卡、显卡等,有 ISA、PCI 等多种类型,其种类和数量是衡量主板好坏的重要指标。

BIOS 是高层软件与硬件的接口,实现系统启动等功能,一旦损坏机器无法工作;一些病毒会破坏 BIOS 导致系统瘫痪。

CMOS 是小型 RAM,工作电压低、耗电少,保存系统硬件配置和用户设定参数,数据出错或丢失系统无法正常工作,可在启动时按 Delete 键进入 BIOS 设置窗口进行恢复。CMOS 开机由系统电源供电,关机依靠主板电池,需注意更换电池。

主机加电时,电流瞬间通过多个部件,随后主板依靠 BIOS 识别硬件并进入操作系统,发挥支撑系统平台工作的功能。

现代计算机高度自动化,被称为"电脑",是因其有类似人脑、按人意愿指挥控制计算机操作的功能,由运算器、控制器等构成的处理器系统是硬件系统核心。

1.4.2.2　中央处理器(CPU)

随着超大规模集成电路的高速发展,使得电子器件的体积越来越小,为了使主体器件具有一致性能,则将运算器和控制器集成在一块芯片上,称为中央处理器(Central Processor)或中央处理单元(Central Processing Unit,CPU),在微机中称为微处理器(Microprocessor)。

1. CPU 的基本组成

CPU 是计算机中的核心部件,用来实现运算和控制,由运算器、控制器、控制线路等组成。

运算器是执行算术运算和逻辑运算的部件,其功能包括:能快速进行加、减、乘、除(含变更数据符号)等算术运算,"与""或""非"等逻辑运算,以及逻辑左移、逻辑右移、算术左移、算术右移等移位操作;可及时存放算术和逻辑运算的中间结果(由通用寄存器组实现),能挑选操作数、选定运算功能,并将运算结果存入存储器。

运算器由多功能算术逻辑运算部件(ALU)、通用寄存器组(含累加寄存器、数据缓冲寄存器、状态寄存器)及其控制线路构成。寄存器组用于存储运算器工作信息和运算中间结果,以减少访问存储器次数,提升运算速度。整个运算过程在控制器统一指挥下,对从 RAM 获取的数据按程序编排进行算术或逻辑运算,再将结果送回 RAM。

控制器是计算机系统中发布操作命令的部件,能依据指令信息,对系统各部件(不止CPU)实施操作与控制。比如,计算机程序和原始数据的输入、CPU 内部信息处理、处理结果输出、外部设备与主机间信息交换等,均在控制器控制下完成。

2. CPU 的主要部件

CPU 是计算机硬件系统的指挥中心,有人将它形容为人脑的神经中枢。CPU 的指挥控制功能由指令控制、操作控制、时间控制、数据加工等部件实现。

① 数据缓冲寄存器(Data Register,DR):存放从 RAM 中取出的一条指令或数据字。

② 指令寄存器(Instruction Register, IR):存放从 RAM 中取出的将要执行的一条指令。

③ 指令译码器(Instruction Decoder, ID):执行 IR 中的指令,必须对指令的操作码进行检测,以便识别所要求的操作。

④ 地址寄存器(Address Register, AR):用来存放下一条将要执行的指令的地

址码。

⑤ 累加寄存器（Accumulator，AC）：简称位累加器，当 ALU 执行算术或逻辑运算时为 ALU 提供工作区。

⑥ 状态寄存器（Flag Register，FR）：用来存放算术和逻辑运行或测试的结果建立的条件码内容，如运算进位标志、运算结果溢出标志、运算结果为零标志、运算结果为负标志，等等。

⑦ 微操作控制单元和时序部件：根据指令操作码和时序信号产生微操作控制信号，对各种操作实施时间上的控制。

3. CPU 的主要性能指标

① 字与字长。计算机内部作为一个整体参与运算、处理和传送的一串二进制数，称为一个字。在计算机中，许多数据是以字为单位进行处理的，是数据处理的基本单位。字长越长，运算能力就越强，计算精度就越高。

② 主频。CPU 有主频、倍频、外频三个重要参数，它们的关系是：主频＝外频×倍频，主频是 CPU 内部的工作频率，即 CPU 的时钟频率（CPU Clock Speed）。外频是系统总线的工作频率，倍频是它们相差的倍数。CPU 的运行速度通常用主频表示，以 Hz 作为计量单位。主频越高，CPU 的运算速度越快。

③ 时钟频率。即 CPU 的外部时钟频率（即外频），它由电脑主板提供，直接影响CPU 与内存之间的数据交换速度。

④ 地址总线宽度。地址总线宽度决定了 CPU 可以访问的物理地址空间，即 CPU 能够使用多大容量的内存。假设 CPU 有 n 条地址线，则其可以访问的物理地址为 2^n 个。

⑤ 数据总线宽度。数据总线宽度决定了整个系统的数据流量的大小，数据总线宽度决定了 CPU 与二级高速缓存、内存以及输入/输出设备之间一次数据传输的信息量。

1.4.2.3　总线系统

计算机硬件系统中的主机、输入/输出、外存及其他设备。可通过一组导线按照某种连接方式组织起来，构成一个完整的硬件系统，这组导线被称为总线，是各部件之间的数据通道。

1. 总线的分类

按照计算机所传输的信息种类，计算机的总线主要分为数据总线、地址总线和控制总线三种，分别用来传输数据、数据地址和控制信号，如图 1.17 所示。

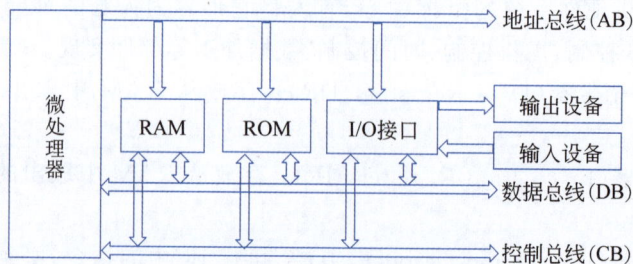

图 1.17　微型计算机硬件系统总线结构

① 数据总线(Data Bus)。数据总线用于实现数据的输入和输出,数据总线的宽度等于计算机的字长。因此数据总线的宽度是决定计算机性能的主要指标。

② 地址总线(Address Bus)。地址总线用于 CPU 访问内存和外部设备时传送相关地址。实现信息传送设备的选择。例如,CPU 与主存传送数据或指令时,必须将主存单元的地址送到地址总线上。地址总线通常是单向线,地址信息由源部件发送到目的部件。地址总线的宽度决定 CPU 的寻址能力。若某计算机的地址总线为 n 位,则此计算机的寻址范围为 $0 \sim 2^n - 1$。

③ 控制总线(Control Bus)。控制总线用于 CPU 访问内存和外部设备时传送控制信号,从而控制对数据总线和地址总线的访问和使用。

2. 常用总线标准

在计算机系统中通常采用标准总线。标准总线不仅具体规定了线数及每根线的功能,而且还规定了统一的电气特性。主板上主要有 FSB、MB、PCI、PCI-E、USB、LPC、IHA7 大总线。CA、EISA、VESA、PCI、AGP 等总线标准。现在,主板上配备较多的是 PCI 和 AGP 总线。PCI(Peripheral Component Interconnect)是一种局部总线标准,它能够一次处理 32 位数据,用于声卡、内置调制解调器的连接。AGP(Accelerated Graphics Port)加速图形端口,是显卡的专用扩展插槽。它是在 PCI 图形接口的基础上发展而来的。AGP 直接把显卡与主板控制芯片连接在一起,从而很好地解决了低带宽 PCI 接口造成的系统瓶颈问题。

3. 系统总线的主要性能指标

① 总线的带宽。总线的带宽是指单位时间内总线上可传送的数据量,即每秒钟传送的字节数,它与总线的位宽和总线的工作频率有关。

② 总线的位宽。总线的位宽是指总线能同时传送的数据位数,即数据总线的位数。

③ 总线的工作频率。总线的工作频率也称为总线的时钟频率,以 MHz 为单位,总线带宽越宽,总线工作速度越快。

1.4.2.4　存储器系统

现代计算机以存储器为中心,数据和程序都存于其中,人们期望存储器容量大、速度快、存储时间长且价格低,但没有存储器能同时满足这些要求。为适应系统及应用需要,采用内、外存储器这两种不同性能的存储器件,并将不同性能的存储器优化组合成存储系统,由操作系统进行高效管理。

1. 存储单位

存储单位用来表示存储容量的大小。计算机中所有的数据信息都是以二进制数的形式进行存储的,所以存储单位是指数据存放时占用的二进制位数,常用的存储单位有位、字节和字。

① 位(bit,b):计算机中存储数据的最小单位,用来存放一位二进制数(0 或 1)。一个二进制位只能表示 $2^1 = 2$ 种状态,若要表示更多的信息,就得组合多个二进制位。

② 字节(Byte,B):计算机中的一个存储单元(Memory Cell),ASCII 中的英文字母、阿拉伯数字、特殊符号和专用符号大约有 $128 \sim 256$ 个,刚好可以用 8 个二进制位(1 字节)表示。

　　计算机中表示存储容量时通常用 KB、MB、GB、TB、PB、EB 等计量单位,换算关系如下:

　　　1 KB=1024 B=2^{10} B　　　1 MB=1024 KB=2^{20} B　　　1 GB=1024 MB=2^{30} B

　　　1 TB=1024 GB=2^{40} B　　　1 PB=1024 TB=2^{50} B　　　1 EB=1024 PB=2^{60} B

　　③ 字(Word,W):计算机在存储、传送或操作时,作为一个数据单位的一组二进制位称为一个计算机字,简称为"字",每个字所包含的位数称为字长。一个字由若干字节组成,而字节是计算机进行数据处理和数据存储的基本单位,所以"字长"通常是"字节"的整数倍。

2. 内存储器

　　内存储器(Internal Memory)是计算机中最主要的部件之一,用来存储计算机运行期间所需要的大量程序和数据。内存储器是直接与 CPU 相连并协同工作的存储器,包括只读存储器和随机存储器。随机存储器与 CPU 是计算机中最宝贵的硬件资源,是决定计算机性能的重要因素。内存储器主要由随机存储器(Random Access Memory,RAM)、只读存储器(Read Only Memory,ROM)和高速缓冲存储器(Cache)组成。

　　(1) 随机存储器(RAM)。

　　RAM 的作用是临时存放正在运行用户程序和数据及临时(从磁盘)调用的系统程序。其特点是 RAM 中的数据可以随机读出或者写入。关机或者停电时,其中的数据丢失。

　　RAM 又可分为静态存储器(Static RAM,SRAM)和动态存储器(Dynamic RAM,DRAM)。

　　SRAM 的特点是工作速度快,只要电源不撤除,写入 SRAM 的信息就不会消失,不需要刷新电路,同时读取时不破坏原来存放的信息。信息一经写入可多次读出,但 SRAM 的集成度较低功耗较大。SRAM 一般用来作为计算机中的高速缓冲存储器(Cache)。

　　DRAM 的优点是集成度较高,功耗也较低,其缺点是保存在 DRAM 中的信息,随着电容器的漏电会逐渐消失,一般信息保存时间为 2 ms 左右,为了保存 DRAM 中的信息。必须每隔 1～2ms 对其刷新一次。因此采用 DRAM 的计算机必须配置动态刷新电路,以防信息丢失,DRAM 一般用作计算机中的主存储器,人们平常所说的内存就是 DRAM。

　　(2) 只读存储器(ROM)。

　　ROM 的作用是存放一些需要长期保留的程序和数据,如系统程序、控制时存放的控制程序等。其特点是只能读,一般不能改写,能长期保留其上的数据,即使断电也不会破坏。一般在系统主板上装有 ROM-BIOS,它是固化在 ROM 芯片中的系统引导程序,完成系统加电自检、引导和设置输入输出接口的任务。

　　(3) 高速缓冲存储器(Cache)。

　　CPU 执行程序时按指令或操作数地址访问主存。理论上,主存读写速度与 CPU 工作速度越快且越匹配越好。但现代计算系统对 CPU 性能和主存容量要求渐高,若用与 CPU 同性能材料造主存,成本将大幅增加。所以,一般通用计算机主存速度低于 CPU,其时钟频率远超主存响应速度,致使 CPU 执行速度受限,无法充分发挥性能,降低了计算机整体运行速度。

为协调主存与 CPU 速度差异,目前最有效的办法是采用 Cache 技术。Cache 是在主存与 CPU 间起缓冲作用的高速缓冲存储器,其速度与 CPU 相当,功能类似主存,用于在不同速度部件交换信息时发挥协调作用。

Cache 容量一般约 512KB,通常集成在 CPU 内。计算机运行后,会把当前即将执行的部分程序从主存批量复制到 Cache。CPU 读取指令时,先在 Cache 中查找。若能找到(即命中),便直接从 Cache 读取;若未找到,则从主存读取。

Cache 既提升了系统性能,又维持了较低造价。如今一般微型机都配备内部 Cache,否则难以真正实现高速运行。

(4) 内存的性能指标。

① 存储容量。通常以 RAM 的存储容量来表示微型计算机的内存容量。常用单位有 KB、MB、GB 等。

② 存取周期。内存的存取周期是指存储器进行两次连续、独立的操作(存数的写操作和取数的读操作)之间所需要的最短时间,以 ns(纳秒)为单位,该值越小速度越快。常见的有 7ns、10ns、60ns 等。存储器的存取周期是衡量主存储器工作速度的重要指标。

③ 功耗。它能反映存储器耗电量的大小,也反映了发热程度。功耗小,对存储器的工作稳定有利。

3. 外存储器

外存储器(External Storage)是相对内存储器或主存储器而命名的,所以又称为辅助存储器(Auxiliary Storage),用来存放当前不参加运行的程序和数据。与 RAM 相比,外存储器存储容量较大、价格较低、速度较慢,并且不能直接与处理器相连。由于它是一种磁质存储器,因而能永久保存磁盘中的信息。目前常用的外存储器有硬盘存储器、光盘存储器、U 盘存储器、移动硬盘等。在大型和巨型机中,还有磁带存储器(Magnetic Tape Storage),主要用于大数据存储。

(1) 硬盘存储器。

硬盘是电脑主要的存储媒介之一,由一个或者多个铝制或者玻璃制的碟片组成。碟片外覆盖有铁磁性材料。

硬盘主要有固态硬盘、机械硬盘、混合硬盘三类。

固态硬盘(Solid State Disk、Solid State Drive,SSD)由固态电子存储芯片阵列制成,存储介质有闪存(FLASH 芯片)、DRAM,近年还出现了 XPoint 颗粒技术。基于闪存的固态硬盘是主流类别,内部构造简单,主体为一块印刷电路板,基本配件有控制芯片、缓存芯片(部分低端产品无)及闪存芯片。

其主要特点显著:读写速度快,因采用闪存介质,读取比机械硬盘快很多,且不用磁头,寻道时间近乎为 0;防震抗摔性强、功耗低、无噪声、抗振动、热量低、体积小、重量轻、工作温度范围广。

机械硬盘(HDD)即传统普通硬盘,如图 1.18 所示。主要由盘片、磁头、盘片转轴、控制电机、磁头控制器、数据转换器、接口、缓存等部分组成。所有盘片装在同一旋转轴上且相互平

图 1.18　机械硬盘

行,各盘片存储面有磁头,磁头与盘片间距极小。磁头由磁头控制器统一操控,可沿盘片半径方向移动,配合盘片每分钟几千转的高速旋转,实现定位数据读写。

混合硬盘(HHD)则是将磁性硬盘和闪存集成在一起的硬盘。

（2）光盘存储器。

光盘存储器由光盘驱动器和盘片组成,其盘片(亦称为母盘)上敷以光敏材料,激光照射时,分子排列发生变化,形成小坑点(亦称为光点),以此记录二进制信息。光盘特点是存储容量大、存储成本低、易保存。常见的光盘驱动器有 CD-ROM、DVD-ROM、CD-RW、CD-R。

（3）移动存储器。

目前常见的移动存储设备主要是闪盘和移动硬盘。

闪盘具有 USB 接头,只要插入任何个人计算机 USB 插槽,计算机即会检测到并把它视为另一个硬盘,又称优盘或闪存。目前常见的闪盘存储容量有 64GB、128GB、256GB、512GB、1TGB 等,资料储存期限可达 10 年以上。按功能可分为无驱型、固化型、加密型、启动型和红外型等。

移动硬盘是以硬盘为存储介质,以“盘片”存储文件,容量较大,数据的读写模式与标准 IDE 硬盘是相同的。移动硬盘多采用 USB、IEEE1394 等传输速度较快的接口。移动硬盘的容量有 500GB、1TB、5TB 等。

（4）云存储。

云存储是与云计算同步发展的概念,指通过网络提供可配置的虚拟存储及相关数据服务,即将存储当作一种服务经由网络交付给用户。用户能以多种方式运用云存储,比如直接使用网络硬盘、在线存储、在线备份、在线归档等与云存储相关的在线服务。当前,提供云存储服务的平台有 Google drive、iCloud、华为网盘、everbox、Windows Live Mesh、360 云盘等。

4. 存储体系

为让计算机自动、高速运行,除存储程序控制外,还需采取技术措施:协调 RAM 与 CPU 运行速度;动态组织存储空间;利用并优化组合各种存储器性能特点,构成存储体系以提升计算机整体性能。

（1）虚拟存储器。

高速缓冲存储器(Cache)提升了主存等效速度。但计算机既需主存速度快,又要求容量大,而主存容量有限。

为解决这一矛盾,现代操作系统常用虚拟存储技术。核心思想是:程序装入时,仅将当前执行部分载入内存,其余存于外存;程序执行时,若数据不在内存,操作系统从外存调入,用户可使用比实际内存大的“虚拟存储”空间。

虚拟存储器不是实际物理存储器,是基于主-辅存储层次结构,由主存、辅存及操作系统存储管理软件构成的存储体系。实现虚拟存储体系依赖三个要素:有一定内存容量存放基本程序和数据;有充足外存空间容纳多个用户程序;有地址变换机构,能动态实现逻辑地址到物理地址的转换(地址映射)。

（2）存储体系结构。

计算机的存储器有主存、辅存和高速缓冲存储器,各有功能特点:主存容量较大、速度较快,存放操作系统和其他程序代码;辅存主要指硬磁盘,容量最大、速度慢,存储各种程序和数据;Cache 容量最小、速度最快,协调 RAM 与 CPU 速度不一致。为充分利用三种存储器特点,产生"存储体系",采用"Cache＋RAM ＋ 硬磁盘"的三级存储体系解决存储容量和速度的矛盾。三级存储体系的逻辑结构如图 1.19 所示,其对应的层次结构如图 1.20 所示。

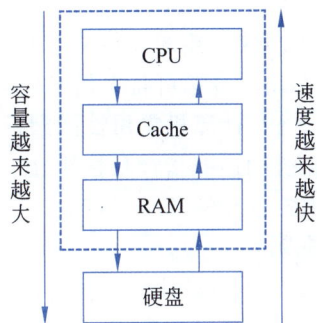

图 1.19 三级存储体系的逻辑结构   图 1.20 三级存储体系的层次结构

由于采用三级存储体系结构,既能满足速度、容量要求,又具有良好的性能/价格比,因而已成为现代计算机系统中普遍的存储体系结构模式。它们均由操作系统实施调配和协调。

1.4.2.5 输入/输出设备

输入 / 输出设备是计算机硬件系统的功能部件,输入设备可将程序、数据、图形、图像、语音等信息送入计算机,经运算处理后由输出设备输出结果。

1. 输入设备

输入设备用于向计算机输入各类信息,常用的输入设备有键盘、鼠标、光电笔、扫描仪、数字化仪、字符阅读器及智能输入设备等。

① 键盘。键盘是常用的指令和数据输入装置。有机械式、电容式按键,工控机还有轻触薄膜按键键盘。接口包括 AT、PS/2、USB 接口。

② 鼠标。鼠标是屏幕标定装置,1968 年美国道格拉斯·恩格尔巴特制作了第一只鼠标。分有线和无线,按接口有串行、PS/2、总线、USB 鼠标;按工作原理有机械式、光机式、光电式、蓝牙式。

③ 触摸屏。触摸屏是附加在显示器上的辅助输入设备,用户触摸屏幕可实现选择,有红外式、电阻式、电容式三种。红外式分辨率低,电阻式分辨率高但透光稍差,电容式分辨率高且透光好。

2. 输出设备

输出设备用于输出计算机处理结果,包括数字、文字、表格、图形、图像、语音等。常用的输出设备有显示器、打印机、绘图仪、音箱等。

① 显示器。显示器是将电子文件显示到屏幕的工具,通过 VGA、DVI 或 HDMI 接口与主机相连。按制造材料分阴极射线管(CRT)、等离子(PDP)、液晶(LCD)显示器。主要技术指标有屏幕尺寸、分辨率、点距、扫描频率、刷新速度等。屏幕尺寸指对角线长度,

分辨率写成(水平点数)×(垂直点数)形式,点距越小图像越清晰,扫描频率决定清晰度和刷新速度,刷新速度越高图像质量越好。

② 打印机。打印机是重要输出设备,可将处理结果打印在介质上,通过打印机接口或 USB 接口与主机相连。按工作方式分针式、喷墨式、激光打印机,针式靠物理接触打印,后两者靠喷射墨粉印刷。3D 打印是以数字模型为基础,用可粘合材料逐层打印构造物体的技术。

③ 绘图仪。绘图仪用于绘制管理图表、统计图、建筑设计图等多种图纸。

④ 音箱。音箱可将电信号转换为机械振动形成声波输出。

1.4.2.6　计算机常用性能指标

计算机的性能指标是指能在一定程度上衡量计算机优劣的技术指标,计算机的优劣是由多项技术指标综合确定的。

1. 主频

CPU 的主频指计算机的时钟频率,一般以 MHz 或 GHz 为单位,指时钟脉冲发生器所产生的时钟信号频率,它在很大程度上决定了计算机的运算速度。主频越高,计算机的运算速度就越快,所以主频是计算机的一个重要性能指标。

2. 字长

字长是 CPU 进行运算和数据处理的最基本、最有效的信息位长度,即 CPU 一次可以处理的二进制位数。字长主要影响计算机的精度和速度。字长有 8 位、16 位、32 位和64 位等。字长越长,表示一次读写和处理的数的范围越大,处理数据的速度越快,计算精度越高。

3. 运算速度

运算速度指计算机每秒执行的指令数,是衡量 CPU 工作快慢的指标,单位为每秒百万条指令(简称 MIPS)。由于执行不同的指令所需的时间不同,因此,运算速度有不同的计算方法。现在多用各种指令的平均执行时间及相应指令的运行比例来综合计算运算速度,即用加权平均法求出等效速度,作为衡量计算机运算速度的标准。

4. 内存容量

内存(主存)容量是指计算机系统配备的内存总字节数。内存容量反映的是内存储器存储数据的能力,容量越大,计算机所能运行的程序越大,能处理的数据越多,运算速度越快,处理能力越强。存储容量一般用字节(Byte)数来度量。

5. 存取周期

存取周期是指 CPU 从内存储器中连续进行两次独立的读(取)或写(存)操作之间所需的最短时间。这个时间越短,说明存储器的存取速度越快。

6. 总线的带宽

总线的带宽指总线在单位时间内可以传输的数据总量。常用单位是 MB/s,即兆字节/秒。总线带宽与总线存取时间、总线的数据线位数有关。

1.4.3　计算机软件系统

计算机软件相对于硬件而言,在操作系统基础上逐步发展形成。计算机中各种程序称为软件,所有程序集合称为软件系统,是计算机系统的软件支撑,能拓展硬件功能、方便用户操作。

计算机软件不断发展,从冯·诺依曼计算机起,经历了计算机语言、翻译程序、操作系统等阶段。根据功能,软件可分为系统软件、支撑软件和应用软件三类。

① 系统软件:由计算机厂家提供,用于计算机系统的管理、调度等,可扩充硬件功能,供用户使用,如操作系统、翻译程序、服务程序等。其显著特点是与具体应用领域无关。

② 支撑软件:随数据库应用系统开发和网络应用拓展而形成。随着计算机技术的发展,软件在开发、维护、运行方面的代价在计算机系统中占比远超硬件。常用支撑软件有数据库管理系统、工具软件(如系统诊断、图像处理)、网络软件、软件开发环境、中间件等。

③ 应用软件:相对系统软件而言,是用户针对具体应用问题开发的专用程序或软件总称。例如计算机辅助设计(CAD)、计算机辅助测试(CAT)等,这些软件在各领域发挥重要作用,为传统产业注入新活力。

1.4.3.1 计算机操作系统

没有软件支持的计算机为裸机,用户直接操作裸机极为困难,因为硬件系统仅识别 0 和 1 组成的二进制代码。在此情形下,用户觉得机器不理解意图,机器因用户操作慢常闲置。为解决这些问题,让计算机管理自身与用户,操作系统应运而生。

操作系统(OS)是随软硬件发展形成的大型程序。从功能看,它是用户及其他软件与硬件间的接口和桥梁;从作用看,为用户提供良好操作与管理环境,大幅提升计算机使用效率及服务质量。可定义为:有效组织管理计算机软硬件资源、合理规划工作流程、控制程序执行、提供多种服务及友好界面的系统软件。

如今的计算系统按功能可分硬件系统、操作系统、支撑软件和应用软件 4 个层次,呈单向服务关系,外层可使用内层服务。操作系统紧密依赖硬件,功能体现在:

① 用户与硬件接口:用户通过操作系统便捷控制资源,无须深入了解硬件,还可依需求改造扩充硬件,可视为人-机交互接口。

② 资源管理者:基本任务是管理软硬件资源。一方面控制管理硬件,为上层程序提供屏蔽硬件细节的环境,将裸机变为好用的系统;另一方面管理程序和数据在内外存的交换,涵盖处理器、存储、文件、设备管理,提升资源利用率与共享性。

③ 提供虚拟机:硬件功能有限,借助操作系统及相关软件能完成多样复杂任务,部分硬件功能可由软件实现。操作系统提供应用程序接口(API),封装硬件控制细节,构建虚拟机,为用户提供功能扩展、使用便捷的计算机系统。

1. 操作系统用户接口

用户接口是方便用户操作计算机的人-机交互接口,有命令接口、程序接口和图形接口 3 种。

① 命令接口:方便用户直接或间接控制程序,用户借此向计算机发令执行操作。

② 程序接口:供用户程序访问系统资源,是程序获取操作系统服务的唯一途径。如 DOS 以系统功能调用提供程序接口,Windows 以 API 形式提供,在可视化编程环境中,

类库和控件基于 Win API,简化了应用程序开发。

③ 图形接口:图形用户接口(GUI)采用图形化操作界面,以图标直观呈现系统功能、应用程序和文件。在 Windows 中,用户通过鼠标、菜单和对话框操作,无须记忆命令,操作简便,深受非专业人员欢迎,这也是 Windows 流行的原因。

2. 常用的操作系统

(1) MS-DOS:微软推出的 16 位 PC 机命令行界面单用户单任务操作系统,对硬件要求低,已逐渐被 Windows 取代。

(2) Windows:微软基于图形界面的单用户多任务操作系统,20 世纪 90 年代后使用率极高,采用 GUI,更人性化。

(3) UNIX:应用较早、使用率高的网络操作系统,通用、交互式、多用户、多任务,用 C 语言编写,可移植性强,在科学领域和高端工作站广泛应用,是业界公认的工业化标准操作系统。

(4) Linux:20 世纪 90 年代由芬兰学生 Linus Torvalds 创建,众多爱好者共同开发。源于 UNIX,性能相近,源代码开放,用户可免费获取并修改,支持多任务、多进程、多 CPU 和多种网络协议,是稳定的多用户网络操作系统。

(5) 移动设备的操作系统:用于智能手机、平板电脑等移动设备,在传统 PC 操作系统基础上增加触摸屏、移动电话等功能模块。主流的有 Android(基于 Linux,开源,由 Google 公司等开发,广泛用于移动设备并扩展到其他领域)、苹果的 iOS 和塞班等。

(6) 实时嵌入式操作系统:单片机的操作系统软件即嵌入式系统,用于控制、监视或辅助机器设备,多为实时操作系统,响应速度快,广泛用于对时间精度要求苛刻领域,如工业控制、数字机床等。

(7) 分布式操作系统:伴随网络技术发展,联网计算机组成分布式计算系统,各计算机内的分布式程序相互通信协调完成任务。分布式操作系统具有可靠性高、扩展性好的优点,系统中部分机器故障不影响整体,结构可动态变化。

3. 进程管理

计算机程序有"源程序"(供程序员阅读修改)和"可执行程序"(计算机按指令执行)两种形式。运行着的程序即进程,如双击浏览器图标,其可执行文件被操作系统加载到内存,进程诞生,关闭浏览器进程终止,而程序仍存于硬盘。操作系统如同"政府"管理进程,进程管理工作包括分配资源、协助进程信息交换、保障进程资源安全及避免进程冲突,涵盖进程的产生终止、调度、死锁预防处理等。

4. 中断处理

操作系统常被打断,进程请求服务时会让操作系统中断工作。中断处理分硬件中断和软件中断:

(1) 硬件中断:由外围硬件设备(如键盘、鼠标等)向 CPU 发送电信号触发,如按键触发硬件中断,CPU 处理后将字母显示到屏幕。

(2) 软件中断:由程序指令触发,如进程产生子进程、读写文件等操作需操作系统协助,会触发软件中断。此外,系统运行中的软硬件故障也会向操作系统发中断信号以便处理。

5. 内存管理

程序运行需先加载到内存,因寄存器和缓存区小,硬盘速度慢,内存速度快且容量合适。内存管理是操作系统重要工作,主要任务包括知晓内存分配情况、为程序分配和回收空间、保护进程内存空间、提供内存共享服务。用户进程看到的是"虚拟大内存",实际内存使用由操作系统管理。例如 32 位系统虚拟内存上限约 4GB,64 位理论上限大但实际 Windows 系统最大支持 128GB。采用"虚拟内存"技术,可隔离用户进程与物理内存,提升系统安全性与内存使用效率,降低编程复杂度。

6. 设备驱动

操作系统通过设备驱动程序与硬件设备交互,各类硬件都需对应驱动程序才能正常工作。现代通用操作系统如 Windows、Linux 提供 I/O 模型供设备厂商编写驱动程序。Windows 和 Linux 支持即插即用,安装硬件更简便,但需硬件和软件同时支持。

7. 文件管理系统

为管理外存储器文件,操作系统设文件管理功能模块,即文件系统。它负责文件管理,为用户提供存取、共享及保护文件的手段,既方便用户、保障文件安全,又能有效提升系统资源利用率,实现磁盘文件的高效管理。

操作系统管理文件,实质是管理存放文件的磁盘存储空间。具体而言,新建文件时,文件系统为其分配相应空间;删除文件时,及时收回其占用空间。

(1) 文件与文件系统。

在计算机中,逻辑上具完整意义的信息集合叫文件,所有程序和数据都以文件形式存放与管理。文件一般由若干记录构成,记录是相关数据项的集合,数据项是可命名的最小逻辑单位。比如,职工信息记录由姓名、性别等数据项组成,众多职工信息记录构成职工信息文件。

在计算机系统中,完整程序或一组完整数据记录都算一个文件,它是操作系统信息管理的基本单元。文件记录的符号元素涵盖文字、公式、表格、插图、视频、音频等信息,这些信息存储于外存储器(各类磁盘),磁盘中的文件即磁盘文件。

文件系统是操作系统中与文件管理相关的软件和数据的组合,是负责存取、管理信息的模块。它对文件存储空间进行组织与分配,承担文件存储、保护及检索工作。以统一方式管理用户和系统信息的存储、检索、更新、共享、保护,为用户提供高效文件使用方法,是对文件组织管理的抽象层级。

文件系统由三部分组成:与文件管理有关的软件、被管理的文件、实施管理所需的数据结构。

① 逻辑文件系统层:处理文件及记录的相关操作,例如,允许用户利用符号文件名访问文件及中的记录,实现对文件及记录的保护,实现目录操作等。

② 文件组织模块层:又称为基本 I/O 管理程序层,完成与磁盘 I/O 有关的工作,包括选择文件所在设备,进行文件逻辑块号到物理块号的转换,对文件空闲存储空间管理,指定 I/O 缓冲区。

③ 基本文件系统层:又称为物理 I/O 层,负责处理内存和外存之间的数据块交换,只关心数据块在辅助存储设备和在主存缓冲区中的位置,不需了解所传送数据块的内容

或文件结构。

④ 设备驱动程序层：又称为基本 I/O 控制层，主要由磁盘驱动程序组成，负责启动设备 I/O 操作及对设备发来的中断信号进行处理。

（2）文件的命名。

一般地，文件名反映文件的内容和类型信息。给文件起名时，应尽可能"见名知义"，这样有助于记忆和查找。

文件名格式：主名.扩展名，其中，主名表达文件内容，扩展名表达文件类型。

约定一些专用文件的扩展名，表明了不同的文件类型。常见的有：.exe（可执行文件）、.com（系统命令文件）、.sys（系统直接调用文件）、.bat（批处理文件）、.obj（目标程序文件）、.bak（备份文件）、.tmp（临时文件）、.txt（文本文件）、.doc（Word 文档）、.xls（Excel 工作簿文件）、.ppt（PowerPoint 演示文稿）等。在 Windows 操作系统中还给不同类型的文件赋以形象的图标。

一些常用的设备也作为文件处理。常见的设备文件名有：CON（键盘/屏幕）、PRN 或 LPT1（第一并行打印机）、LPT2（第二并行打印机）、AUX 或 COM1（第一串行口）、COM2（第二串行口）、NUL（虚拟外部设备）。用户在给文件命名时不能使用系统保留的这些设备名。

查找和显示时可以使用通配符"＊"和"？"，"＊"代表任意多个字符（包括 0 个）；"？"代表任意一个字符。例如，file＊可以代表 file123、file1、file2、file.doc；file？ 可以代表 file1、file2；A＊.doc 可以代表主文件名以 A 开头、扩展名为 DOC 的所有文件，如 ASTB.doc、aBX.doc、ADEF.doc 等。

（3）Windows 文件的命名规定。

① 文件名中可以是数字、大小写字母、汉字和多个其他的 ASCII 字符，最多可以有 255 个字符（包括空格），忽略文件名开头和结尾的空格。

② 不能有以下字符出现：\、/、:、、＊、?、"、<、>、|。

③ 文件名中可以分别使用英文字母大写和小写，不会将它们转换成同一种字母，但认为大写和小写字母具有同样的意义。例如，MYFILE 和 myfile 认为是同一个文件名。

④ 可以使用多个分隔符的名字。如"myfiles.examples.2010"和"学习计划.2010.xls"等。

（4）MS-DOS 文件的命名规定。

MS-DOS 中文件的命名除符合文件的一般规定外，还有以下一些规定。

① 主文件名最多只允许 8 个字符，扩展名最多只允许 3 个字符，称为"8.3"型文件名。

② 这些字符可以是：大小写英文字母、数字 0～9、汉字及一些特殊符号（如 $、♯、&、@、<、>、~、|、^、(、)、-、{、}等）。

（5）文件目录与目录结构。

计算机中常用的文件载体是硬磁盘。磁盘虽能存放多个文件，但简单堆放文件，不仅搜索困难，且同一区域存放文件数量有限。因此，对磁盘文件管理运用"逐级分化"思维，建立便于存放和查找的文件目录及目录结构。

文件是信息集合，类似书本的"节"，文件名如同"节名"，文件内容则如节中的文字、公式等信息，书本是信息载体。

为便于文件存储与查找,可在磁盘划分多个区域,每个区域建立多个"文件夹"(即文件目录),且允许文件夹下再建子文件夹,将不同文件存于相应文件夹。同一文件夹可放多个不同名文件,不同文件夹中可存在同名文件。

DOS 和 Windows 采用分层式的文件系统结构,即树形目录结构(Tree Directory Structure)。目录和文件的隶属关系像一棵倒置的树,树枝称为子目录,树的末梢称为文件,这里以 C 盘为例讲述文件系统的层次结构,如图 1.21 所示。

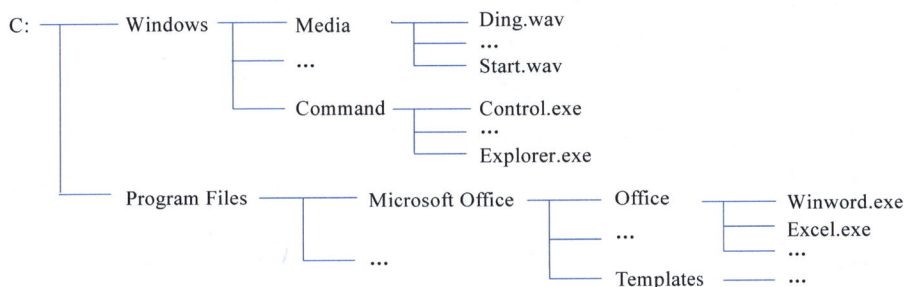

图 1.21　树形目录结构

这种文件系统的树形结构有如下几个特点。

① 每一个磁盘只有唯一的一个根结点,称根文件,用"\"符号表示,如"C:\"。

② 根结点向外可以有若干个子结点,称为文件夹(Folder)。每个子结点都可以作为父结点,再向下分出若干个子结点,即文件夹中可以有若干个文件和子文件夹。

③ 在同一个文件夹中,不允许有相同的文件名和子文件夹名。

在文件系统和层次结构中,一个文件的位置需要由三个因素来确定:文件存放的磁盘、存放的各级文件夹和文件名。在文件层次结构中,一个文件的完整定位为:[盘符][路径]主文件名[.扩展名],其中的方括号"[]"表示可以缺省。

① 盘符。用磁盘名加上一个":",如"C:"等。

② 路径。树形结构中,文件夹呈层次关系。当对某个文件或某一文件夹进行操作时,必须指出该文件或文件夹的存取路径。从某一级文件夹出发(可以是根文件夹,也可以是子文件夹),去定位另一个文件夹或文件夹中的一个文件时,中间可能需要经过若干层次的文件夹才能到达,所经过的这些文件夹序列就称为路径。各文件夹后面要加一个"\"符号。

例如在图 1.21 中,从根文件夹到"Control.exe"文件的路径表示为:"C:\Windows\Command\Control.exe"。

① 当前文件夹。引入多级文件夹后,对任何一个操作都需要知道当前系统所在的"位置",也就是说要明确当前的操作是从哪一个文件夹出发的。把执行某一操作时系统所在的那个文件夹称为当前文件夹。

② 绝对路径。绝对路径是指从根文件夹出发表示的路径名。这种表示方法与当前文件夹无关。例如在图 1.21 中,\Windows\Media\Ding.wav 表示从根文件夹出发定位文件 Ding.wav。其中:第一个字符"\"表示根文件夹,中间的"\"表示子文件夹之间或子文件夹与文件之间的分隔符。

③ 相对路径。相对路径是指从当前文件夹开始表示的路径,这种表示方法与当前文

件夹密切相关。

以图 1.21 为例,设当前目录为 Media,那么 Ding.wav 表示定位当前目录下的文件 Ding.wav;..\ Command\Control.exe 表示先返回到当前目录的父目录(Windows 文件夹),再向下定位文件 Control.exe。其中,符号".."代表当前文件夹的父文件夹。操作系统在建立子文件夹的时候,自动生成两个文件夹,一个是".",代表当前文件夹;另一个是"..",代表当前文件夹的上一级文件夹。

(6) 文件管理。

建立文件目录结构,为文件的管理和使用提供了极大方便。为了便于用户操作、管理和维护,在文件管理中采用了如下管理措施。

① 文件分类:为了便于管理和控制,可将文件分为多种类型。如果按用途划分,可分为系统文件、库文件和用户文件;如果按数据形式划分,可分为源文件、目标文件和可执行文件。

② 文件命名:为了便于操作使用,每个文件必须有唯一的标记,称为文件名。文件名由主文件名和扩展名两部分组成:主文件名可以由多个连续的字符组成,类似一个人的姓名;扩展名是根据需要加上的,一般用来标识文件的性质(如系统文件、库文件、可执行文件等,类似于标明某人的性别)。扩展名跟在主文件名之后,以"."开头,后跟 1~3 个连续的字符。

③ 文件属性:操作系统为不同类型文件定义了独特性质,使每个文件能选取不同的属性:隐含(Hidden)、系统(System)、只读(Read only)、档案(Archive),从而构成属性组"HSRA"。

④ 文件操作:为了便于实现文件管理,操作系统提供了许多文件操作功能,如创建文件、复制文件、修改文件、删除文件等。

8. 操作系统中的计算思维

(1) 树形目录结构与资源管理。

在 Windows 系统中,常借助"资源管理器"和"我的电脑"管理信息资源,查看显示信息时会用到树形目录结构。利用该结构管理资源是计算机的重要思想,涉及资源管理操作多会采用。

这种设计思想在生活中也用于信息分类,如单位机构层次结构。在树形目录结构中,随着当前盘和文件夹转换(即当前视点变化),体现出层次化结构性的跳跃性思维,这是计算机学科的重要思维特征,常见于网络域名管理、面向对象分析设计、Java 包管理引用、程序结构理解及网络规划设计等方面。

(2) 信息共享机制。

Windows 系统提供多种机制,使应用程序能便捷共享数据信息,包括剪贴板、对象链接与嵌入、动态数据交换等。

① 剪贴板:由操作系统维护的内存区域,是 Windows 程序和文件间传递信息的临时存储区,可存储多种信息,实现不同应用程序间信息交换。

② 对象链接与嵌入(OLE)技术:用于创建复合文档,能组合不同源应用程序的文件及不同类型数据(如文字、声音等)。它是面向对象技术,对象有智能属性(含计算机指

令),但存在缓慢且庞大的缺点。

③ 动态数据交换(DDE):允许程序间共享数据或通信,可协调操作系统中应用程序的数据交换和命令调用。

(3) 回收站——恢复机制。

"回收站"是计算机硬盘中名为"Recycled"的文件夹,用于存放删除的文件、文件夹和快捷方式等对象,这些对象处于回收状态且仍占磁盘空间,但可恢复,为用户提供了纠错式的预防、保护和恢复手段,是常见的工程思维。软件设计时需对可能的意外故障采取措施,因为软件脆弱,小错误可能引发严重事故,需加强防范。

> 📝 **思考与探索**
>
> 　　在电子类和机械类等工程中,哪些设计属于"回收站"式的工程思维下的产物呢?

9. 我国操作系统的发展

我国在 20 世纪末期就开始研究国产的操作系统,过去 20 年,诞生超过 20 多个不同的版本,红旗 Red Flag 、深度 Deepin、中标麒麟 Neokylin、银河麒麟 Kylin 、中兴新支点等都被人所熟知,基本上都是基于 Linux 内核进行开发的。随着技术的成熟,国产操作系统已经从"可用"阶段向"好用"阶段发展,同时也可以支持绝大部分的常用办公软件。基本可以满足企业日常办公、电子政务、智慧城市、国防军工、教育、能源交通、党政机关、医疗、电信、教育、金融、生产作业系统以及安全可靠等多个领域应用需求。

在 2019 年 8 月 9 日,华为正式发布操作系统鸿蒙操作系统。2020 年 9 月 10 日,华为鸿蒙系统升级至华为鸿蒙系统 2.0 版本,华为鸿蒙系统是一款全新的面向全场景的分布式操作系统,创造一个超级虚拟终端互联的世界,将人、设备、场景有机地联系在一起,将消费者在全场景生活中接触的多种智能终端实现极速发现、极速连接、硬件互助、资源共享,用最合适的设备提供最佳的场景体验。

华为鸿蒙系统能够把手机的内核级安全能力扩展到其他终端,进而提升全场景设备的安全性,通过设备能力互助,共同抵御攻击,保障智能家居网络安全;通过定义数据和设备的安全级别,对数据和设备都进行了分类分级保护,确保数据流通安全可信。

1.4.3.2　应用软件

应用软件是为借助计算机解决特定问题而设计的程序集合,因需求多样且具针对性,其表达方式各异。以下是一些常见应用软件的介绍:

1. 办公软件

服务于办公自动化,现代办公需处理文字、数字、图形、图像等多种媒体信息,因此办公软件组件丰富。一般包含字处理、演示、电子表格、桌面出版等组件,为契合网络时代并方便用户管理大量数据,还新增了小型数据库管理、网页制作、电子邮件等组件。常用的有微软的 Microsoft Office 和金山的 Kingsoft Office。

2. 图形和图像处理软件

计算机在图形图像处理领域的广泛应用,得益于硬件发展和相关软件的进步。

① 图像软件:用于创建和编辑位图文件,位图由众多像素点构成,适合呈现如照片

般的真实图像。Windows 自带的"画图"较为简单，Adobe 的 Photoshop 流行且应用于美术设计、印刷等领域，此外还有 Corel Photo、Macromedia xRes 等。

② 绘图软件：主要用于创建和编辑矢量图文件，矢量图由线、圆等对象及其形状、颜色、起止点等构成。常用的有 Adobe Illustrator、AutoCAD(由美国 Autodesk 开发，是通用交互式绘图软件，常用于绘制建筑、机械图)、CorelDRAW、Macromedia Freehand 等。

③ 动画绘制软件：动画比图片更具吸引力。这类软件提供多种编辑工具，可自动生成画面，还有场景变换等功能，应用于游戏、电影制作等领域，如 3D Max、Flash、After Effect 等。

3. 数据库应用软件

利用数据库管理系统开发符合自身需求的软件，是计算机应用广泛且发展迅速的领域，与生活工作紧密相连。如社会中的银行业务、超市销售系统，学校里的校园一卡通、学生选课成绩管理系统等。

4. Internet 服务软件

随着 Internet 的迅猛发展，其已成为人们生活、工作、学习不可或缺的部分。常见的服务软件有浏览器、电子邮件、FTP 文件传输、博客、微信、即时通信软件等。

1.4.3.3　软件系统中的交互方式

操作系统与大部分软件都提供程序式和交互式两种接口，本节主要介绍交互方式。

1. 操作系统中的交互方式

操作系统中，有一个专门处理交互方式的软件模块，称为操作系统的外壳(Shell)，与之对应地，操作系统的核心功能部分称为内核(Kernel)。交互方式一般由软件的外壳软件来实现，外壳提供给用户的交互方式一般有两种：命令方式和菜单方式。

① 命令式交互方式。

命令式交互方式的基本思想：人们通过简单的语言——命令与计算机进行交互，请求计算机为我们解决各种问题。

Windows 操作系统中，点击图标和使用快捷键的这些方式可以看作为命令式。

命令语言有肯定句和一般疑问句两种句型。基本格式一般包括动词、宾语和参数三部分。动词表示要做的具体任务，宾语表示任务对象。

例如，在 Windows 10 系统中，可以采用两种方式进入命令式交互方式：在"开始"菜单旁边的搜索框中输入 cmd 后回车；或按下 Win＋R 组合键，在弹出的对话框中输入"cmd"，单击"确定"按钮。

这时，输入命令就可以与计算机进行交互。比如"dir c:/p"命令可以分页查看 C 盘中的内容，如图 1.22 所示，输入"msconfig"命令就能打开"系统配置"对话框等等。

② 菜单式交互方式。

菜单方式与命令方式存在关联，菜单按树形结构分类组织。用户选择菜单项，会调用对应的任务处理程序。其中，菜单项相当于命令动词，对话框中的选项类似各种命令参数，所选择处理的具体对象即为命令宾语，以此实现命令的解释与执行。

2. 应用软件中的交互方式

应用软件依托系统软件运行，其启动和退出借助系统软件相关操作。启动时，程序从硬盘读入内存固定区域并开始执行；关闭时，工作中的软件停止运行，从内存正确撤销，释

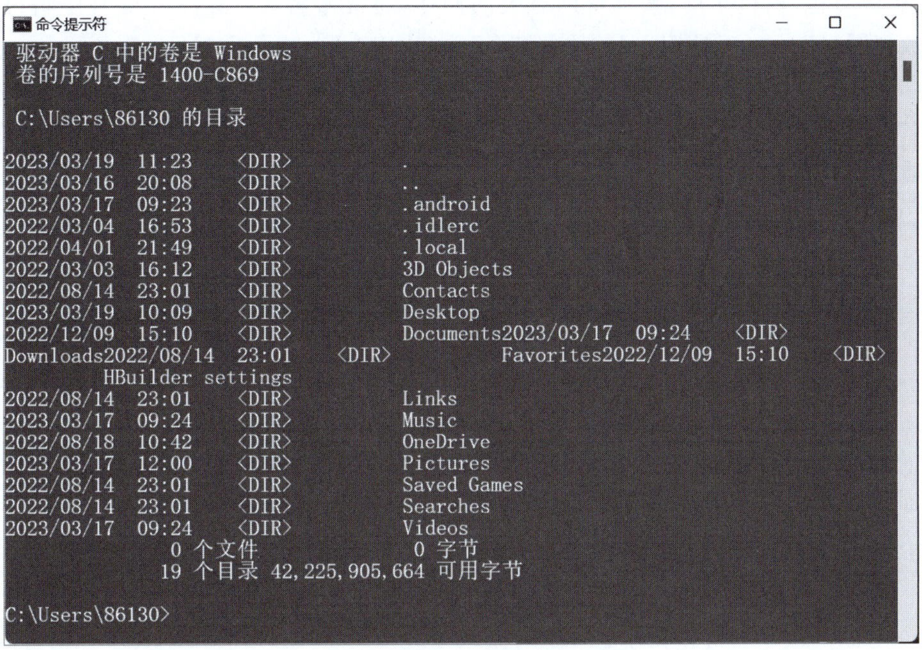

图 1.22　命令式交互方式

放内存空间。

应用软件的核心是应用程序,作为软件资源存于存储介质。同一应用软件(如 Word)可多次运行,系统软件将其视为不同任务处理,这就是多任务机制。常见启动方式如下:

① 基于查找的方式:通过打开资源管理的树形目录结构,逐层查找或利用搜索功能找到应用程序,进而将其打开。

② 快捷方式:可为任何文件、文件夹添加快捷方式,它是访问常用项目的捷径。双击快捷方式图标能立即运行应用程序,或打开文档、文件夹。比如,若已为打印机创建快捷方式,打印文件时,将文件图标拖到打印机图标上即可完成打印操作。

> 💡 **注意**:快捷方式图标并不是对象本身,而是它的一个指针,此指针通过快捷方式文件(.lnk)与该对象联系。因此,对快捷方式的移动、复制、更名或删除只影响快捷方式文件,而不会改变原来的对象。

③ 基于文件类型的方式。系统软件约定了特定文件扩展名,用以标识不同文件类型。基于此,用户只需打开某一类型的具体文件,就能启动与之关联的应用软件。例如,当用户打开名为"我的大学规划.doc"的文件时,系统会自动启动 Word 应用软件,因为.doc 是 Word 文档特有的扩展名,系统依据扩展名识别并调用相应软件。

3. 应用软件的操作模式

应用软件通常有相似的操作模式,掌握这些可提高学习和使用软件的效率。

① 菜单栏的设置模式:各种应用软件有其优势和特色,学习时要重点掌握优势之处,结合共性来把握软件精髓。菜单栏一般包含与资源管理、编辑修改、查看、高级自定义

设置、软件特色、窗口布局、联机帮助有关的操作,通常命名为:文件(File)、编辑(Edit)、查看或视图(View)、工具(Tool)、软件特色、窗口(Window)、帮助(Help)。

② 快捷菜单——"右击无处不在":在电脑屏幕任何地方右击,都会弹出快捷菜单,包含右击对象在当前状态下的常用命令,具有针对性、实时性和快捷性,软件常用功能大多可通过它完成。

③ 快捷键和访问键。

- 访问键:很多菜单项后带下画线的字母即为访问键,顶层菜单按 Alt＋访问键可执行操作,子菜单打开后直接输入字母即可。
- 快捷键:常用菜单项后的组合键是快捷键,不必打开菜单,直接按快捷键就能执行操作。这些快捷键和访问键常取菜单项英文单词首字母,如复制(C)对应 Copy、打开(O)对应 Open,利用这一点有助于知识迁移。

④ 文档格式设置策略。

- 正向(演绎)思维:先指定文档格式,再输入内容。
- 反向(归纳)思维:先输入内容,再设置格式,这种方法较常用。实际应用中可自主选择或两者结合。

⑤ 对象的嵌入与链接技术:对象的嵌入与链接即 OLE,两者区别在于数据存放位置和更新方式。

- 链接对象:修改源文件,链接对象信息会更新。数据只保存在源文件,目标文件保存源文件位置及代表链接数据的标识,适合用于缩小文件大小。
- 嵌入对象:更改源文件,目标文件信息不变。嵌入对象是目标文件一部分,嵌入后与源文件无联系,双击可在源应用程序中打开。文档和应用程序通过 OLE 技术扩充了功能,也体现了递归思想。

1.4.4　计算机的基本工作原理

计算机的基本工作原理包括存储程序和程序控制。计算机工作时先要把程序和所需数据送入计算机内存,然后存储起来,这就是"存储程序"的原理。运行时,计算机根据事先存储的程序指令,在程序的控制下由控制器周而复始地取出指令,分析指令,执行指令,直至完成全部操作,这就是"程序控制"的原理,计算机的基本工作原理如图 1.23 所示。

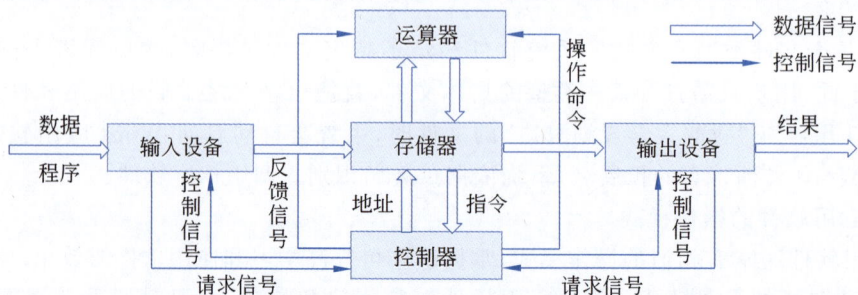

图 1.23　计算机的基本工作原理

1. 指令和指令系统

指令是指示计算机执行某种操作的命令,它由一串二进制数码组成。一条指令通常由两个部分组成:操作码＋地址码。

(1) 操作码。

操作码规定计算机完成什么样的操作,如算术运算、逻辑运算或输出数据等操作。

(2) 地址码。

地址码是指明操作对象的内容或所在的存储单元地址,即指明操作对象是谁等信息。

一台计算机所能识别和执行的全部指令的集合称为这台计算机的指令系统。

指令按其完成的操作类型可分为数据传送指令(主机←→内存)、数据处理指令(算术和逻辑运算)、程序控制指令(顺序和跳转)、输入/输出指令(主机←→I/O 设备)和其他指令。

程序是由指令组成的有序集合。对一个计算机系统进行总体设计时,设计师必须根据要完成的总体功能设计一个指令系统。指令系统中包含许多指令。为了区别这些指令,每条指令用唯一的代码来表示其操作性质,这就是指令操作码。操作数表示指令所需要的数值或数值在内存中所存放的单元地址。

2. 计算机的工作过程

计算机的工作过程,是计算机依次执行程序的指令的过程。一条指令执行完毕后,控制器再取下一条指令执行,如此下去,直到程序执行完毕。计算机完成一条指令操作分为取指令、分析指令和执行指令三个阶段。

① 取指令。控制器根据程序计数器的内容(存放指令的内存单元地址)从内存中取出指令送到指令寄存器,同时修改程序计数器的值,使其指向下一条要执行的指令。

② 分析指令。对指令寄存器中的指令进行分析和译码。

③ 执行指令。根据分析和译码实现本指令的操作功能。

> 思考与探索
>
> 　　计算机或计算系统可以被认为是由基本动作以及基本动作的各种组合所构成的。对这些基本动作的控制就是指令。指令的各种组合和数据组成了程序。指令和程序的思维是一种重要的计算思维。

基础知识练习

(1) 简述计算思维的概念。

(2) 简述图灵机模型。

(3) 冯·诺依曼提出的"程序存储"的计算机方案的要点是什么?

(4) 进行以下数制转换:

　　213 D=(　　)B=(　　)H=(　　)O

3E1 H＝(　　　)B＝(　　　)D＝(　　　)O

10110101101011 B＝(　　　)H＝(　　　)O＝(　　　)D

（5）汉字编码有哪几类？各有什么作用？

（6）对比内存和外存的作用和特点。

（7）软件系统分为哪两大类？操作系统属于哪一类？

（8）操作系统的主要功能是什么？目前常用的操作系统有哪些？

能力拓展与训练

一、实践与探索

（1）找出一些具体的案例，分析计算机的发展所带来的思维方式、思维习惯和思维能力的改变。

（2）尝试写一份关于"我国高性能计算机研究现状"的报告。报告内容包括高性能计算机的应用，我国高性能计算机的研究成果及发展前景等。

（3）如果你想开发一种新的汉字输入法，应该如何完成？写出你的实现思路。

（4）启动"录音机"程序，录制一段最想给父母说的话。

（5）查阅资料，思维和解析各类行业标准和技术、行业的关系，写一份相关研究报告。

（6）结合所学的计算思维和相关知识，尝试写一份关于"如何平衡 CPU 的性能和功耗"的研究报告。

二、角色模拟

（1）现有一位大学生想购买一台价格在 4000 元左右的笔记本电脑，要求同学们分组自选角色扮演此用户和电脑公司营销人员，模拟进行需求调研。要求写出项目需求报告和项目实施报告，然后共同检查项目实施报告的可行性。

（2）现有一位用户需要进行 Windows 操作系统的日常维护（温馨提示：Windows 操作系统的维护主要包括操作系统的定时升级、安装杀毒软件和防火墙、磁盘碎片整理、清除垃圾文件、内存管理等）。围绕项目包括的内容，分组自选角色扮演用户和计算机技术人员，进行项目需求调研。要求写出项目需求和实施报告。

（3）以小组为单位，在 Windows 资源管理器中，以菜单交互方式在 D：盘根目录下建立一小组文件夹，在此文件夹下再建立小组成员的子文件夹。建成后，小组成员分别建立自己的 Word 文档，并保存到各自的文件夹下。最后，进入命令交互方式，通过 dir 命令查看所建立的小组的树形目录结构及存放的文档，并记录下所查看到的文档属性。最后提交一份对两种交互方式的感受报告。

（4）有一个物流公司需要研发物流管理软件。围绕软件的功能和性能需求，分组自选角色扮演用户和计算机技术人员，进行软件需求分析。要求写出软件需求分析报告（提示：与用户沟通获取需求的方法有很多，包括访谈、发放调查表、使用情景分析技术、使用快速软件原型技术等）。

第 **2** 章 人工智能基础

2.1 认识人工智能

智能是指学习、理解事物,用逻辑方法思考,并应对新环境或困难环境的能力。智能分为自然智能和人工智能。自然智能指人类和一些动物所具有的智力和行为能力,人工智能则是相对于人的自然智能而言的。

2.1.1 人工智能的概念

目前还未形成关于人工智能的公认的、统一的定义,所以不同领域的学者从不同的角度给出了关于人工智能的不同描述。其中,A.Feigenbaum 认为,人工智能是一个知识信息处理系统;N.J.Nilsson 认为,人工智能是关于知识的科学,即怎样表示知识、怎样获取知识和怎样使用知识,并致力于让机器变得智能的科学。

尽管人们对人工智能的定义有所不同,但人工智能的本质就是用人工的方法在机器(计算机)上实现的智能,也称为机器智能(Machine Intelligence)。人工智能是研究如何使机器能听、会说、能看、会写、能思维、会学习,并在诸多变化环境下能解决面临的各种实际问题的一门学科。

2.1.2 人工智能的判定——图灵测试

现在许多人仍把图灵测试作为衡量机器是否智能的准则。英国数学家和计算机学家艾伦·图灵在 1950 年发表了题为《计算机与智能》的论文,该文以"机器能思维吗?"开始,论述并提出了著名的"图灵测试"。"图灵测试"由计算机、被测试者和提问者组成。测试过程如下。

① 计算机与被测试者分开回答提问者提出的同一问题。

② 将计算机和被测试者的答案告诉提问者。

③ 如果提问者无法区别出答案是由计算机给出的还是由被测试者给出的,那么就认为计算机具有智能。

2.2 人工智能的发展历程

自从在 1956 年的达特茅斯夏季研讨会上提出了"人工智能"这一术语后,研究者们发展了众多理论和原理,同时也拓展了人工智能的概念。虽然人工智能的发展比预想要慢,但它一直在前进,并且带动了其他技术的发展。人工智能的发展大致可归纳为诞生与初步发展、挫折与低谷、缓慢复苏、繁荣与泡沫、稳步发展和蓬勃发展等阶段。

1. 诞生与初步发展

这一阶段是指 1956 年至 20 世纪 60 年代末。1956 年夏,在美国达特茅斯学院召开了一次关于机器智能问题的学术研讨会,会上经麦卡锡提议正式采用了"人工智能"这一术语,这次会议标志着人工智能作为一门新兴学科正式诞生了。在之后的十余年里,计算机被广泛应用于数学和自然语言领域,这一现象让众多研究学者看到了机器向人工智能发展的希望,人工智能的研究在诸多方面也都取得了引人注目的成就,例如,在机器学习方面,Rosenblatt 于 1957 年研制成功了感知机,推动了连接机制的研究;在模式识别方面,Roberts 于 1965 年编制出了可分辨积木构造的程序;在人工智能语言方面,麦卡锡于 1960 年研制出了人工智能语言 LISP,成为构建专家系统的重要工具。而于 1969 年成立的国际人工智能联合会议则是人工智能发展史上的重要里程碑,标志着人工智能这门学科已经得到了世界的认可,掀起了人工智能发展的第一个高峰。

2. 挫折与低谷

这一阶段是指 20 世纪 60 年代末至 70 年代。人工智能如其他新兴学科一样,其发展也并非一路平坦。在形成及第一个高峰期和后面的第二个高峰期之间,存在着一个人工智能的暗淡期。当时对人工智能的未来做出过高的预言,而这些预言的失败,最终给人工智能的声誉造成了重大伤害。比如对于机器翻译的研究就比原先想象的要困难,若缺乏足够的专业知识,就会无法正确处理语言,以致产生错误的翻译。因此,当时多个国家就中断了对大部分机器翻译项目的资助。

同样,连在人工智能研究方面颇有影响的 IBM 公司也被迫取消了该公司的所有人工智能研究项目。接二连三的失败和预期目标的落空,使人工智能的发展走入第一个低谷。

3. 缓慢复苏

这一阶段是指 20 世纪 70 年代至 80 年代。在此期间许多国家相继展开了人工智能的研究,并获得大量的研究成果。费根鲍姆研究小组从 1965 年起开始研究专家系统,并于 1968 年成功研究出第一个专家系统 DENDRAL(用于帮助化学家判断某待定物质的分子结构),随后又开发出 MYCIN 医疗专家系统。费根鲍姆于 1977 年在第五届国际人工智能联合会议上提出了"知识工程"的概念,人工智能的研究又迎来了以知识为中心的发展新时期。在此期间,建立了多种不同类型、不同功能的专家系统,同时产生了巨大的社会和经济效益,并使人们更加清晰地认识到对人工智能的研究必须以知识为中心来进行。而对知识的表示、利用和获取等的研究也取得了进展,尤其是对不确定性知识的表示与推理取得了突破,解决了许多理论与技术上的问题。专家系统在全世界得到迅速发展,也为企业等用户带来了巨大的经济效益。专家系统在化学、医疗等领域取得成功,推动人工智能进入缓慢复苏时期。

4. 复苏与繁荣

这一阶段是指 20 世纪 80 年代末至 90 年代末。神经网络技术重新受到关注,反向传播算法的出现使神经网络的训练更加有效,在图像识别、语音识别等领域取得进展,人工智能在金融、工业等领域的应用增多。随着人工智能的应用规模不断扩大,专家系统存在的应用领域狭窄、缺乏常识性、知识获取困难、推理方法单一等问题逐渐显露出来,导致人工智能在 20 世纪 90 年代初发展受阻,再次陷入发展困境。但这也促使研究人员开始反思并探索新的技术路径和方法,为后续人工智能的发展奠定了新的基础。

5. 稳步发展

这一阶段是指 20 世纪 90 年代至 21 世纪初。随着人工智能技术尤其是神经网络技术的逐步发展,人工智能技术开始进入稳步发展期。这一阶段的标志性事件是 IBM 公司的计算机系统"深蓝"与国际象棋世界冠军卡斯帕罗夫之间的对决。IBM 公司于 1996 年 2 月邀请国际象棋世界冠军卡斯帕罗夫与一台运算速度达每秒 1 亿次的超级计算机——"深蓝"进行了 6 局的"人机大战"。这场比赛的双方分别代表着人脑和计算机的世界第一水平。最终,卡斯帕罗夫以总比分 4∶2 获胜。1997 年 5 月,已拥有 32 个处理器、运算速度达每秒 2 亿次的"深蓝"再次挑战卡斯帕罗夫,此时计算机里已存储了百余年里顶尖世界棋手的棋局,最终"深蓝"以 3.5∶2.5 的总比分赢得"人机大战"的胜利,成为世界瞩目的焦点。之后的十年内,机器与人类在国际象棋比赛中各有胜负,直至世界冠军卡拉姆尼克在 2006 年被国际象棋软件深弗里茨(DeepFritz)击败后,人类再没有战胜过计算机。互联网的普及为人工智能发展提供了大量数据,机器学习技术不断成熟,支持向量机等算法在数据分类和回归问题上表现出色。人工智能在搜索引擎、数据挖掘等领域得到广泛应用,智能助手 Siri 等开始出现,标志着人工智能逐渐融入人们的生活。

6. 蓬勃发展

这一阶段是指 2011 年至今。随着大数据、云计算等信息技术的发展,以深度神经网络为代表的人工智能技术取得了巨大成就。由谷歌公司的 DeepMind 团队开发的人工智能围棋程序 AlphaGo 具有自我学习能力,可搜集大量名人棋谱及围棋对弈数据,并可自主学习并模仿人类下棋,于 2016—2017 年,战胜围棋冠军。之后,AlphaGo Zero(第四代 AlphaGo)在无任何数据输入的情况下,自学围棋 3 天后,便以 100∶0 的成绩横扫了 AlphaGo 第二版本"旧狗"(旧版 AlphaGo),学习 40 天后,便战胜了 AlphaGo 第三版本"大师"(Master)。人工智能在自动驾驶、医疗影像诊断、智能安防等众多领域快速发展,大语言模型如 ChatGPT 的出现,进一步推动了人工智能技术的普及和应用。人工智能技术不断突破并进入了蓬勃发展期。

2.3　人工智能的主流研究学派

在对人工智能的研究过程中,人们对"智能"本质有着不同认识理解,形成了人工智能研究的不同途径,进而产生不同的研究方法,最终主要形成了符号主义、连接主义和行为主义三大学派。当下,三大学派已由早期的分立争论逐渐走向优势互补的研究方向。

1. 符号主义

符号主义也称为逻辑主义、心理学派或计算机学派,它是基于物理符号系统假设和有限合理性原理的人工智能学派。符号主义研究者认为,人工智能源于数理逻辑,符号是人类认知(智能)的基本元素,认知过程是符号表示上的一种运算,而知识是信息的一种形式,它是构成智能的基础。人工智能的核心问题为知识表示、知识推理和知识运用。知识既可用符号表示,也可用符号进行推理,因此有可能建立起基于知识的人类智能和机器智能的统一理论体系。鉴于以上认识,符号主义学派的研究方法是以符号处理为核心,且通过符号处理来模拟人类求解问题的心理过程。

符号主义的代表性成果是 1957 年纽厄尔和西蒙等人研制的称为逻辑理论机的数学定理证明程序,它成功地说明了可以用计算机来研究人类的思维过程,模拟人类的智能活动。符号主义诞生的标志是 1956 年夏的那次历史性会议,符号主义者最先正式采用了"人工智能"这一术语。几十年来,符号主义走过了"启发式算法→专家系统→知识工程"的发展道路,且一直处于人工智能领域的主导地位,即使在其他研究学派涌现后,也依旧是人工智能的主流学派。符号主义学派的主要代表人物有纽厄尔、西蒙、尼尔森等。

2. 连接主义

连接主义又称为自下而上方法,是在人脑神经元及其相互连接成网的启示下,通过许多人工神经元间的并行协同作用来实现对人类智能的模拟,它属于非符号处理范畴,是近年较为热门的一种人工智能学派。这一学派的研究者认为,人类一切智能活动的基础是大脑,因此搞清楚大脑神经元及其连接机制和信息处理的过程,方可揭示人类智能的奥秘,进而真正实现人类智能在机器上的模拟。

连接主义的代表性成果是 1943 年由生理学家麦卡洛克和数理逻辑学家皮茨创立的脑模型(MP 模型),其开创了用电子装置模仿人脑结构和功能的新途径。从 1982 年约翰霍·普菲尔德提出用硬件模拟神经网络和 1986 年鲁梅尔哈特等人提出多层网络中的反向传播算法开始,神经网络理论和技术研究不断发展,并在图像处理、模式识别等领域取得重要突破,为实现连接主义的智能模拟创造了条件。

3. 行为主义

行为主义又称为控制论学派或进化主义,是基于控制论和"动作-感知"控制系统的人工智能学派。行为主义研究者认为,在动态环境中的行走能力、对外界事物的感知能力及维持生命和繁衍生息的能力是人类的本质能力,而这些能力为智能的发展提供了基础。所以,智能行为只有在与环境的交互下才能表现出来。

波士顿动力公司是行为主义在工业界的主要代表,其制造的 Atlas 人形机器人已经可以非常接近人类的运动状态了。Atlas 体重近 75kg,身高近 1.5m,跟人一样有头部、躯干和四肢,"双眼"是两个立体传感器。它可以连贯地跳过一段障碍物,紧接着在高低不同的三个箱体上完成"三连跳",每次跳跃均由单脚完成,且整个"三连跳"过程中未停顿,控制软件使用了包括腿部、手臂和躯干在内的整个身体来调整能量和力量,展现出良好的协调性。

2.4　人工智能的三大核心要素

人工智能的三大核心要素分别是数据、算法和算力。

1. 数据

数据是一切智慧体的学习资源,没有数据,任何智慧体都很难学习到知识。如今,这个时代每时、每刻、每处都在产生数据(包括语音、文本、影像等),人工智能产业的飞速发展也催生了大量垂直领域的数据需求。同时,数据的处理与分析也是人工智能的核心环节。通过大数据分析、机器学习等手段,人工智能可以从海量数据中提取有价值的信息,发现数据潜在的趋势和规律,为决策提供支持。

人工智能系统的核心是训练框架和数据。在实际的工程应用中,人工智能系统落地效果约 20% 取决于算法,约 80% 取决于数据的质量。可以说,数据是人工智能的"原油",其作用至关重要。全球领先的信息技术研究和咨询公司高德纳(Gartner)在其发布的报告中提到,自适应人工智能系统通过反复训练模型,并在运行和开发环境中使用新的数据进行学习,以迅速适应在最初开发过程中无法预见的现实世界情况变化。

2. 算法

算法是一组解决问题的规则,是计算机科学中的基础概念。人工智能算法是数据驱动型算法,主流的算法主要分为传统的机器学习算法和神经网络算法。目前,神经网络算法的发展由于深度学习(源于人工神经网络的研究,特点是试图模仿大脑神经元之间传递和处理信息的模式)的快速发展而达到了高潮。

随着计算机计算能力和大数据技术的长足发展,人工智能算法迎来飞速发展时期。例如,AlphaGo 在比赛中取胜的关键就在于先进的人工智能算法的运用。2012 年 10 月,在代表计算机智能图像识别前沿技术的 ImageNet 挑战赛中,人工智能算法在识别准确率上甚至超过了普通人类的肉眼识别准确率。目前,AI 算法在语音识别、数据挖掘、自然语言处理等不同领域取得了显著成果,并将成果逐渐应用于交通运输、银行、保险、医疗、教育和法律等主流领域,实现了人工智能技术与产业链的有机结合。

3. 算力

算力是指计算机或其他计算设备在一定时间内可以处理的数据量或完成的计算任务的数量。算力通常被用来描述计算机或其他计算设备的性能,是衡量一台计算设备处理能力的重要指标。算力概念的起源可以追溯到计算机发明之初,最初的计算机是由机械装置完成计算任务,算力指的是机械装置完成计算任务的能力。随着计算机技术的发展,算力的概念也随之演化,现在的算力通常指的是计算机硬件和软件(操作系统、编译器、应用程序等)协同工作的能力。在人工智能技术当中,算力是算法和数据的基础,它支撑着算法的运行和数据的处理,进而影响人工智能的发展。算力的大小代表了数据处理能力的强弱。

算力与人工智能之间的关系密切,人工智能通常需要很强的计算能力来进行训练。人工智能的应用领域涵盖机器学习、深度学习、自然语言处理、计算机视觉等,这些领域需要处理大量的数据,进行复杂的数学运算和统计分析。因此,强大的计算能力是人工智能应用的基础。

值得注意的是,量子计算是一种基于量子物理原理的计算方式,可以大幅提高计算速度和效率。未来随着量子计算技术的发展,量子计算机的算力将会越来越强大,量子计算机将能够解决目前传统计算机无法处理的复杂问题。

2.5　人工智能前沿技术的发展方向

2.5.1　人工智能前沿技术聚焦方向

人工智能的前沿技术目前主要集中在以下 4 个方向。

1. 多模态大模型

人类智能是天然多模态的,人类拥有眼、耳、鼻、舌、身、嘴(语言)。多模态大模型从人类视角出发,能够处理和理解多种不同类型的数据,如文本、图像、视频和声音等,以实现更加自然和全面的人机交互。OpenAI 公司于 2024 年 5 月 14 日发布的 GPT-4o 多模态大模型,不仅能够处理文本,还能理解语音和视频,这标志着人工智能在模拟人类多感官交互方面的重要突破。

2. 视频生成大模型

OpenAI 公司于 2024 年 2 月 15 日发布了文生视频模型 Sora。Sora 的最大意义是它具备了世界模型的基本特征,即人类观察世界并进一步预测世界的能力。世界模型建立在理解世界的基本物理常识(例如,水往低处流等)之上,然后观察并预测下一秒将要发生什么事件。随着技术的进步,视频生成模型能够创建更高分辨率、更长时长、更精细的视频内容,这在医疗、教育、影视等领域有着广泛的应用前景。

3. 具身智能

具身智能专注于创建能够通过感知和交互与环境进行实时互动的智能系统或机器,即有身体并能与物理世界互动的智能体,如机器人和无人车等。这些智能体通过多模态大模型处理传感数据,并生成运动指令,实现虚拟和现实的深度融合。例如,华为云发布的盘古具身智能大模型是一个能够赋予人形机器人智能化和泛化能力的系统。盘古大模型允许机器人完成复杂任务规划,并能够生成训练视频以加速学习过程。此外,盘古大模型还具备多模态能力和逻辑推理能力,使得机器人能够在现实环境中执行任务,如识别物品、问答互动、递水等。具有具身智能的机器人,可以聚集人工智能的三大智能流派同时作用在一个智能体,这预期会带来新的技术突破。

4. AI 科学研究

当前科学发现主要依赖于实验和人脑智慧,由人类进行大胆猜想、小心求证,信息技术无论是计算和数据,都只是起到一些辅助和验证的作用。相较于人类,AI 在记忆力、高维复杂、全视野、推理深度、猜想等方面具有较大优势,是否能以 AI 为主进行一些科学发现和技术发明,大幅提升人类科学发现的效率呢? 比如,主动发现物理学规律、预测蛋白质结构、设计高性能芯片、高效合成新药等。例如,DeepMind 公司的 AlphaFold2 利用深度学习技术预测蛋白质的三维结构。AlphaFold2 的预测精度极高,几乎覆盖了地球上所有已知的蛋白质,这一进展极大地推进了生物医学和药物设计等领域的研究。这不仅在结构生物学领域产生了颠覆性的影响,而且展示了 AI 在科学研究中的强大潜力。AlphaFold3 于 2024 年 5 月 8 日正式发布。随着 AlphaFold3 显著提升了预测蛋白质-配体相互作用的能力,生物信息学、合成生物学、分子药理学等领域都能从中受益。研究者可将 AlphaFold3 的预测结果与实验平台结合,快速验证新的蛋白质工程思路或合成途径,激发更多跨学科的创新与合作。据 2024 年 12 月 15 日消息,AlphaFold3 的训练权重现已对学术研究者和科学家开放,不过仅限于非商业用途。这些方向代表了人工智能领域内的最新研究趋势和技术突破,也预示着人工智能未来的发展方向和潜在应用。

2.5.2 人工智能的发展方向——AGI

人工智能的目标是拥有与人类相当甚至超过人类智能的通用人工智能(Artificial General Intelligence,AGI)。AGI 不仅能具有像人类一样进行感知、理解、学习和推理等的基础思维能力,还能在不同领域灵活应用、快速学习和创造性思考。AGI 的研究目标是寻求统一的理论框架来解释各种智能现象,即真正进入"AI 的牛顿时代"。

AGI 是一个极具挑战性且充满争议的领域。曾有一位哲学家与一位神经科学家打赌:在 25 年后(即 2023 年),科研人员是否能够揭示大脑如何实现意识。当时,关于意识的理论主要分为两大流派:集成信息理论(IIT)和全局工作空间理论(GWT)。IIT 认为意识是由大脑中特定类型神经元连接形成的"结构",而 GWT 则指出意识是当信息通过互联网络传播到大脑区域时产生的。到了 2023 年,6 个独立实验室进行了对抗性实验,结果显示与这两种理论均不完全匹配。因此,哲学家赢得了这场赌约。通过这一场赌约,可以看出人类对人工智能能够理解人类认知和大脑奥秘的深切渴望,同时也能感受到揭开这个奥秘充满的挑战。字节跳动公司于 2025 年 1 月 23 日成立代号为 "Seed Edge"的 AGI 长期研究团队,确定了探索推理能力的边界、感知能力的边界、软硬一体的下一代模型设计、下一代 AI 学习范式以及 Scaling 的新方向等五大研究领域。

从物理学的视角来看,物理学首先对宏观世界有了透彻理解,随后从量子物理起步,开启对微观世界的探索。同样,智能世界也是一个具有巨大复杂性的研究对象。目前,AI 大模型主要是通过数据驱动等方法来提高机器的智能水平,但对智能宏观世界的理解仍然有限。直接深入到神经系统的微观世界寻找答案是极具挑战性的。

自人工智能诞生以来,它一直承载着人类关于智能与意识的种种梦想,激励着人们不断探索。尽管目前的 AI 大模型在某些特定任务上取得了令人瞩目的进展,但实现真正意义上的 AGI 仍需克服许多科学和技术上的难题。

2.6 人工智能的关键技术

人工智能的关键技术主要包括机器学习、深度学习、机器视觉、自然语言处理、知识图谱、语音处理、智能机器人等。

2.6.1　机器学习

机器学习(Machine Learning,ML)是人工智能的核心技术,是使机器具有智能的根本途径。机器学习是一种让机器通过数据学习并改进性能的技术,它可以让机器通过自我学习和调整来实现自我优化和提高。深度学习(Deep Learning,DL)是机器学习的一个分支,通过多层神经网络模拟人类大脑的神经元,实现更高级别的抽象和特征提取。人工智能、深度学习、机器学习三者之间的关系如图 2.1 所示。

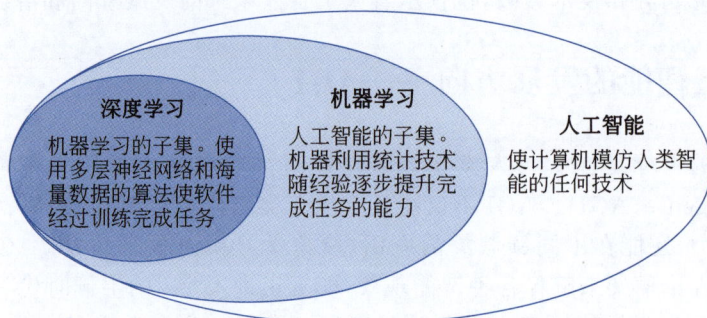

深度学习
机器学习的子集。使用多层神经网络和海量数据的算法使软件经过训练完成任务

机器学习
人工智能的子集。机器利用统计技术随经验逐步提升完成任务的能力

人工智能
使计算机模仿人类智能的任何技术

图 2.1　人工智能、深度学习、机器学习三者之间的关系

2.6.1.1　机器学习的概念

人类学习是指人类通过观察、体验、实践等方式从环境中获取知识,并将其应用于新的情境中。卡内基-梅隆大学教授汤姆·米切尔(Tom Mitchell)在《机器学习》一书中给出"机器学习"的定义:对于某类任务(Task,T)和某项性能评价准则(Performance,P),如果一台计算机在程序 T 上,以 P 作为性能度量,随着经验(Experience,E)的积累,不断自我完善,那么称计算机程序从经验 E 中进行了学习。机器学习的核心是"使用算法解析数据,从中学习,然后对新数据做出决定或预测",也就是说,机器学习是计算机利用已获取的数据得出某一模型,然后利用此模型进行预测的一种方法。大多机器学习算法需要通过输入海量训练数据对模型进行训练,使模型掌握数据所蕴含的潜在规律,如图 2.2 所示。

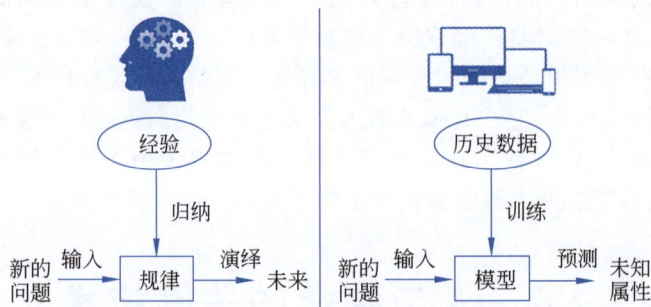

图 2.2　人类思考与机器学习

举例来说,要识别一个动物是否是猫,人类往往可以很轻易地完成,因为我们在日常生活中积累了大量的经验,学习到了猫的特征(例如,两只耳朵、四条腿、一条尾巴,有胡须

等），因此即便是三岁小孩也可以迅速判断出某个动物是否是猫。那么如何让机器能够识别一只猫？我们可以准备大量动物图片，并将猫的图片筛选出来作为计算机程序的经验，但是计算机程序无法自动地归纳这些经验，这时需要通过机器学习算法来训练这台计算机程序。经过训练的计算机程序称为模型。一般来说，训练所用的图片数量越多，模型可能会被训练得越好。

机器学习可以解决多种类型的问题，最为典型的问题包括分类、回归和聚类。分类问题要求计算机程序指明输入属于 K 个类别中的哪一类，例如，动物图片分类、识别手写数字等。在回归问题中，计算机程序需要对给定输入预测输出值，例如，预测房价、气温、股票等。聚类问题需要按照数据的内在相似性，将数据划分为多个类别，例如，图片检索、用户画像生成等。

2.6.1.2　机器学习的基本流程

一个完整的机器学习项目的流程，一般包括下面几个部分。需要说明的是，这个过程并不是一次性完成的，而是需要反复迭代和调整，最终才能达到令人满意的效果，最后还需要将模型部署到具体的应用场景，从而使理论成果转化为实际价值。

1. 需求分析

需求分析的主要目的是为项目确定方向和目标，需要明确机器学习的目标、输入和输出、任务的类型、关键性能指标等。

2. 数据采集

机器学习的基础是数据。数据集就是用于机器学习的一组数据，其中每个数据称为一个样本。样本在某方面的属性称为特征。数据集一般分为训练集和测试集。训练过程中使用的数据集统称为训练集，其中每个样本称为训练样本，学习（训练）就是从数据中学得模型的过程。使用模型进行预测的过程称为测试，测试时使用的数据集称为测试集，测试集中的每个样本称为测试样本。一般的分割比例是训练集占样本总数的 80%，测试集占 20%。图 2.3 给出了一个判断西瓜好坏的数据集示例。

图 2.3　数据集示例

3. 数据清洗

数据是模型训练的基础，没有好的数据，就得不到好的模型。但是真实的数据中通常会出现一些质量问题，例如，数据不完整、缺失，数据包含噪声，数据中存在矛盾的记录等。这样的数据称为"脏"数据。填充缺失值、发现并消除数据异常点的过程称为数据清洗。

数据清洗的工作量往往很大,研究表明,清理和组织数据占用了数据科学家在机器学习研究中60％的时间。一方面,这说明了数据清洗的难度很大,数据的收集途径和内容不同,采用的清洗方法也不同;另一方面,也说明数据清洗对后续的模型训练起着至关重要的作用。

除此之外,数据预处理往往还包含降维和数据标准化。数据降维的目的是简化数据属性,避免维度爆炸;而数据标准化的目的是统一各个特征的量纲,从而降低训练难度。

4. 特征提取与选择

特征提取是指从原始数据中提取出具有代表性的特征,特征的质量和数量直接影响模型的性能和准确度。特征提取的目的是将原始数据转换为更具代表性和可解释性的特征,以便更好地描述和区分数据。例如,在图像识别任务中,可以使用特征提取方法从图像中提取出边缘、角点、纹理等特征,以便更好地区分不同的图像。

通常情况下,一个数据集中存在很多种不同的特征,其中一些可能与目标无关,例如,根据面积、学区、朝向和气温预测房价时,气温显然是一个无关的特征。通过特征选择,可以剔除这些无关特征,使模型得到简化。

5. 模型训练

模型训练就是经过数据采集、数据处理、特征提取和选择之后,通过算法训练得到模型。具体机器学习的算法将在下面详细介绍。随着训练数据的增加,模型的准确率会提高,那么为什么不将全部数据用于训练,而要分出一部分作为测试集呢?这是因为我们关心的是模型面对未知数据时的表现,而不是已知数据。举例来说,训练集就像学生备考时做过的模拟题,而测试集就是考试试题。

6. 模型评估

什么样的模型是好的模型?最重要的评价指标是模型的泛化能力,也称为鲁棒性,就是模型在面对实际的业务数据时的准确性。机器学习的目标是使得创建的模型能够很好地适用于新的样本,而不仅仅是在训练样本上取得好的效果。

2.6.1.3 机器学习的算法

机器学习的算法可以从不同的角度进行分类,基于学习方式可将机器学习分为4类:监督学习、无监督学习、半监督学习和强化学习。

1. 监督学习

监督学习也称为有监督学习。在监督学习中,训练机器学习模型的训练样本有对应的目标(结果)值,通过对已知结果、已知数据样本不断地学习和训练完成模型,训练完的模型可对新的数据进行结果的预测。通俗地说,监督学习就是在训练计算机做题时,允许其对比标准答案,计算机努力调整自己的模型参数,希望推测出的答案与标准答案尽可能一致,最终学会如何做题。

监督学习通常用在分类和回归中,如识别图片中的物体,通过用大量带有类别标签的图像来训练模型,使得模型可以对输入的图形输出类别判断。再如垃圾电子邮件的识别,通过对一些历史邮件做垃圾分类的标记,使用这些带有标记的数据训练完成模型,此后对获取到的新邮件,就可以代入模型进行匹配,来识别此邮件是不是垃圾邮件。回归一般用于预测活动,比如,使用营业收入、资产负债情况、管理费用等变量作为自变量,净利润作为因变量,利用历史数据训练得到一个回归方程,可以代入新的自变量的值计算对未来利润的预测。

监督学习的难点是获取具有目标值或标记的样本数据成本较高,大多数情况下需要依赖人工标注。

2. 无监督学习

无监督学习与有监督学习的区别是,无监督学习选取的样本数据不带有目标值或标签,模型不会分析选取的数据对某些结果的影响,而是分析这些数据自身内在的规律。就像让计算机做题,但却不告诉它正确答案,这种情况下,计算机只能通过分析题目之间的关系,对题目进行分类,使得每一个类别的题目具有相似的答案。常见的两类无监督学习算法是降维和聚类。

降维的目的是去除冗余或不重要的特征,降低样本数据参数的维度,用更少的维度来表示特征。

在聚类算法中,数据的类别或标签是未知的,只能通过算法分析数据的特征,然后进行数据划分,把相似的数据聚到一起,对于新来的样本,只需要计算其与已有样本之间的相似度,然后按照程度进行归类即可,即"物以类聚,人以群分"。生物学家很早就开始使用聚类的思想对物种的种间关系进行研究了。

3. 半监督学习

半监督学习是有监督学习与无监督学习的结合。半监督学习使用大量的未标记数据以及少量的标记数据来进行模型训练工作。半监督学习可以降低数据标注的工作量,提高可用带标记样本数据较少时模型训练的效果。其思想是在标记样本数量较少的情况下,通过在模型训练中引入无标记样木来避免传统监督学习在训练样本不足、学习不充分时出现的性能或模型退化的问题。

4. 强化学习

强化学习的目标是通过与环境的交互来学习如何做出最优的决策。它通过试错的方式来学习,不需要标记好的训练数据或者环境的先验知识。强化学习最初来自对生物体行为学的观察,关注智能体如何在环境中采取不同的行动,以最大限度地避开惩罚、累积奖励。

在强化学习中,有一个智能体和一个环境。智能体通过观察环境的状态,选择一个动作,然后环境根据智能体的动作给予一个奖励。智能体根据奖励来调整自己的策略,以获得更高的累积奖励。智能体与环境的交互方式与人类与环境的交互方式类似,因此可以认为强化学习是一套通用的学习框架,可用来解决通用人工智能的问题。

2.6.1.4 机器学习的应用

机器学习在众多领域广泛应用,在医疗保健领域,通过分析海量医疗数据,能够辅助疾病预测与诊断,如识别医学影像中的肿瘤等病变,还能预测疾病发展趋势,助力个性化治疗方案的制定;在金融领域,可依据用户财务等数据进行风险评估,判断信用风险以决定贷款额度,同时通过分析交易行为检测欺诈,降低金融损失;在交通出行方面,能优化交通流量预测,根据历史与实时信息预测路况,为智能调度提供支持,还应用于无人驾驶,助力车辆识别路况并做出决策;在工业制造中,可通过监测设备运行数据预测故障,提前维护,也能进行质量检测,识别产品缺陷;在农业领域,能对农作物生长状况进行监测,依据农田图像等数据预测病虫害,保障农作物产量与质量。

2.6.2　深度学习

深度学习是一种基于神经网络的机器学习模型,是一种模拟人类神经网络而构建的模型。

人类大脑是一部极其高效的"计算机"。人脑神经信号回路比今天全世界的电话网络还要复杂 1400 多倍。每一秒钟,人脑中进行着 10 万种不同的化学反应,反应环境、反应速度及反应产物控制都十分精确,出错率极低,各种反应间相互关联、配合默契。

人工神经元是一个生物启发式的计算和学习模型,像生物神经元一样,从其他细胞(神经元或环境)获得加权输入,然后经过一个处理单元产生离散或连续的输出。人工神经网络是由人工神经元互联组成的网络,是一种旨在模仿人脑结构及其功能的信息处理系统,反映了人脑功能的若干基本特征,如并行信息处理、学习、联想、模式分类、记忆等。在生物学上,神经元是神经系统最基本的结构和功能单位,分为细胞体和突起两部分。细胞体由细胞核、细胞膜、细胞质组成,具有联络和整合输入信息并传出信息的作用。突起有树突和轴突两种。树突的主要作用是接收其他神经元轴突传来的神经冲动并传给细胞体,轴突的主要作用是通过突触将神经冲动传给其他神经元。如图 2.4 所示为生物神经网络。

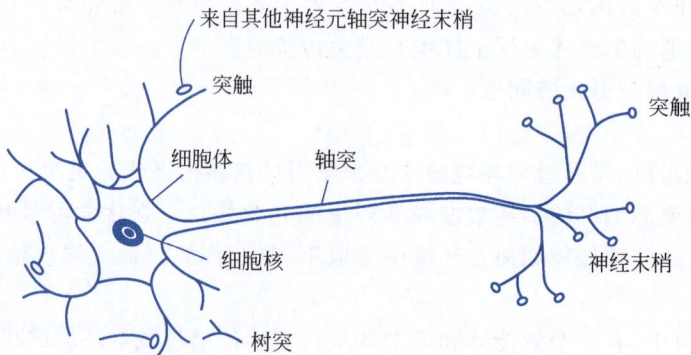

图 2.4　生物神经网络

对于神经元模型也是类似的。神经元模型是一个包含输入、输出与计算功能的模型。输入可以类比为神经元的树突,输出可以类比为神经元的轴突,而计算可以类比为细胞核,通过对输入信号进行加权和偏置产生输出则可以类比为突触(这种类比并不完全对等)。下面给出一种典型的神经元模型,包含三个输入、一个输出、两个计算,如图 2.5 所示。

深度学习在许多领域取得了显著的成果,如图像识别、分割和检测、自然语言处理、机器翻译、语音识别、个性化推荐等,深度学习的模型已经接近甚至超过人类大脑的能力,解决了很多模式识别和生成的难题。

2.6.2.1　深度学习的原理

深度学习的网络结构由输入层、隐藏层和输出层组成,每一层都有许多神经元,它们

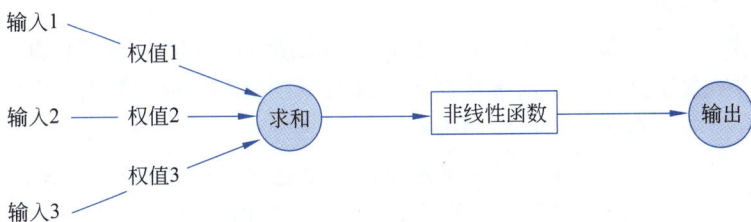

图 2.5　典型的神经元模型

之间通过权重连接,形成一个复杂的网络结构。每一层的神经元都会根据输入信号的不同,产生不同的输出信号,从而实现特征提取和学习。图 2.6 演示了一个含有两个隐藏层的人工神经网络。

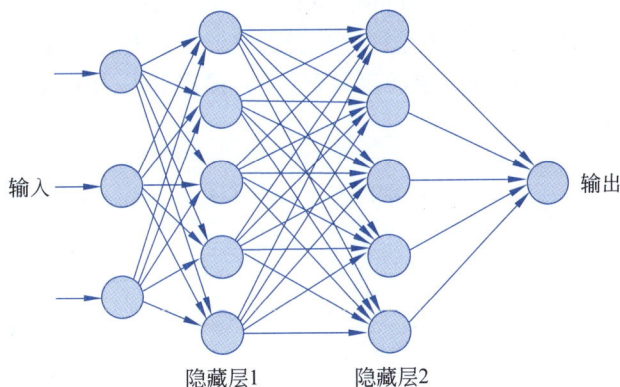

图 2.6　含有两个隐藏层的人工神经网络

深度网络通过设计建立适量的神经元计算节点和多层运算层次结构,选择合适的输入层和输出层,经过网络的学习和调优,建立起从输入到输出的函数关系。深度网络虽然不能 100% 找到输入与输出的函数关系,但可以尽可能地逼近现实的关联关系。

相比浅层结构,多层深度网络结构有许多优点:能够表达复杂高维函数,向深度扩展相对向广度扩展更加节省参数,与人类大脑皮层的工作原理更相近,各层提取的特征可以共享等。

深度学习模型的训练过程包括以下几个步骤。

① 确定模型结构:包括输入层、输出层、隐藏层的数量和类型。

② 选择损失函数:损失函数用于衡量模型预测结果与真实结果之间的差距。

③ 选择优化算法:优化算法用于调整模型参数,使得损失函数最小化。常见的优化算法包括随机梯度下降(SGD)、Adam、RMSprop 等。

④ 获取训练数据:训练数据包括输入数据和对应的输出值。

⑤ 训练模型:将训练数据输入模型,并计算损失函数的值;计算损失函数的梯度;使用优化算法调整模型参数,使得损失函数最小化。训练过程通常需要迭代多次,直到损失函数的值达到一个较小的阈值为止或者达到预先指定的最大迭代次数。

⑥ 验证模型:在训练完成之后,使用验证数据来评估模型的表现。验证数据是独立于训练数据的,用于评估模型的泛化能力。如果模型在验证数据上的表现较差,需要采取

措施来改善模型的表现。

⑦ 测试模型：在验证数据上获得较好的表现之后，可以使用测试数据来最终评估模型的表现。测试数据是独立于训练数据和验证数据的，用于评估模型的最终性能。

深度学习模型也存在如下一些局限性。

① 数据需求量大，因为深度网络需要模拟一个包含大量参数的复杂函数。

② 计算复杂度高，由于参数规模巨大，完成模型的训练需要大量的计算资源，并且训练时间可能很长。

③ 深度神经网络难以解释，神经网络更像一个"黑匣子"，尽管它能获取良好的预测结果。

2.6.2.2　深度学习常用模型

1. 卷积神经网络模型

卷积神经网络（Convolutional Neural Networks，CNN）是指至少在网络的一层中使用卷积运算来替代一般的矩阵乘法运算的神经网络。卷积神经网络的基本结构由几个部分组成：输入层、卷积层、池化层、激活函数层、全连接层和 Softmax 层。图 2.7 演示了一个典型的卷积神经网络结构。

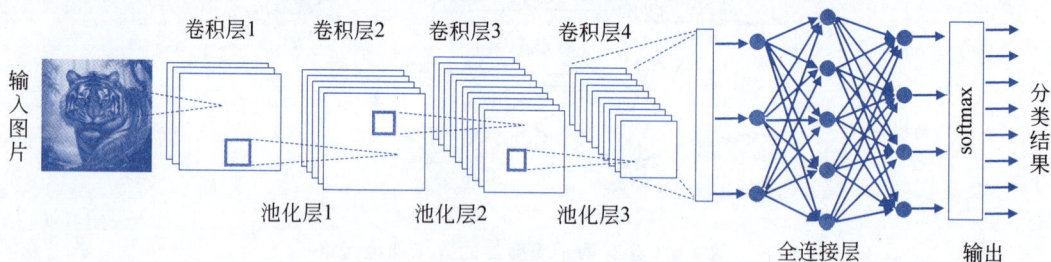

图 2.7　典型的卷积神经网络结构

① 输入层。在处理图像数据的 CNN 中，输入层一般代表了一张图片的像素矩阵。可以用三维矩阵代表一张图片。三维矩阵的长和宽代表了图像的大小，深度代表了图像的色彩通道，黑白图像的深度为 1，RGB 彩色模式的图像的深度为 3。

② 卷积层。卷积层是卷积网络的核心，它执行卷积操作，即对输入数据（图像和滤波矩阵做内积（逐个元素相乘再求和），滤波矩阵对应输入图像上的一个窗口，包含一组固定的权重，所以可以看作一个可学习的恒定滤波器。

在 CNN 中，滤波器对局部输入数据进行卷积计算。每计算完一个数据窗口内的局部数据后，对窗口进行平移，直到计算完所有数据。卷积操作的基本思想是，由于图像的空间联系是局部的，每个神经元不需要对全部的图像做感受，只需要感受局部特征即可，然后在更高层将这些感受得到的不同的局部神经元综合起来就可以得到全局的信息。

③ 池化层。池化层的窗口滑动操作与卷积操作相同，但它不计算内积，而是将输入矩阵某一位置相邻区域（窗口）的总体统计特征作为该位置的输出。简单来说，池化就是在该区域上指定一个值来代表整个区域。

④ 激活函数层。激活函数是一个非线性函数或分段函数，目的是得到非线性的输出值，通过加入非线性激活函数，神经网络才能实现对复杂函数的模拟。常见的激活函数有 ReLU、Sigmoid 等，其中 ReLU 在许多神经网络中取得了良好的效果。

⑤ 全连接层。在经过多轮卷积层和池化层的处理之后,可以认为图像中的信息已经被抽象成了信息含量更高的特征,在 CNN 的最后一般会由 1～2 个全连接层来给出最后的分类结果。

⑥ Softmax 层。如果是分类问题,还会在全连接层后添加一个 Softmax 层,将全连接层的输出转化为每个类别的可能性概率,以便使用交叉熵损失函数。

2. 生成对抗网络

生成对抗网络(Generative Adversarial Network,GAN)是由蒙特利尔大学在 2014 年提出的机器学习架构,它是生成模型的一种,如可用于生成新的卡通形象或人脸。GAN 的训练过程处于一种对抗博弈状态中,它的思想类似于两个博弈方(生成器和鉴别器)的动态对抗。如印制假钞的罪犯(生成器)和识别假钞的警察(鉴别器),最初假钞制作水平不高,警察很容易识别,这时罪犯会提高印制假钞的技术,想办法骗过警察(即生成器的提升训练),发现假钞技术提高后,警察就会想办法提高假钞的鉴别技术以鉴别新型假钞(即鉴别器的提升训练),两者交互往复,假钞的制作技术和警察的鉴别技术均逐步提高(生成器的生成能力和鉴别器的鉴别能力都越来越强)。

GAN 是一种非监督式的架构,它包括了两个独立的网络(如图 2.8 所示),两者之间相互对抗,第一个网络是生成器 G(generator),生成类似真实样本的随机样本(如生成与人类手绘漫画角色图片相似的新的动漫角色图片),它会作为鉴别器 D(discriminator)的假样本;第二个网络是鉴别器,它可以分辨是真实数据还是虚假数据(人类绘制的动漫角色图片还是生成器生成的动漫角色图片)。

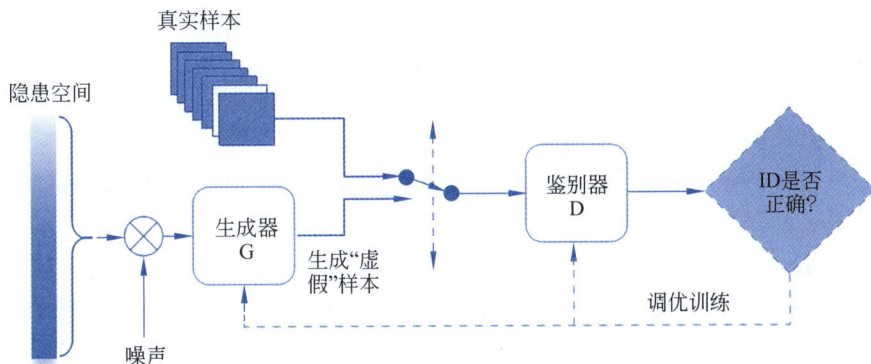

图 2.8　生成对抗网络基本结构

在图像生成任务中,鉴别器实际上是一个图片分类器,生成器的目标是绘制出非常接近真实图片的伪造图片来欺骗鉴别器。在训练过程中,D 会接收真实数据和 G 产生的假数据,它的任务是判断图片是属于真实数据还是假数据。对于最后输出的结果,可以同时对两方的参数进行调优。首先训练 D 来辨别出 G 绘制的图片和真实的图片,再训练 G 来骗过 D。训练交互进行一直持续到两者进入到一个均衡和谐的状态。训练后的成果是一个质量较高的自动生成器和一个判断能力较强的鉴别器。

3. Transformer 模型

2017 年,谷歌公司在论文 *Attention is All You Need* 中提出了 Transformer 模型。

由于该模型较为复杂,下面通过一个简单的例子说明该模型的工作流程。

先将 Transformer 模型视为一个黑盒,在机器翻译任务中,将"我有一条狗"作为输入,然后将其翻译成英文作为输出。中间部分的 Transformer 本质上是一个 Encoder-Decoder 架构,如图 2.9 所示。

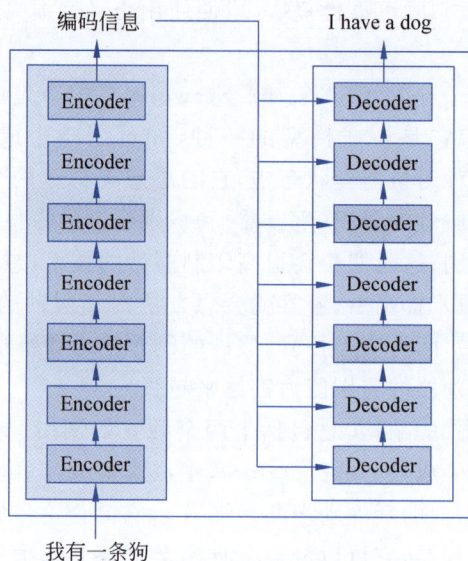

图 2.9　**Transformer 整体结构**

Transformer 的工作流程大体如下。

第一步:获取输入句子的每一个单词的表示向量 X。

第二步:将得到的单词表示向量 X 传入 Encoder 中,经过 7 个 Encoder 块后可以得到句子所有单词的编码信息矩阵 C。

第三步:将 Encoder 输出的编码信息矩阵 C 传递到 Decoder 中,Decoder 会根据当前翻译过的单词翻译下一个单词。

Transformer 现在已经广泛用于各种自然语言处理模型,目前主要的大语言模型如DeepSeek、ChatGPT、BARD 等,均基于 Transformer 模型。

2.6.2.3　深度学习的应用

深度学习已广泛渗透到多个领域。在计算机视觉领域,用于图像识别,像安防监控中识别嫌疑人,工业生产中检测产品缺陷;人脸识别技术也依赖深度学习,实现门禁、支付等场景的身份验证;还能实现图像生成,比如生成虚拟场景和人物图像。在自然语言处理方面,智能语音助手借助深度学习理解语音指令,实现智能交互;机器翻译利用它提升翻译质量和效率,打破语言交流障碍。在文本生成方面,创作新闻、故事等内容,辅助内容生产。在医疗领域,深度学习助力医学影像分析,识别 X 光、CT 中的病症;在疾病预测上,依据患者数据预测发病风险。在自动驾驶领域,通过深度学习让车辆识别道路标志、行人、车辆等,实现安全智能驾驶。在电商领域,基于深度学习的推荐系统,根据用户浏览和购买历史精准推荐商品,提高用户购物体验感和商家销售额。

2.6.3 机器视觉

机器视觉是人工智能的一个分支,广泛应用于工业生产制造检测等领域,可保证产品质量、控制流程、感知环境,以机器替代人眼进行测量和判断工作。它融合了光学、机械、电子、计算机软硬件等技术,涉及多领域知识。

机器视觉过程是通过图像摄取设备将目标转化为图像信号,传至专用图像处理系统,把像素等信息转换为数字化信号,再由图像系统运算抽取目标特征,依据判别结果控制现场设备动作。其系统具有高效率、自动化程度高、分辨率精度和速度高、无接触安全可靠等特点,在感光范围、速度、环境要求等方面优于人眼,适用于危险或人工视觉难以满足要求的场合。

2.6.3.1 机器视觉系统的组成部分

机器视觉系统通常包括图像获取、图像分析与处理、输出显示或控制三大部分,具体组成部分如下。

1. 图像获取部分

图像获取是把被检测物体的可视化图像和内在特征转换成能被计算机处理的一系列数据,主要包括如下。

① 工业镜头:是机器视觉系统中的成像器件,通常与工业相机搭配使用。工业镜头的质量与性能对于获得的图像起决定性作用。镜头类型主要包括定焦镜头、远摄镜头、广角镜头、变焦镜头、高清镜头、光学变焦镜头、数字变焦镜头和多焦点镜头等。

② 工业相机:俗称摄像机,与镜头配套使用,相机和镜头组合成为一套成像系统,是机器视觉系统获取原始图像的关键设备。常见的工业相机是使用 CCD 芯片或 CMOS 芯片,具有图像稳定性高、传输能力强、抗干扰能力强等特点。

③ 光源:是成像的辅助器件,主要影响机器获取到的图像质量,进而影响系统的定位、测量、识别等功能的精度和稳定性。光源可以根据使用场景的需求设计成各种形状、照明时间、尺寸等。光源的类型主要包括直射结构的光源、侧射结构的光源、背部结构的光源、背光源、球积分光源和条形光源等。

2. 图像分析与处理部分

图像分析与处理部分是对获取的图像数据进行处理和分析,主要包括如下。

① 图像采集卡:通常以插卡的形式安装在 PC 中,主要起传输作用,将相机输出的图像传输至工业计算机中。

② 工业计算机:是机器视觉系统的核心部件,核心算法和软件内嵌于工业计算机中,对图像采集卡传输过来的图像进行识别、检测等处理,需要较高频率的 CPU。

③ 图像处理系统:是机器视觉系统的软件部分,包括图像预处理、图像分割、特征提取、模式识别、测量计算等模块,是实现机器视觉功能的核心。

3. 输出显示或控制部分

输出显示或控制部分是将分析结果输出到显示器或控制机构等输出设备,主要包括如下。

① 控制与执行部分：是机器视觉系统的重要组成部分,负责根据处理结果执行机械动作,如控制机器人手臂进行抓取、放置等操作。控制与执行部分通常由执行器、运动控制部分等组成,执行器负责根据控制信号执行具体的机械动作,运动控制部分负责精确控制机械运动和定位。

② 人机接口软件：是实现机器视觉系统与用户交互的部分,包括界面设计、参数设置、结果显示、数据存储等模块。

2.6.3.2   机器视觉的处理流程

机器视觉系统能够实现对物体的自动检测、识别和处理,机器视觉的处理流程一般包括图像采集、图像预处理、特征提取与分析、目标识别与定位、决策与控制五个主要环节。

1. 图像采集

① 硬件选择：根据检测对象、检测环境和检测要求等因素,选择合适的相机(如工业相机、智能相机)、镜头(如定焦镜头、变焦镜头)和光源(如环形光源、条形光源)等硬件设备。

② 参数设置：对相机的曝光时间、增益、分辨率等参数,以及光源的亮度、颜色、角度等参数进行合理设置,以获取清晰、稳定、具有足够对比度和细节的图像。

③ 图像获取：通过相机将被检测物体的光学图像转换为电信号或数字信号,得到原始的数字图像,这些图像将作为后续处理的基础数据。

2. 图像预处理

① 灰度化：将彩色图像转换为灰度图像,减少数据量,降低计算复杂度,同时突出图像的亮度信息,便于后续处理。

② 降噪：采用滤波算法,如均值滤波、中值滤波、高斯滤波等,去除图像中的噪声,提高图像的信噪比,使图像更加平滑。

③ 二值化：根据图像的灰度特性,将灰度图像转换为二值图像,将图像中的目标和背景分离,便于后续的目标提取和分析。

④ 图像增强：运用直方图均衡化、对比度拉伸、锐化等方法,增强图像的对比度、清晰度和边缘信息,突出图像中的有用特征。

3. 特征提取与分析

① 边缘提取：利用边缘检测算法,如 Sobel 算子、Canny 算子等,提取图像中物体的边缘信息,得到物体的轮廓,为后续的形状分析和尺寸测量等提供基础。

② 形状特征提取：计算物体的形状参数,如面积、周长、圆形度、矩形度、长宽比等,描述物体的形状特征,用于物体的分类和识别。

③ 纹理特征提取：提取图像的纹理特征,如粗糙度、对比度、方向性等,反映物体表面的纹理信息,用于区分不同材质或表面状态的物体。

④ 其他特征提取：根据具体应用需求,还可以提取图像的颜色特征、几何矩特征、不变矩特征等,作为物体识别和分析的依据。

4. 目标识别与定位

① 目标分类：将提取的特征与预先建立的目标模型或特征库进行匹配和比对,运用模式识别算法(如模板匹配、神经网络、支持向量机等),对目标物体进行分类和识别,确定

目标物体的类别或身份。

② 目标定位：通过计算目标物体在图像中的位置和姿态信息（如坐标、角度、旋转和平移参数等），确定目标物体在空间中的具体位置和方向，为后续的操作和控制提供依据。

③ 多目标处理：在复杂场景中，可能存在多个目标物体，需要采用多目标检测和跟踪算法，对多个目标进行同时识别、定位和跟踪，区分不同目标之间的关系和相互作用。

5. 决策与控制

① 结果判断：根据目标识别和定位的结果，结合预设的规则和标准，对检测结果进行判断和评估，如判断产品是否合格、目标是否满足要求等，得出相应的决策结论。

② 指令输出：将决策结果转换为控制指令，输出到外部设备或系统，如控制器、机器人、执行机构等，控制它们执行相应的动作和操作。

③ 反馈与调整：根据执行结果和实际情况，对机器视觉系统进行反馈和调整，如调整检测参数、优化算法模型、修正控制策略等，以提高系统的性能和稳定性，实现闭环控制。

2.6.3.3　机器视觉的应用

机器视觉通过光学装置和非接触传感器，自动获取图像并分析处理，在众多领域发挥关键作用。在工业制造领域，它可用于产品质量检测，像电子元件生产时，能快速识别元件是否存在尺寸偏差、表面瑕疵等，极大提升生产效率与产品合格率。在物流仓储领域，助力货物识别与分拣，通过扫描货物的外形、条码等信息，自动分类搬运，提高仓储管理的智能化水平。在交通领域，交通监控摄像头利用机器视觉识别车牌号码、分析车辆行驶轨迹，用于交通违章监测和流量统计，保障道路秩序。在农业领域，利用搭载多光谱相机的无人机获取农田图像，通过机器视觉技术分析图像中的植被指数、颜色特征等，能够精准识别农作物的病虫害发生区域以及营养缺失情况。例如，当检测到某区域农作物叶片颜色异常，系统可快速定位并判断可能是缺乏某种微量元素，及时向农民发送预警信息，指导农民精准施肥和防治病虫害，有效提高农作物产量和质量，助力精准农业发展。在教育领域，一些智能教学设备借助机器视觉识别学生的手势、表情，辅助教学互动。在零售行业，用于客流量统计、货架商品陈列监测等，为商家运营提供数据支持。

2.6.4　自然语言处理

自然语言处理（Natural Language Processing，NLP）是一门融语言学、计算机科学、数学于一体的科学，是人工智能的一个分支，它以语言为对象，利用计算机技术来分析、理解和处理自然语言，旨在构建能够理解人类输入并做出相应响应的数字系统。它包括自然语言理解（Natural Language Understanding，NLU）和自然语言生成（Natural Language Generation，NLG）两部分，NLU 将人类语言转换为机器可读的格式以进行人工智能分析。分析完成后，NLG 会生成适当的响应，并以相同的语言将其发送回人类用户。

2.6.4.1　自然语言处理方法

自然语言处理包含一系列的数据处理方法，既有一些传统方法，又有一些新的机器学习方法。

① 基于规则的方法：通过总结规律来判断自然语言的意图，常用的方法有上下文无关文法(Context-Free Grammar，CFG)、JSGF 文法(Java Speech Grammar Format)等。

② 基于统计的方法：对语言信息进行统计和分析，并从中挖掘出语义特征，常见的方法有支持向量机、隐马尔可夫模型、最大熵马尔可夫模型、条件随机场等。

③ 基于深度学习的方法：这类方法目前在自然语言理解领域被广泛应用，如卷积神经网络、循环神经网络、长短期记忆网络、Transformer 等。

2.6.4.2　自然语言处理技术

从处理技术角度，一般将自然语言的处理技术分为自然语言理解技术和自然语言生成技术。

1. 自然语言理解技术

自然语言理解旨在理解和分析人类语言，重点关注对文本数据的理解，通过对其进行处理来提取相关信息。它提供直接的人机交互，并执行和语言理解相关的任务，是所有支持机器理解文本内容的方法模型或任务的总称，包括分词、词性标注、词法分析、句法分析、语义分析等任务。

① 分词：分词是指将原始文本(一个语句或文档)切分为一个字符串(词或字词)序列，其中，字符串一般是文本的重复序列，可能是词，可能是子词(被称为词素，例如，英语中的前缀和后级)，甚至可能是单个字符。

② 词性标注和词法分析：词性标注是指为每个字词标注词性(如名词、动词、形容词等)的过程，词法分析则旨在识别字词如何组合成为短语、子句和整个语句。其中，前者是一种序列标注任务，后者是一种扩展的序列标注任务。

③ 句法分析：句法分析是对输入的文本以句子为单位，进行分析以得到句子的句法结构的处理过程。三种比较主流的句法分析方法包括短语结构句法分析(识别出短语结构及短语间的层次句法关系)、依存结构句法分析(识别词与词之间的相互依赖关系)、深层文法句法分析(深层的句法和语义分析)。

④ 语义分析：语义分析的最终目的是理解句子表达的真实语义。语义分析技术基本可分为两种，一种为语义角色标注，一般都在句法分析的基础上完成，通常采用级联的方式，逐个模块分别训练模型；另一种为联合模型，将多个任务联合学习和解码，通常都可以显著提高分析质量，但复杂度更高，速度也更慢。

2. 自然语言生成技术

自然语言生成是一种自动将结构化数据转换为人类可读文本的软件过程，其大致可分为如下 6 个步骤。

第一步内容确定，决定哪些信息应该包含在正在构建的文本中，哪些不应该包含。通常数据中包含的信息比最终传达的信息要多。

第二步文本结构，合理地组织文本的顺序。例如，在报道一场演出活动时，会优先表达"时间""地点""演员"，然后表达"演出内容"。

第三步句子聚合，把多条信息合并到一个句子里，表达可能会更加流畅，也更易于阅读。

第四步语法化,当每一句的内容确定下来后,就可以将这些信息组织成自然语言了。这个步骤会在各种信息之间加一些连接词,看起来更像是一个完整的句子。

第五步参考表达式生成,也是选择一些单词和短语来构成一个完整的句子。但相对于语法化,这里需要识别出内容的领域,然后使用该领域(而不是其他领域)的词汇。

第六步语言实现,当所有相关的单词和短语都已经确定时,需要将它们组合起来形成一个结构良好的完整句子。

简单来看,自然语言生成的目的是形成包含意义和结构的短语、句子和段落,它也可以抽象为如下 3 个部分。

① 生成器:负责根据给定的意图,选择与上下文相关的文本。

② 表示组件和层级:为生成的文本赋予结构。

③ 应用:从对话中保存相关数据,从而遵循逻辑。

生成的文本必须使用一种人类可读的格式。自然语言生成的优点是可以提高数据的可访问性,还可以用来快速生成报告摘要。

2.6.4.3　自然语言处理技术的应用

自然语言处理技术让计算机理解和处理人类语言,应用范围极为广泛。在日常生活中,智能语音助手如小度、小爱同学等,能识别语音指令,实现信息查询、设备控制等功能,极大提升了生活便利性。在办公场景下,智能写作辅助工具帮助用户检查语法错误、提供词汇替换建议,提升写作效率与质量。机器翻译打破语言交流壁垒,像谷歌翻译、有道翻译等,让跨国交流、跨国业务开展更为顺畅。

在商业领域,智能客服 24 小时在线解答客户咨询,降低人力成本的同时提高服务效率;基于自然语言处理的推荐系统,依据用户的评论和浏览历史,精准推送商品,提升用户购买意愿。

在内容创作方面,自动新闻写作能快速生成体育赛事、财经数据等报道,节省人力;社交媒体平台利用自然语言处理技术进行情感分析,帮助企业了解用户对产品或品牌的态度,以便调整策略;在信息检索时,搜索引擎借助自然语言处理理解用户需求,提供更精准的搜索结果。

2.6.5　知识图谱

知识图谱是由谷歌公司在 2012 年提出的一个新概念,它"本质上是语义网络的知识库"。从组成形式上来看,它是一种基于图的数据结构,由节点和边组成,每个节点表示一个"实体",每条边为实体与实体之间的"关系"。实体可以是现实世界中的事物,比如人、地名、公司、电话、动物等;关系则用来表达不同实体之间的某种联系。

通俗来说,知识图谱就是把所有不同种类的信息连接在一起而得到的一个关系网络,因此知识图谱提供了从"关系"的角度分析问题的能力。一般认为知识图谱具有如下 3 个特点。

① 数据及知识的存储结构为有向图结构。有向图结构允许知识图谱有效地存储数据和知识之间的关联关系。

② 具备高效的数据和知识检索能力。知识图谱可以通过图匹配算法,实现高效的数据和知识访问。

③ 具备智能化的数据和知识推理能力。知识图谱可以自动化、智能化地从已有的知识中发现和推理多角度的隐含知识。

2.6.5.1　知识图谱的表示

知识图谱表示,又称知识图谱嵌入,是把知识图谱中的实体和关系映射到连续的向量空间中,同时保留知识图谱的固有结构。实体和关系嵌入表示有利于多种任务的执行,包括知识图谱补全、关系抽取、实体分类和实体解析等。

知识图谱中的知识表示方法,总体来说,就是以本体为核心,以资源描述框架(Resource Description Framework,RDF)的三元组模式为基础框架,但更多的是体现实体、类别、属性、关系等多粒度多层次的语义关系。本体是知识图谱中的一个概念,它用一些属性或特征描述客观世界某一类事物的共性特征,并通过"关系"描述它与其他本体之间的关系。例如,本体"学生干部"有"课程成绩""获奖"等属性,这些属性与本体"学生干部"属于从属关系。

另一方面,在知识图谱中,知识表示有知识定义(知识体系)与知识实例两个层面,知识定义(知识体系)描述了本体以及本体之间的关系,是上层建筑;知识实例是本体的一个一个实例,对应的是真实的数据存储层。

RDF 三元组是目前主要使用的知识图谱表示形式,其中三种主要的表示框架是RDF、RDFS 与 OWL,它们在节点和边的取值上做了约束,制定了统一标准,为多源数据的融合提供了便利。

1. RDF

RDF 即资源描述框架,其本质是一个数据模型。具体地说,resource 指页面、图片、视频等任何具有 URI 标识符的资源;description 指属性、特征和资源之间的关系;framework 指模型、语言和这些描述的语法。

RDF 提供了一个统一的标准,用于描述实体/资源。RDF 形式上表示为 SPO(subject,predicate,object)三元组,有时候也称为一条语句,在知识图谱中也称其为一条知识,其中节点表示实体/资源、属性,边则表示了实体和实体之间的关系以及实体和属性的关系。

若需要对 RDF 数据进行传输和存储,需要对 RDF 数据进行序列化。目前,RDF 序列化的方式主要有 RDF/XML、N-Triples、Turtle、RDFa、JSON-LD 等。

2. RDFS

RDF 的表达能力有限,无法区分类和对象,也无法定义和描述类的关系/属性。RDF是对具体事物的描述,缺乏抽象能力,无法对同一类别的事物进行定义和描述。RDFS 即"Resource Description Framework Schema"模式语言,通过引入 Schema 作为 RDF 的补充解决了 RDF 表达能力有限的困境。RDFS 的表现形式与 RDF 一样,常用的方式主要是 RDF/XML 和 Turtle。

3 OWL

在复杂的场景下,RDFS 的语义表达能力显得太弱。OWL 语言是 RDF(S)的扩展,它引入了布尔算子(并、或、补),递归地构建复杂的类,还提供了表示存在值约束、任意值约束和数量值约束等能力。同时,OWL 能够描述属性具有的传递性、对称性、函数性等性质,以及两个类等价或者不相交,两个属性等价或者互逆,两个实例相同或者不同,枚举类,等等。OWL 是语义网上表示本体的推荐语言。

2.6.5.2　知识图谱的构建

知识图谱在逻辑结构上主要分为数据层和模式层。数据层包含大量的事实(fact)信息,即(实体,关系,实体)或者(实体,属性,属性值)等三元组表示形式,将这些数据存储在图数据库中构成大规模的实体关系网络,进而形成知识图谱。模式层是知识图谱的核心,建立在数据层之上,存储的是提炼后的知识。

知识体系的构建有两种方法:一种是自顶向下,即先构建一个完善的知识体系,再将知识填充到这个知识体系中;另外一种是自底向上,即在知识抽取的过程中,自动地扩充和构建知识体系。目前大多数知识图谱都是采用自底向上的方式进行构建。

自底向上的知识图谱构建是从结构化、半结构化和非结构化数据资源中,采用自动或半自动的技术抽取知识,并存入数据层和模式层的过程。自底向上的知识图谱构建是一个迭代更新的过程,涉及的技术主要包括知识获取、信息抽取、知识融合、知识加工等,如图 2.10 所示。

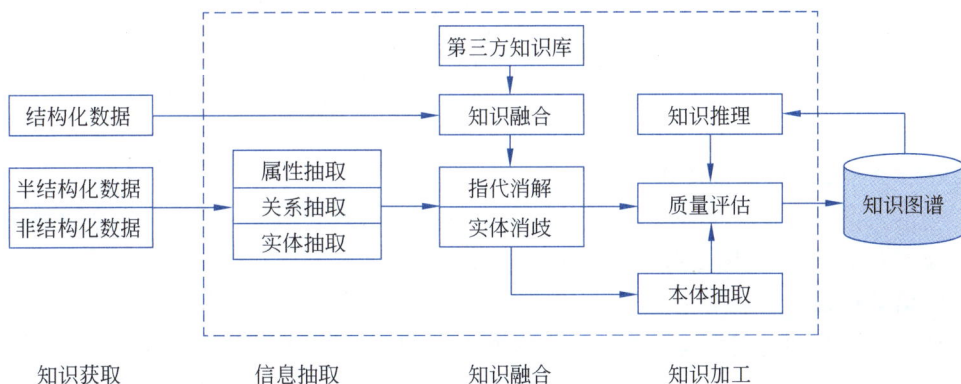

图 2.10　知识图谱的构建过程

1. 知识获取

知识获取是从海量的文本数据中获取结构化知识的过程。首先是获取数据,它们可以是一些表格、文本、数据库等。根据数据的类型可以分为结构化数据、非结构化数据和半结构化数据。结构化的数据为表格、数据库等按照一定格式表示的数据,通常可以直接用来构建知识图谱。非结构化的数据为文本、音频、视频、图片等,需要对它们进行信息抽取才能进一步建立知识图谱。半结构化数据是介于结构化和非结构化之间的一种数据,也需要进行信息抽取才能建立知识图谱。

2. 信息抽取

信息抽取是指从各种类型的数据源中提取出实体(概念),属性以及实体间的相互关系,在此基础上形成本体化的知识表达。通常,信息抽取包括如下的基本任务:实体识别,实体消歧,关系抽取以及属性抽取等。

3. 知识融合

知识图谱的构建需要从多个来源获取数据,这些来源不同的数据可能会存在交叉、重叠,同一个概念、实体可能会反复出现,知识融合的目的就是把表示相同概念的实体进行合并,把来源不同的知识融合为一个知识库。

知识融合的主要任务包括实体消歧和指代消解,它们都用来判断知识库中的同名实体是否代表同一含义、是否有其他实体也表示相同含义。实体消歧专门用于解决同名实体产生歧义的问题,通常采用聚类法、空间向量模型、语义模型等。指代消解则是为了避免代词指代不清的情况。

4. 知识加工

对于经过融合的新知识,需要经过质量评估之后(部分需人工参与),将合格的部分加入知识库中,以确保知识库的质量,新增数据之后,可以进行知识推理、拓展现有知识,得到新知识。

5. 知识存储

知识存储解决知识图谱的存储问题。目前的知识图谱存储基本都基于图数据库,常用的图数据库有 Neo4j、ArangoDB、TigerGraph 等,其查询语言使用的是 SPARQL。

6. 知识推理

知识推理旨在识别错误并从现有数据中推断新结论。通过前述步骤,基本可以构建一个知识图谱。但是,由于知识的不完备性,搭建出来的图谱通常会有很多缺失。由于数据的稀疏性,有时很难通过抽取和融合的方法去丰富图谱。通过知识推理可以导出实体间的新关系,并反馈以丰富知识图谱,从而支持高级应用。

2.6.5.3　知识图谱的应用

知识图谱包含了大量的数据和知识库,因此可以依赖知识库进行推理和语义搜索,与相关应用相结合,知识图谱可以改进很多领域的工作效率和用户体验。

1. 语义搜索

传统搜索是靠网页之间的超链接实现网页的搜索,搜索后得到的通常是包含其中关键词的网页链接,还需要在多个网页中进行筛选。而语义搜索是直接对事物进行搜索,比如人、物、机构、地点等,这些事物可以来自文本、图片、视频、音频、物联网设备等。知识图谱和语义技术提供了关于这些事物的分类、属性和关系的描述,这样搜索引擎就可以直接对事物进行搜索。它首先将用户输入的问句进行解析,找出问句中的实体和关系,理解用户问句的含义,然后在知识图谱中匹配查询语句,找出答案,最后通过一定的形式将结果呈现到用户面前。

2. 智能问答

智能问答是指用户与具有智能的机器系统之间的交互,包括问答和交谈等。知识图谱也广泛应用于人机问答交互中。借助自然语言处理和知识图谱技术,比如,基于语义解析、基于图匹配、基于模式学习、基于表示学习和深度学习的知识图谱模型,智能问答可以辅助银行、电信等一些服务行业的客服进行工作,帮助回答简单的问题,或者帮助人工客服搜索答案。一些简单的智能问答机器人,如音乐、阅读等也获得了一定的推广应用。不同应用依赖的知识图谱不同,如一般聊天机器人使用的是通用知识图谱,而智能客服使用的是专业领域的知识图谱。

3. 个性化推荐

个性化推荐是根据用户的个性特征,为用户推荐感兴趣的产品或服务,或提供个性化的信息服务和决策支持。个性化推荐系统通过收集用户的兴趣偏好、属性,产品的分类、属性、内容等,然后利用知识图谱,分析用户之间的社会关系、用户与产品的关联关系,利用个性化算法,推断出用户的喜好和需求,从而为用户推荐感兴趣的产品或者内容。

4. 辅助大数据分析

知识图谱也可以用于辅助进行数据分析与决策,利用知识图谱的知识,对知识进行分析处理,通过一定规则的逻辑推理,得出某种结论,为用户决断提供支持。同时,不同来源的知识通过知识融合进行集成,通过知识图谱和语义技术增强数据之间的关联,使得用户可以更直观地对数据进行分析。此外,知识图谱也被广泛用于作为先验知识从文本中抽取实体和关系,以及用来辅助实现文本中的实体消歧、指代消解等。

2.6.6　语音处理

语音处理是用于研究语音发声过程、语音信号的统计特性、语音的自动识别、机器合成以及语音感知等各种处理技术的总称,是一门多学科的综合技术。它以生理、心理、语言以及声学等基本实验为基础,以信息论、控制论、系统论的理论作指导,通过应用信号处理、统计分析、模式识别等现代技术手段,成为一个重要的研究和应用领域。

2.6.6.1　语音处理的相关技术

1. 语音识别

语音识别是利用计算机技术,自动对语音信号的音素、音节或词进行识别的技术总称。语音识别把语音信号转变为相应文本或命令,涉及的技术领域包括信号处理、模式识别、概率论和信息论、发声机理、听觉机理和人工智能等。

语音识别一般要经过以下几个步骤。

① 语音预处理,包括对语音的幅度标称化、频响校正、分帧、加窗和始末端点检测等内容。

② 语音声学参数分析,包括对语音共振峰频率、幅度、线性预测参数、倒谱参数等的分析。

③ 参数标称化,主要是时间轴上的标称化,常用的方法有动态时间规整(DTW)或动态规划(DP)方法。

④ 模式匹配,可以采用距离准则或概率规则,也可以采用句法分类等。

⑤ 识别判决,通过最后的判别函数给出识别的结果。

2. 语音理解

语音理解是利用知识表达和组织等人工智能技术进行语句自动识别和语意理解。相对语音识别,语音理解还需加入知识处理的部分,包括知识的自动收集、知识库的形成,知识的推理与检验、知识修正等。语音知识包括音位知识、音变知识、韵律知识、词法知识、句法知识、语义知识以及语用知识等。这些知识涉及实验语音学、语法学、自然语言理解以及知识搜索等许多学科。

3. 语音合成

语音合成，一般又称为文语转换技术，是指将文字信息转化为相应语音朗读出来，即通过一定的硬件、软件将文本转换为语音，由计算机或电话语音系统等输出语音的过程，并尽量使合成的语音具有良好的自然度与可懂度。语音合成涉及声学、语言学、数字信号处理、计算机科学等多个学科。为了合成高质量的语音，要依赖于各种规则，包括语义学规则、词汇规则、语音学规则等，还需要理解文字的内容，即需要处理自然语言的理解问题。

文语转换系统的三个核心部分是文本分析模块、韵律控制模块和语音合成模块。

① 文本分析：主要功能就是使计算机能够识别文字，并根据文本的上下文关系在一定程度上对文本进行理解，知道要发什么音、怎样发音，将发音的方式告诉计算机。工作过程可以分为四个主要步骤，包括输入文本规范化；分析词和文本边界、确定读音；确定语气变换以及不同音的轻重方式；将输入的文字转换成计算机能够处理的内部参数。

② 韵律控制：韵律是指人说话时不同的声调、语气、停顿方式、发音长短等，韵律参数包括能影响这些特征的声学参数，如基频、音长、音强等，韵律控制模块生成具体的韵律参数。

③ 语音合成：语音合成技术一般包括参数合成的方法、波形拼接的方法以及两者混合的方法。最常使用的是波形拼接技术，典型代表是基音同步叠加法（PSOLA），其核心思想是，直接对存储于音库的语音运用 PSOLA 算法来进行拼接，从而整合成完整的语音。为了解决其音库过大、特殊情况下音质下降问题，目前也广泛使用波形拼接和参数合成的混合方法。

2.6.6.2 语音处理的应用

随着智能化应用的蓬勃发展，语音识别和语音合成技术在众多行业领域广泛应用，如语音识别应用于语音打字、语音搜索等场景，语音合成应用于服务机器人、智能家居等领域，产生了良好的经济效益和社会效益。以下从应用侧重点介绍语音处理技术的实践应用。

1. 语音唤醒

语音唤醒是通过语音识别模型学习特定唤醒词的语音信号特征，当输入设备捕捉到一定阈值范围内的语音信号时，唤醒当前设备，否则设备都处于待机状态，以便延长待机时间和电池寿命。训练语音唤醒识别模型的方法有很多，有基于传统机器学习的方法，也有基于深度学习的方法。目前市场上几乎所有智能语音产品都有语音唤醒功能，如智能手机、智能手表、智能音箱等，其智能语音助理均可通过特定唤醒词的激发进入工作状态。

2. 语音命令

很多智能语音系统可以分析用户的语音命令，然后驱动设备执行某种功能。语音命令主要是由一些简短的语音词汇所组成的信息，比如打开音乐、寻找影院等命令性词汇。处理过程中，也是通过对人发出的声波经过一系列的变化而得到语音信号特征，然后对特征进行分类处理。语音命令在日常使用的智能终端已经很常见，如手机智能助手、地图导航、智能音箱控制等，均支持使用语音命令来执行功能。语音控制的优势是方便快捷，但在一些情况(如噪声较强的场景)下存在识别正确率降低的问题。

3. 声纹识别

声纹识别的应用目的与指纹识别、人脸识别等类似,也是一种生物信息识别技术,用于唯一标识被识别个体。首先需要对被识别人的识别信息进行采样存库,然后在应用场景中采集一个人发出的声音与库中留存的声音进行匹配比较。声纹识别的模型与语音唤醒、语音命令相似,如使用特定深度学习模型,先对接收到的声波进行转换,得到频谱图,进而使用梅尔频谱倒数分析,进行特征提取。声纹识别主要用于用户信息登录识别验证等敏感的场景,其作用与键盘输入识别验证、指纹识别验证、人脸识别验证相同。声纹识别的优点是样本采集简单,也容易为用户接受,但也存在一定的局限性,如要求安静的环境,当噪声较大时识别效果变差;另一方面,人的声音随着年龄、身体状况的变换而变化,也缺乏稳定性。

4. 语音文本转换

语音文本转换也称为 STT(speech to text),即对语音进行一系列的转换,从波形图最终翻译成对应的文字信息。这个过程一般会生成一个中间特征来对应两边的语音和文本,也即先把语音转成某种特征图,然后令特征图对应到文本信息上。该技术可替代键盘来快速输入文本信息,也可通过查看文本来替代收听声音,现在广泛用于一些聊天软件或即时通信软件上,如当发送方发出语音,而接收方不方便收听时,可以将其转化为文本查看。

5. 语音合成

语音合成的输入是文本信息,输出是声音信息。语音合成技术的应用不及语音识别技术成熟,但也已经开始逐渐推广,如在多媒体合成技术中生成配音,进行新闻播报,在智能交互语音客服中回答用户的问题以实现呼叫中心的自动化,在虚拟助理中与用户聊天,在智能服务机器人中与用户进行语言交流等。

2.6.7　智能机器人

智能机器人是具备高度灵活性的自动化机器,拥有与人和生物相似的智能能力,如感知、规划、动作和协同能力。

美国机器人协会定义机器人为一种可编程且多功能的操作机,或是具有可使用计算机改变和可编程动作、能执行不同任务的专门系统。机器人通常由执行机构、驱动装置(驱动器)、检测装置(传感器)、控制系统(控制器)和复杂机械等构成。

① 感觉要素,用来认识周围环境状态,包括能感知视觉、接近、距离等的非接触型传感器,以及能感知力、压觉、触觉等的接触型传感器,如摄像机、图像传感器、超声波传感器、激光器、导电橡胶、压电元件、气动元件、行程开关等。

② 运动要素,指对外界做出反应性动作,智能机器人具有一个无轨道型的移动机构,以适应诸如平地、台阶、墙壁、楼梯、坡道等不同的地理环境。其功能可以借助轮子、履带、支脚、吸盘、气垫等移动机构来完成。在运动过程中要对移动机构进行实时控制,这种控制不仅要有位置控制,而且还要有力度控制、位置与力度混合控制、伸缩率控制等。

③ 思考要素,根据感觉要素所得到的信息,思考决定采取什么样的动作。思考要素包括判断、逻辑分析、理解等方面的智力活动,是一个信息处理过程。

1. 智能机器人的分类

智能机器人可以从不同的角度进行分类。

按照智能程度,可分为传感型机器人、交互型机器人和自主型机器人。

① 传感型机器人。机器人的本体上没有智能单元只有执行机构和感应机构。它利用传感信息(视、听、触、距离、力、红外、超声及激光等)进行传感信息处理,实现控制与操作。其智能处理单元在外控计算机上,根据机器人采集的各种信息及机器人本身的姿态和轨迹等信息,发出控制指令指挥机器人的动作。

② 交互型机器人。对交互型机器人,可通过计算机系统与操作员或程序员进行人机对话,实现对机器人的控制与操作。虽然还是要受到外部控制,但具有了部分处理和决策功能,如路径规划、简单避障等。

③ 自主型机器人。自主型机器人无须人的介入,能够在各种环境下自动完成拟人任务。其本体上具有感知、处理、决策、执行等模块,可以像一个自主的人一样独立地活动和处理问题。自主型机器人具有自主性、适应性和交互性。其中,自主性是指它可以在一定的环境中,不依赖任何外部控制,完全自主地执行一定的任务;适应性是指它可以实时识别和测量周围的物体,根据环境的变化,调节自身的参数,调整动作策略以及处理紧急情况;交互性是指它可以与人、与外部环境以及与其他机器人之间进行信息的交流。

按照用途,智能机器人可以分为工业智能机器人、农业智能机器人、医疗智能机器人、服务智能机器人等。相对于传统机器人,它们能完成更复杂、更高级的工作。

① 工业智能机器人。工业智能机器人有多种类型,如焊接机器人、装配机器人、喷漆机器人、码垛机器人、搬运机器人等。焊接机器人,包括点焊(电阻焊)和电弧焊机器人,用途是实现自动的焊接作业。装配机器人,比较多地用于电子电器部件的装配。喷漆机器人,代替人进行喷漆作业。码垛、上下料、搬运机器人的功能则是根据一定的速度和精度要求,将物品从一处搬运到另一处。工业智能机器人可以灵活改变作业内容或方式,以满足生产要求的变化。

② 农业智能机器人。农业智能机器人以动、植物之类复杂作业对象为目标,可以替代农业劳动力,提高作业质量,避免农药、化肥等对人体的伤害。农业机器人目前主要集中在耕种、施肥、喷药、蔬菜嫁接、苗木株苗移栽、收获、灌溉、养殖和各种辅助操作等方面。农业机器人针对的是非结构、不确定、不可预估的复杂环境和工作对象,研发难度较大。

③ 医疗智能机器人。医疗智能机器人是指用于医院、诊所的辅助医疗的机器人,它能独自编制操作计划,依据实际情况确定动作程序,然后把动作变为操作机构的运动,如图 2.11 所示的"达·芬奇"手术机器人(全称为"达·芬奇高清晰三维成像机器人手术系统"),它可以进行外科手术,适合普外科、泌尿外科、心血管外科、胸外科、五官科、小儿外科等微创手术。

④ 服务智能机器人。国际机器人联合会给服务智能机器人的一个初步定义是,一种以自主或半自主方式运行,能为人类的生活、康复提供服务的机器人,或者是能对设备运行进行维护的一类机器人,如图 2.12 所示的养老服务机器人。服务机器人目前主要应用

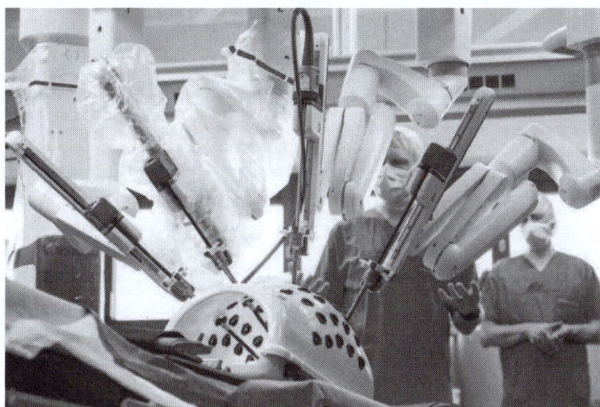

图 2.11　"达·芬奇"手术机器人

在清洁、护理、执勤、救援、娱乐和设备维护保养等场合,应用前景非常广泛,如目前应用于养老院或社区服务站的家庭智能陪护机器人,其具有生理信号检测、语音交互、远程医疗、智能聊天、自主避障漫游、康复按摩等功能,可以替代一部分护工工作。

图 2.12　养老服务机器人

⑤ 灾害救援智能机器人。灾害救援智能机器人主要应用于一些特殊、危险、对人类有害的工作场景,如核电站事故、NBC(核、生物、化学)恐怖袭击等。机器人装有轮带,可远程操控,可以跨过瓦砾测定现场周围的辐射量、细菌、化学物质、有毒气体等状况并将所测数据传给指挥中心,指挥中心可以根据数据选择污染较少的进入路线。例如,宇树四足机器人 B1(图 2.13 所示)在"应急使命·2023"高山峡谷地区地震救援演习中发挥了巨大的作用,它凭借无线网络实时传输技术,以及应对各种复杂环境的超强运动性能,帮助救援人员提前探明了救援现场的实际环境和险情,有效地缩短救援时间,提高了救援效率,也为救援人员排除了潜在危险,成为抗震救灾的"神助手"。

按设计形态分类,智能机器人可以分为拟物智能机器人和仿人智能机器人。

① 拟物智能机器人是仿照各种各样的生物、日常使用物品、建筑物、交通工具等设计的机器人,如机器狗,机器昆虫,轮式、履带式机器人等。

图 2.13　宇树四足机器人 B1

②　仿人智能机器人是模仿人的形态和行为而设计制造的机器人，一般分别或同时具有仿人的四肢和头部。机器人一般根据不同应用需求被设计成不同形状和功能，如步行机器人、写字机器人、奏乐机器人、玩具机器人等。目前，仿人机器人配以优良的控制系统，通过自身智能编程软件便能自动地完成整套动作，如跳舞、行走、起卧、武术表演、翻跟斗等。如图 2.14 所示为 2025 年央视春晚机器人舞蹈表演。

图 2.14　2025 年央视春晚机器人舞蹈表演

2. 智能机器人的相关技术

智能机器人融合了机械、电子、传感器、计算机等多种先进技术，还涉及反应式行为感知编程及多智能体协调控制等问题。以下是智能机器人的主要关键技术。

①　多传感器信息融合技术。该技术结合控制理论、信号处理等，为机器人在复杂环境执行任务提供解决方案。机器人传感器分内部测量（如位置-角度、加速度等传感器）和外部测量（如视觉、触觉、力觉等传感器）两类。控制决策时融合多传感器数据，以获取更可靠信息。融合方法有贝叶斯估计、卡尔曼滤波等。

②　导航和定位技术，包括如下。

- 导航任务，包括基于环境理解的全局定位、目标识别与障碍物检测、安全保护等。
- 导航方式，分为视觉导航（利用摄像头探测环境，处理视觉信息）和非视觉导航（采用多种传感器探测环境并监控机器人状态）。
- 定位系统，分为被动式（通过码盘等感知自身运动状态计算定位信息）和主动式（通过超声等传感器感知外部环境或路标，与预设模型匹配获取定位信息）。

- 路径规划技术,依据最优化准则(如路线最短等),在机器人工作空间找从起始到目标且避障的最优路径。传统方法有自由空间法等,智能规划算法有神经网络等。
- 机器视觉技术,是智能机器人重要部分,包括图像获取、处理分析、输出显示,核心任务是特征提取等。视觉信息处理含环境和障碍物检测等,其中环境和障碍物检测常用边缘检测等方法。
- 智能控制技术,是机器人运动控制基础,已提出模糊控制等多种智能控制系统,但各有局限,如规则库或神经网络规模大时推理时间长,规模小则控制准确性差。
- 人机接口技术,智能机器人需要人机协调控制,因此需要提供友好人机界面,能识别文字等。同时,远程操作和通信技术也是人机接口重要部分。

2.7　人工智能在各领域中的应用

人工智能的应用广泛,下面从工业、医疗、交通、农业等领域进行简单介绍。

2.7.1　智慧工业

在全球制造业转型升级的浪潮中,人工智能为工业发展带来全新契机,从提升生产效率、保障产品质量,到优化供应链管理,正重塑工业生态。

2.7.1.1　物流中的自动分拣

物流业对人力成本较为敏感,机器视觉凭借高度自动化、高效率、高精度及强环境适应性,为物流分拣系统带来变革,推动其从人工分拣向智能化、自动化快速迈进。物流机器人(如图 2.15 所示)在仓库的分拣、搬运、堆垛等工作中逐步取代人工,不同类型的机器人都配备图像识别系统,借助磁条、激光、超高频射频识别(RFID)引导及机器视觉识别技术,能自动行驶,识别物品形状后将托盘物品运送至指定位置。

图 2.15　物流机器人

自动分拣机器接收运送指令后,运用视觉扫描技术,依据商品品种、材质、重量及目的地快速分类,再将货物送至指定货架或出货站台,大幅缩短快递发货周期,提升服务水平。智能技术的自动高效特性成为快递企业关注焦点,其中"视觉识别"技术助力机器人在快递领域大显身手。

1. 自动化扫码

工作人员扫描商品条形码,信息录入分拣系统,分拣机器人接收指令判断商品分拣区域。该技术核心是分拣系统控制装置,它根据商品材质、重量等因素分类信息,发出分拣要求,机器人执行运送任务。基于视觉识别的形状识别技术,提高了快递企业工作效率,可节省空间且加快商品配送速度。

2. 自动化数量检测技术

对于网络购物的卖方,及时补货至关重要。分拣机器人不仅能自动分类商品,还可检测仓库数据信息。快递企业借助自动分拣系统掌握商品输送数量、库存及客户退还等信息,为了解市场行情提供准确数据,助力快递公司与供货商制定更科学供货方案,提升双方业绩。

3. 自动化形状识别技术

快递物品形状差异明显,基于视觉识别的形状识别技术在快递分拣中作用重大。分拣机器人依据商品形状快速、精准分类,节省空间并提高配送速度。

2.7.1.2　视觉焊接机器人

伴随智能化深入发展,制造业中机器或机器人愈发广泛地替代人工。以焊接领域而言,因其强大生产力与高性价比,在汽车制造、化工设备管道等焊接场景大量应用,正逐步取代传统焊接工人作业模式。

1. 焊缝跟踪、识别

传统人工焊接极大依赖焊工技术熟练度与焊接环境。人工焊接产品中的毛刺、夹渣等外观缺陷以及焊接疏松、气孔、裂纹等制造缺陷难以被接受,且因其存在安全隐患而备受关注。解决这些问题的关键在于避免焊接工人操作失误。现代焊接技术融合自动控制与工艺制造自动化,取代人工焊接,规避了焊接效果欠佳、物料浪费等状况。焊接自动化控制主要包含焊缝自动识别与焊接特征参数自动控制。例如,利用抗电磁干扰能力强的工业级 3D 相机,可自动跟踪焊缝,精准获取焊缝区域三维数据,经图像处理系统分析后输出控制信号,从而操控焊枪运动。图 2.16 所示为激光焊接机器人。

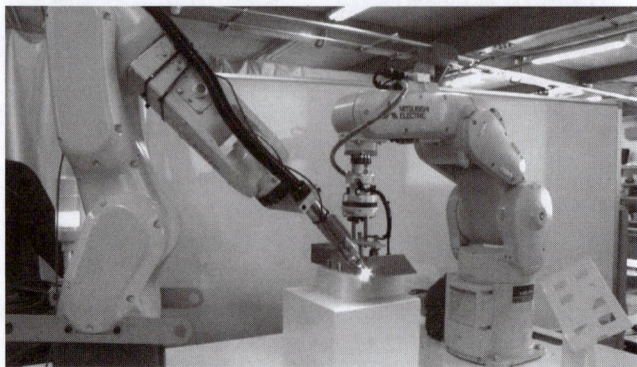

图 2.16　激光焊接机器人

2. 焊缝检测

传统检测定位精度有限,焊缝偏差常较大,无法契合焊接需求。采用机器替代人工检测焊缝,可以完成缺陷识别与分类,能有效降低设备安装复杂度,减少工件形变、飞溅等干扰引发的焊接位置偏差,提升焊缝精度。可以预见,未来焊接工艺发展,一方面要研发新焊接方法、设备及材料,以提升焊接质量与安全可靠性,如改进现有电弧、等离子弧、电子束、激光等焊接能源,运用电子与控制技术优化电弧工艺性能,研制可靠轻巧的电弧跟踪方法;另一方面要提升焊接机械化与自动化水平,如实现焊机程序与数字控制,研发从准备工序、焊接到质量监控全过程自动化的专用焊机,在自动焊接生产线上推广、扩大数控焊接机械手与机器人的应用,以提高焊接生产水平,改善焊接卫生安全条件。

2.7.1.3 汽车检测与装配

汽车行业自动化程度颇高,众多先进自动化技术已成功应用于各生产流程,许多环节实现无人化操作。这就需要可靠检测技术来验证装配的正确性与部件的合格性,机器视觉技术凭借独特优势成为自动检测系统的首选。机器视觉在汽车工业中的应用聚焦于安全性、质量与效率。在机器人工业应用中,装配机器人对视觉系统要求更高。视觉系统与力觉、接近觉、触觉等非视觉传感器协作,完成对装配工件的识别定位与检测,助力装配机器人实现抓取、插入、拧紧等典型装配动作。同时,机器视觉在汽车工业的拾取、放置、物料搬运及检测应用中极为常见,如图 2.17 所示。机器视觉系统比人工检查员速度更快、检测更精准,且能全天候工作,可对活塞、涡轮增压铸件、汽车电子控制阀等零部件进行检测,有效提升生产效率与产品质量。

图 2.17 汽车装配机器人

> 📮 **思考与探索**
>
> 　机器视觉会取代人类视觉吗?随着科技的发展,机器视觉慢慢地被人们所熟悉。那么,以工业相机和分析软件作为主体组成的机器视觉检测系统,能否全面取代人工目视检测呢?如果能,可应用的范围有哪些?如果不能,是缺少什么条件?难度在哪里?

2.7.2　智慧医疗

在智慧医疗体系里，人工智能是关键赋能因素。它能快速处理海量医疗数据，辅助医生精准诊断疾病。在医学影像分析上，可高效识别肿瘤、病灶等异常；基于患者病史、生活习惯等数据，能预测患病风险。同时，助力智能导诊，合理分配医疗资源、优化就医流程，还可以通过自然语言处理实现智能客服解答患者疑问，全方位提升医疗服务质量与效率。

2.7.2.1　医学影像分析与诊断

医学影像（如 X 射线、CT、MRI 和超声等）是现代医疗诊断的重要手段。但随着影像数据剧增与诊断要求精细化，传统人工解读面临效率低、主观性强、依赖医生经验等挑战。人工智能尤其是深度学习算法，为其带来变革，能快速处理分析影像，辅助医生精准诊断。

1. 疾病检测与识别

① 肿瘤诊断：在肺癌诊断中，传统手动识别肺结节耗时且易遗漏微小病灶。谷歌 DeepMind 公司的人工智能系统通过学习大量标注 CT 影像，能精准识别直径小于 5 毫米的微小结节，多层卷积神经网络从肺实质多方面判断病变，大幅提高早期肺癌检测率。乳腺癌诊断时，乳腺钼靶 X 射线图像复杂，易忽略微小钙化灶和肿块。人工智能辅助诊断系统学习大量图像后，可准确识别异常区域，分析灰度值等特征，为医生提供诊断建议。麻省理工学院的 Mirai 深度学习系统在乳腺癌早期检测与风险预测上有重大突破，它联合建模等创新，能精准评估风险、适应多样临床场景，可提前 5 年预测患病风险，有望革新乳腺癌风险评估策略。

② 心血管疾病诊断：在冠心病诊断中，冠状动脉 CTA 常用，人工智能算法可分析影像，快速识别冠状动脉狭窄部位与程度，自动分割血管、测量直径并分级冠心病风险，辅助医生制定治疗方案。心肌病诊断时，MRI 影像提供心肌信息，人工智能分析影像特征，识别多种心肌病，通过学习正常与异常影像，发现细微变化，提高诊断准确性。

2. 病情评估与量化分析

肿瘤分期和分级对治疗与预后意义重大。以结直肠癌为例，人工智能分析 CT 或 MRI 影像，评估肿瘤大小、侵犯范围、转移情况，就能准确判断分期，与病理分期高度一致。在脑胶质瘤分级中，人工智能结合 MRI 影像特征与临床病理数据，术前为医生提供肿瘤生物学行为信息，助力制定精准手术及后续治疗策略。此外，人工智能还能量化分析器官功能，如在肝脏疾病诊断中，分析肝脏 MRI 影像，测量体积、信号强度等参数评估功能，对肝硬化患者评估程度、预测并发症风险。在心脏功能评估时，分析心脏 MRI 和超声心动图，测量左心室射血分数等指标，反映心脏收缩舒张功能，辅助诊断、评估治疗效果与预后。复旦大学附属华山医院神经外科的"影像组学胶质瘤精准诊断系统"检测界面如图 2.18 所示。

3. 影像重建与优化

CT 检查广泛但有辐射风险，人工智能可用于低剂量 CT 重建。传统低剂量 CT 图像噪声大、质量差，深度学习算法通过学习大量高、低剂量 CT 图像对，利用有限信息重建高质量图像，减少噪声伪影，提升清晰度和对比度，如生成对抗网络架构优化图像细节，降低

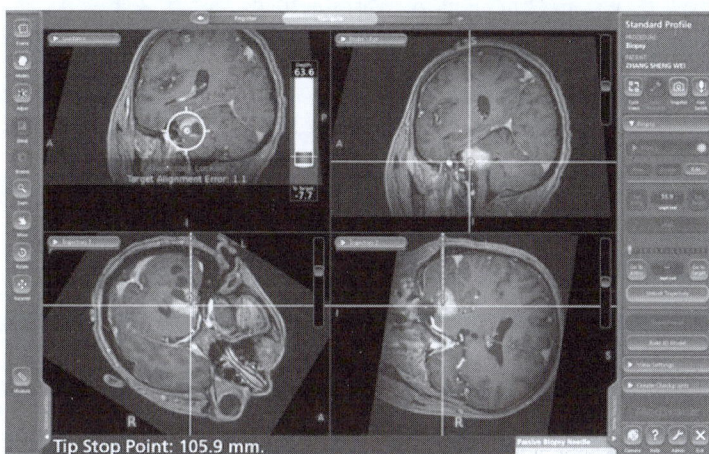

图 2.18　复旦大学附属华山医院神经外科"影像组学胶质瘤精准诊断系统"检测界面

患者辐射剂量。医学影像获取时易受噪声干扰,人工智能通过图像增强和去噪算法优化。在超声影像中,人工智能识别斑点噪声特征,采用自适应滤波等方法去噪,增强有用信息,提高影像清晰度与诊断价值。

2.7.2.2　手术机器人

手术机器人融合临床医学、生物力学等多学科,是新型医疗器械,满足临床需求、加快病人恢复。操作类和定位类机器人适用于发病率高、手术量大的情况下,市场前景广阔。它借助清晰成像系统和灵活机械臂,以微创形式协助医生完成复杂手术操作,克服传统手术精准度差等问题,缩短医生学习曲线,应用于多科室。手术机器人按功能分为操作手术机器人和定位手术机器人,如表 2.1 所示。

表 2.1　手术机器人分类

分类	操作手术机器人	定位手术机器人
功能	协助医生完成腹腔镜手术的操作	协助医生进行术前规划,术中导航与定位,甚至自主完成部分手术操作
应用范围	应用于针对软组织的微创手术	应用于骨科、神经外科手术
核心技术	操作手机械结构设计、三维图像建模技术、遥操作网络传输技术、计算机虚拟现实技术等	多模影像的配准、融合技术,基于光学、电磁学等的导航技术,路径自动补偿技术等
产品组成	主要由控制台、操作臂、成像系统组成	主要由机械臂、导航追踪仪和主控台组成
代表产品	"达·芬奇"手术机器人	ROBODOC

1. 医疗机器人如何工作

以神经外科导航定位机器人为例,搭载 3D 相机可实现"脑""眼""手"协同。"脑"是多模态影像融合系统,"眼"是视觉识别定位系统,"手"是操作端。机器臂在 3D 相机辅助下定位手术位置,显示患处的三维信息,医生据此制定手术路径,机械臂辅助执行穿刺等操作。该机器人手术定位精度达 1mm,创口小于 2mm,患者住院 2～3 天可出院,已用于多种脑部疾病治疗。

2. 手术机器人功能模块分布

手术机器人功能模块包括系统软件、机器人装置、定位装置、医学图像以及人机交互与显示,如图 2.19 所示。

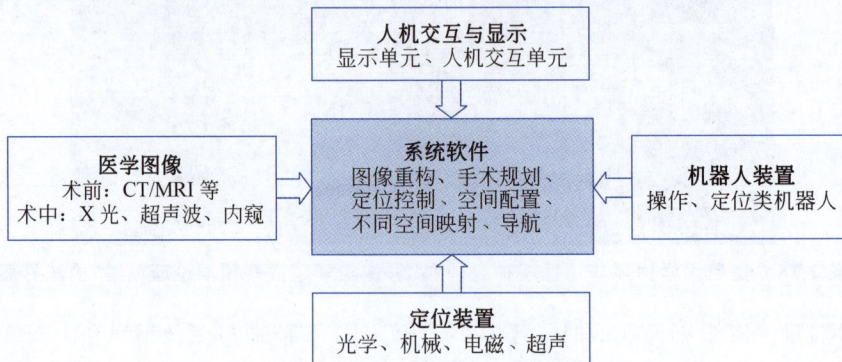

人机交互与显示
显示单元、人机交互单元

医学图像
术前:CT/MRI 等
术中:X 光、超声波、内窥

系统软件
图像重构、手术规划、
定位控制、空间配置、
不同空间映射、导航

机器人装置
操作、定位类机器人

定位装置
光学、机械、电磁、超声

图 2.19　手术机器人功能模块分布

3. 手术机器人所解决的痛点

对医生而言,传统腹腔镜手术视野不佳、器械自由度少且易放大颤抖,手术机器人提供高清 3D 图像,减少医生疲劳,避免骨科手术辐射伤害,解决神经外科手术操作死角、缩短病灶定位时间。对患者来说,手术机器人高精度操作减少健康组织损害、降低感染风险、缩短康复时间、减少麻醉时间。对医院而言,患者恢复快,提高病床周转次数,减少医疗资源浪费。此外,手术机器人还助力远程手术,实现专家制定方案,异地机器人精准定位,当地医生完成操作,保证手术质量、最大化专家资源。

2.7.2.3　自动检测帕金森病

帕金森病早期治疗效果明显,但难以预测。其症状从轻到重分五个阶段,早期症状轻微易被忽视,后期逐渐加重,影响患者生活自理能力。虽无法治愈,但早期检测和药物治疗可改善患者症状与生活质量,成为计算机视觉和机器学习研究重点。研究发现,帕金森病患者绘画速度慢、笔压低,其震颤和肌肉僵硬影响手绘螺旋形和波浪形外观。我们可通过收集患者和健康参与者绘制的螺旋形、波浪形数据集,预先将其分成训练集和测试集,利用 Python 和 OpenCV 训练模型,量化图纸视觉外观,自动检测帕金森病。

2.7.3　智慧交通

随着国民经济发展与城市化快速推进,城市机动车数量激增,给道路交通及信号灯设计带来巨大压力。不合理的交通设施设计影响道路安全,停车难问题日益凸显,交通事故也不断增多,在此背景下,智能交通应运而生。在智能交通时代,遵守交通规则愈发重要。

1. 智能红绿灯检测

红绿灯是保障城市道路交通安全的关键交通设施,其创新设计意义重大。可整合改良产品功能,融入数字化与智能交通技术,增强可视性与识别性,避免因视觉盲区识别错误引发交通事故。交通信号灯的检测与识别是无人驾驶及辅助驾驶的必要环节,识别精度关乎智能驾驶安全。实际道路场景中,交通信号灯图像背景复杂,有效区域占比小。交通灯识别方法的流程如图 2.20 所示。

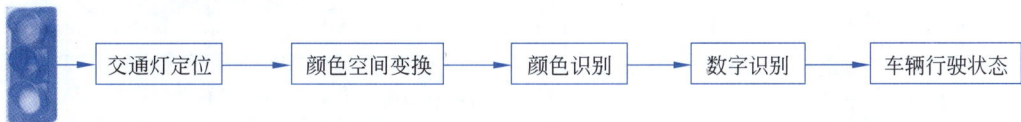

图 2.20　交通灯识别方法流程

对于交通灯的智能识别,将使世界上 7%～8% 的色盲、色弱患者驾驶汽车成为可能,也使无人驾驶汽车在技术上更前进一步,因而将为汽车工业以及汽车电子工业带来更大的社会效益和经济效益,并可在国际上填补该领域的空白。

① 交通灯定位:获取原始图像后,考虑背景及干扰因素,利用交通灯形状与灰度值定位。通过计算矩形度,在低灰度值区域筛选出类矩形范围,进而确定交通灯轮廓。矩形度计算方法为,当某矩形与输入区域一、二阶矩相同时,计算输入区域面积与该矩形面积之比,输入区域越接近矩形,矩形度越接近 1。

② 颜色空间变换:确定交通灯位置后,因 RGB 颜色空间相似性不能准确代表颜色相似,而 HSI 颜色空间更符合人眼分辨习惯,能更好反映颜色感知鉴别能力,故将 RGB 颜色空间转换为 HSI 颜色空间,以便后续颜色识别。

③ 颜色识别:通过图像分割识别交通灯颜色,基于阈值分割是常用方法。若图像只有目标和背景两类,采用单阈值分割,将像素灰度值与阈值比较,大于阈值为一类,小于阈值为另一类;若有多个目标,则用多阈值分割。阈值选取是分割关键,阈值化分割方法依据测度准则确定阈值,基于点相关的方法有 P-Tile 法、直方图凹形分析法等,基于区域相关的方法有直方图转换法等。

④ 数字识别:利用 OCR(光学字符识别)识别交通数字灯数字,识别前需将图像灰度值取反。OCR 通过光学输入设备获取文字图片信息,分析文字形态特征,判断汉字标准编码并存储为文本文件,实现文字自动输入。因 OCR 通过检测暗模式确定形状,所以将原图像灰度值取反,把高灰度部分转换为低灰度部分,再用字符识别方法将形状转化为计算机文字。交通数字信号识别系统采用机器视觉技术,自动识别交通信号灯颜色与数字,对色弱、色盲患者意义重大。

2. 疲劳驾驶检测和预警

汽车普及带来便利的同时,也引发了道路交通事故等问题。国务院相关规划纲要强调了交通运输安全与应急保障的重要性,疲劳驾驶检测和预警成为减少交通事故的关键手段,也是研究热点。图 2.21 所示为疲劳驾驶检测的主要方法。

① 非接触式检测:无须驾驶员佩戴接触身体的传感器。

• 基于计算机视觉作用于驾驶员:在前挡风玻璃后放置摄像头拍摄驾驶员头部,分析眨眼频率、眼睑闭合度、眼球跟踪、瞳孔反应、点头、打哈欠等动作判断疲劳状态。但拍摄画面受光线影响大,驾驶员不能有遮挡物,且头部动作不一定能准确

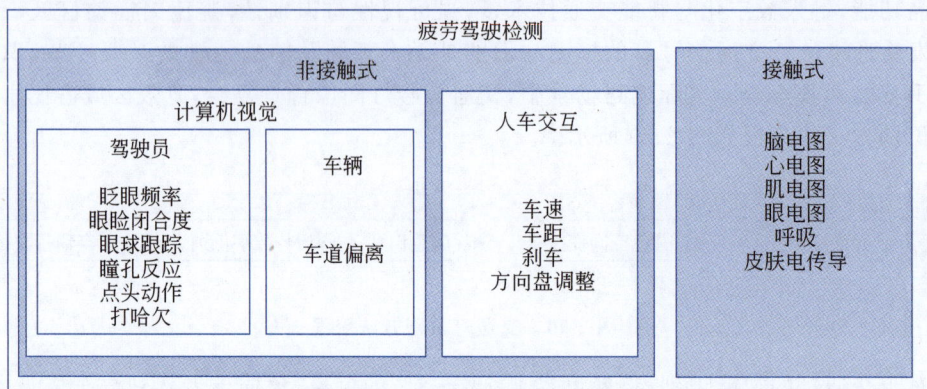

图 2.21　疲劳驾驶检测主要方法

反映疲劳，如驾驶员可在眼睑正常睁开时进入微睡眠状态。

- 基于计算机视觉作用于车辆本身：在车头部放置摄像头拍摄车辆在车道中的位置，通过车道偏离数据判断疲劳。其缺点是拍摄画面受光线和天气影响大，路面分割线不清晰时难以分析，但实现相对容易。

- 基于人车交互特性：计算机通过传感器获取行车参数，如车速、车距、刹车、方向盘调整等，判断驾驶员是否疲劳。不过从方向盘动作判断效果不理想，受路况影响大，在平直高速公路上易误报。

② 接触式检测。驾驶员需佩戴接触身体的传感器采集生理信号，如脑电图、心电图、肌电图、眼电图、呼吸、皮肤电传导等。理论上生理信号能更准确指示疲劳，且可在疲劳前预测，提供更充分预警时间。但驾驶员身体动作会增加测量信号伪迹和噪声，降低检测准确度，需采用先进信号处理滤波算法。同时，驾驶员佩戴传感器可能感觉不适，如今部分方案采用无线技术传输信号，或将传感器植入方向盘、座椅。当前疲劳驾驶检测面临多种输入信号无法单独可靠判断疲劳状态的问题，未来研究方向包括挖掘疲劳特征、采用信号融合以及实现自适应在线学习。

3. 智能停车场

智能停车场是智能交通的重要组成部分，计算机视觉技术是建设重点。通过摄像机获取外界景物图像，计算机分析理解图像，确定可用停车数量。该方案使用特定摄像头，具有灵活性，利用人工智能技术可根据项目要求定制，提供高精度结果。停车可用性数据、车牌信息、实时监控等可在移动或网络平台发布。与传统基于地面安装传感器的停车解决方案相比，基于计算机视觉的系统具有灵活性、可定制、能组合多项技术、能发出安全警报、识别率高、适应不同环境、可操作性强等优点，已通过测试并可集成到其他停车运营商平台。

💬 思考与探索

未来的交通会是怎样的呢？会不会像《未来警察》里那样，天空中到处开着飞船呢？

2.7.4　智慧农业

2.7.4.1　作物和土壤监测

土壤中的微量和常量营养素是作物健康和产量质量的关键因素。通过监测作物的生长阶段以及了解作物与环境之间的相互作用,可以优化生产效率。传统上.土壤质量和作物健康是通过人类观察和判断来确定的,但这种方法不准确且不及时。现在,利用无人机捕获航拍图像数据,并将其用于智能监测作物和土壤情况已成为现实。

人工智能可以对这些航拍图像数据进行分析和解释,实现以下功能。

① 跟踪作物健康:利用计算机视觉模型,可以准确监测作物的生长状态,及时发现作物的营养不良、疾病或害虫侵害等问题。

② 做出准确的产量预测:通过分析航拍图像数据和相关数据,人工智能可以预测作物的产量,并帮助农民做出合理的决策和规划。

③ 发现作物营养不良:人工智能技术能够快速处理大量的航拍图像数据,从中提取关键的作物营养信息。通过与专家制定的营养指标进行对比,人工智能能够准确和快速地识别出作物的营养不良情况。

④ 观察作物成熟度:计算机视觉模型在准确识别作物生长阶段方面比人类观察更具优势。农民不再需要长途跋涉到田间进行频繁的观察,而是依靠人工智能快速了解作物的成熟度,从而更好地管理农作物。图 2.22 为西红柿成熟度检测。

图 2.22　西红柿成熟度检测

⑤ 土壤检测分析:土壤中的有机物对作物的生长至关重要。传统的土壤评估方法需要农民采集样本并送至实验室进行耗时耗力的分析。然而,研究人员使用计算机视觉模型分析手持显微镜图像数据后发现,其对含沙量和有机物的估计准确性与实验室的分析结果相当。因此,通过计算机视觉,可以消除作物和土壤监测的大量困难和费时体力劳动,并且在很多情况下,算法模型比人类分析更准确、更可靠。

2. 昆虫和植物病害检测

利用基于深度学习的图像识别技术,我们现在可以实现植物病虫害的自动化检测。这项工作结合图像分类、检测和图像分割方法,构建了可以对植物健康进行密切关注的模型。

研究人员在苹果黑腐病图像上训练了深度卷积神经网络,该网络根据植物学家对疾病严重程度的四个主要阶段进行了标注。研究表明,这种基于人工智能的模型能够以高达90.4%的准确率识别和诊断病害的严重程度。

此外,研究人员还采用改进的YOLOv3算法,应用于番茄植株上多种病虫害的检测。他们使用数码相机和智能手机在番茄温室中拍摄照片,并确定了12种不同的病虫害案例。经过对具有不同分辨率和特征大小的图像进行训练,这一模型实现了高达92.39%的病虫害检测准确率,并且检测时间仅为20.39ms。

另外,还开发了计算机视觉系统用于昆虫检测,可以判断作物中是否存在害虫,并对害虫数量进行计数。该模型基于YOLO算法的对象检测和粗计数方法,以及使用全局特征的支持向量机的分类和精细计数方法。研究结果显示,该模型能够以90.18%的准确率识别蜜蜂、苍蝇、蚊子、飞蛾、金龟子和果蝇,并以92.5%的准确率进行计数。图2.23为植物害虫检测。

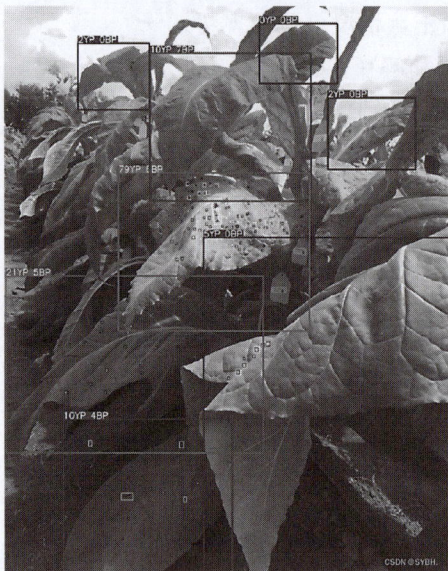

图 2.23　植物害虫检测

3. 牲畜健康监测

人工智能的计算机视觉算法在农业中具有广泛的应用潜力。它可以实现动物的计数、疾病检测、异常行为识别和重要活动的监控。通过结合摄像机和无人机数据收集等技术,管理人员可以更全面地了解动物的健康状况和行为情况,为农业生产提供更有效的决策支持。

(1)动物的计数:可以识别并记录在特定区域内出现的动物数量,无须人工干预,从而提供准确、高效的动物计数结果。

(2)疾病检测:通过分析动物的外观特征和行为模式,能够及时识别出患有疾病的个体,并通知管理人员进行相应的治疗和预防措施,减少疾病在动物群体中的传播。

(3)异常行为识别:人工智能的计算机视觉技术可用于识别动物的异常行为,例如,异常的移动模式或特定行为的异常频率。

(4)重要活动监控:通过将计算机视觉技术与摄像机和无人机数据收集相结合,管理人员可以定期监控动物的活动。

4. 生产分级和分类

基于人工智能的计算机视觉技术在农业中具有广泛的应用前景。计算机视觉技术可以通过检测水果和蔬菜的大小、形状、颜色和体积来自动进行分类和分级。相比受过训练的专业人员,计算机视觉在准确性和速度方面表现更加出色。这一技术不仅帮助管理人员节省了大量繁重的体力劳动,还提高了农产品的质量和品质。

此外,计算机视觉技术能够快速准确地发现农作物中的疾病,有助于管理人员及时采取相应的防治措施。配备了计算机视觉的无人机还可以自动在田间均匀地喷洒杀虫剂或化肥。通过实时识别目标喷洒区域,无人机能够在喷洒面积和喷洒量方面实现高精度的作业。这种技术的应用显著降低了对农作物、人类、动物和水资源的污染风险。

2.7.5　智慧商务

人工智能已在金融、医药、运输、通信等多领域彰显重要价值,在电子商务领域同样成果显著。过去十多年,我国电商行业迅猛发展,给消费者带来极大便利。为提升运营效率与服务质量,各电商平台积极探索创新,以满足消费者需求。人工智能技术在电商中的应用,为其开拓了新思路、新模式,为电商行业价值提升创造了新可能。

2.7.5.1　智能推荐

推荐系统最早应用于电商,通过提供商品信息和建议辅助用户决策,模拟销售过程。个性化推荐基于用户兴趣和购买行为推送商品,通过采集分析数据决定推送内容。早期仅依据用户行为推荐,随着计算机性能提升和数据量增加,协同过滤技术使推荐系统发生重大变革,它将物品关联引入评价体系,推送更精准。

推荐系统由用户建模、推荐对象建模、推荐算法三大模块组成。通过匹配用户与推荐对象的模型信息,用算法筛选出用户可能感兴趣的对象并推荐。智能推荐方法多样,包括基于内容、基于协同过滤、基于深度学习推荐等。

基于内容的推荐依据项目内容进行,无须用户评价,常借助机器学习获取用户兴趣,如基于产品流行度推荐。商城因保护用户隐私或追求便捷性无法获取用户信息时,需采用非个性化推荐,可依据产品评论数、好评数等多维度计算流行度和评分并排序,推荐排名高的产品。

基于协同过滤的推荐技术应用早且很成功,它分为用户协同和物品协同。用户协同计算用户相似度,用最近邻技术依据历史喜好算距离,以邻居用户评价加权预测目标用户喜好来推荐。如多个用户都喜欢某些商品,可将部分用户喜欢的其他商品推荐给另一用户,其优点是对推荐对象无特殊要求,能处理复杂非结构化对象。物品协同依据同一用户对不同物品打分差异算物品距离,该距离较稳定,系统可预先计算生成推荐结果。

基于深度学习的推荐效果优于传统算法。实际应用中,可根据不同场景用不同节点划分"会话"。如支付完成后的推荐页面,按"购买"行为划分会话节点,兼顾用户长短期偏好,以长期购买等有效行为判断稳定偏好,依短期浏览等行为判断短期爱好,综合考虑用户与产品的联系。

1. 智能推荐引擎

推荐引擎是依托算法框架构建的完整推荐系统,运用深度学习算法,基于海量数据剖析消费者搜索、浏览及购买行为,预测哪些产品能激发消费者购买欲,将合理购买建议推至消费者个人页面,提供个性化推荐服务。像阿里巴巴、京东等电商公司借此分析产品受众。借助大数据、贝叶斯算法等可实现智能推荐,降低用户选择成本,主要方式如下。

① 兴趣推荐:依据搜索、已购和浏览记录,运用相似品、互补品算法及高频、低频分析等。

② 活跃性推荐:按用户访问时间推测使用场景来推荐。

③ 位置推荐：检查用户是否处于线下商圈，推荐相关店铺。

④ 社交推荐：根据好友关系与社交行为猜测用户所需商品。

2. 图片智能搜索

在电商中，搜索连接着消费者需求与平台商品展示。但因消费者对商品精准性要求提高，文本搜索难满足需求。借助计算机视觉和深度学习技术，消费者上传感兴趣商品图片，人工智能便能依图片中产品的款式、颜色、品牌等特征，推荐同款或相似商品销售入口。这一应用打通商品线下到线上通道，大幅缩短搜索时间，降低用户时间成本，提升体验。

3. 人工智能客服

智能客服机器人融合机器学习、大数据、自然语言处理、语义分析理解等多项人工智能技术，能自动回复顾客咨询，识别顾客发送的文本、图片、语音，响应简单语音指令，从而可以有效削减人工成本、提升服务质量、优化用户体验，最大程度留存夜间流量，还能替代人工客服处理重复性问题。京东 2012 年下半年上线智能机器人 JIMI，服务用户破亿，2016 年 9 月开放平台；2017 年 3 月阿里巴巴发布"店小蜜"，面向淘系商家，经调试授权可减少人工客服工作量，确保消息及时回复。预计 2025 年，95％ 客户互动将由人工智能驱动。

4. 库存智能预测

多渠道库存管理是电商行业难题。库存不足致客户流失、体验降低，补货耗时影响商家收入；库存过多则增加库存空间需求，面临积压风险与资金压力。库存智能预测可识别订单周转关键因素，通过模型计算其对产品周转和库存的影响，且模型能随时间学习，让库存预测更精准。

5. 理解趋势和读懂消费者

大量用户信息藏于浏览图片中，可据此学习某品类流行趋势（如规格、风格、颜色材质等），这对商品生产者及平台与供货商谈判意义重大。随着社会发展，人们追求个性化需求，电商借助大数据、贝叶斯算法等人工智能技术，实现智能推荐与个性化服务，如依据消费者搜索、已购、浏览记录兴趣推荐，依据访问时间活跃性推荐，依据位置信息推荐周边商圈店铺，通过社交行为和好友关系推断商品需求。

2.7.5.2　信息茧房

人工智能发展迅速，但因技术应用存在不确定性，在电商、新闻等多行业应用时，出现了信息茧房、算法合谋等问题与挑战。

1. 数据分析画出"用户画像"

智能推荐通过数学算法推测用户兴趣爱好并自动推荐感兴趣内容。基于大数据分析，算法推荐能快速精准匹配信息，提升用户获取信息效率，如今日头条客户端会分析用户兴趣推送内容。

算法推荐满足用户个性化、定制化需求，很多网络平台能分析用户个性化特征，依据浏览记录、阅读习惯画出"用户画像"，再精准推送关联信息，使客户端呈现"千人千面"。

算法推荐应用广泛，不仅基于大数据分析，还能通过机器学习优化。依据用户使用痕迹，更全面勾勒消费画像，动态掌握用户最新"画像"。用户画像元数据采集如图 2.24 所示。

用户画像元数据采集

- 采集目标
  - 理解用户特征
  - 实现用户细分
  - 预测用户行为
- 元数据类型
  - 人口统计学数据
    - 年龄
    - 性别
    - 地域
    - 职业
    - 收入水平
  - 行为数据
    - 浏览行为
    - 搜索行为
    - 购买行为
    - 社交行为
  - 兴趣爱好数据
    - 内容偏好
    - 娱乐活动偏好
    - 品牌偏好
  - 心理与态度数据
    - 生活方式
    - 价值观
    - 对产品的态度
- 采集方法
  - 第一方数据采集
    - 网站与App日志记录
    - 用户注册与问卷调查
    - 客户关系管理系统（CRM）
  - 第二方数据采集
    - 合作伙伴数据共享
  - 第三方数据采集
    - 数据服务提供商
    - 社交媒体数据挖掘
- 采集流程
  - 确定采集需求
  - 选择采集工具与技术
  - 数据采集实施
  - 数据清洗与预处理
  - 数据存储与管理
- 质量控制
  - 数据准确性
  - 数据完整性
  - 数据一致性
  - 数据时效性
- 隐私与安全
  - 法律法规遵循
  - 数据加密
  - 访问权限管理

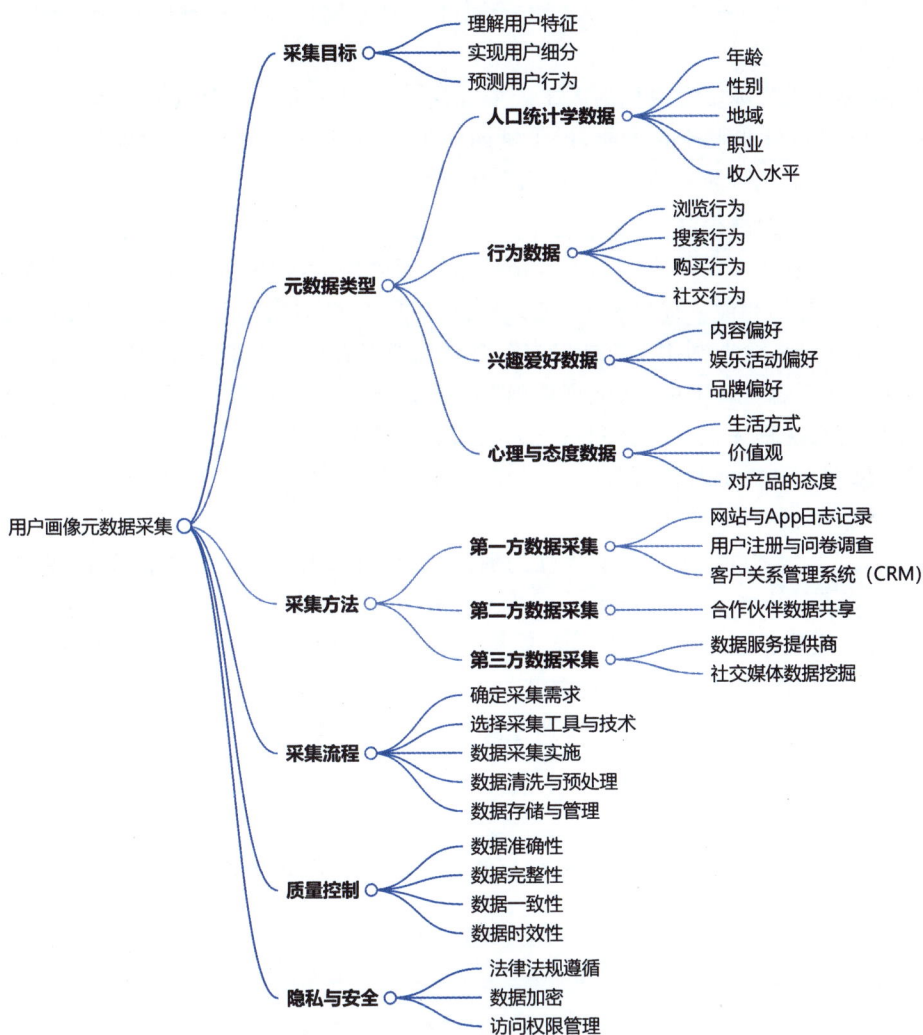

图 2.24　用户画像元数据采集

2. 过度迎合用户形成"信息茧房"

算法推荐技术在移动互联网时代备受重视,但也带来问题。"信息茧房"就是其中之一。

信息个性化推荐虽能快速匹配用户与信息,降低获取精准信息成本,但用户易过滤不感兴趣信息,强化固有偏见和喜好。算法推荐不断推送感兴趣内容,收窄用户信息选择面,以兴趣为用户筑起"墙",形成"信息茧房",限制了用户视野。

2.7.5.3　大数据杀熟

大数据杀熟指平台企业收集、追踪用户数据,利用数据挖掘对有黏性用户歧视性定价获取差额利润,表现为同一商品或服务,会员定价高于普通用户,普通用户定价高于新用户和潜在用户。

其逻辑是企业获取用户行为数据,分析消费偏好等信息建立用户画像,归类用户实施不同营销手段。用户画像分析个人多方面属性并打专属标签,结合机器学习和人工智能可精准营销。

"大数据杀熟"基于大数据的人工智能算法。"人工智能 + 大数据技术"是双刃剑,虽有提升效率和精准服务的可能,但也被网络平台用于侵蚀"消费者剩余",对不同用户不同定价,出现老用户价格高、会员价高等怪现象。

2.7.5.4 "大数据杀熟"的技术隐忧

数字时代,基于海量数据和高效算法的数据挖掘技术,为平台企业精准识别消费者偏好、需求、支付意愿和能力提供支持,助其提供精准、个性的商品和服务。但同时,数据和算法也可能让平台企业利用"信息权力",对终端消费者进行剥削性、歧视性定价。

与很多人观念中认为的"大数据杀熟"是"千人千面千价格"的逻辑有所不同,"大数据杀熟"是特定算法程序批量分析和执行的结果。只要符合设定特征的用户群体就会被程序筛选出来并受到类似对待,因此虽一定程度上体现了"个性化定价"特质,但实际上具有批量化、数据化、平台化特征。

其实,由于"大数据杀熟"具有极强的数据依赖特性,因此在平台自行收集和追踪用户数据之外,数据进行标签化归类后还可能进行再次交易。所以在数据标签化时代,不仅单个平台上的"大数据杀熟"现象值得警惕,跨场景、跨类型的平台间利用数据挖掘技术对特定标签的用户群体进行歧视化定价甚至达成"算法共谋"的情形更加令人担忧。因为后一种情形中,用户所受到的差异化待遇是跨越平台和场景的,具有更强的隐秘性。

💬 **思考与探索**

"大数据杀熟"如何监管与治理?如何通过技术手段和法律法规来规范大数据杀熟现象?

2.8   人工智能伦理

人工智能伦理是指在人工智能技术的应用过程中,对于人类价值观、道德规范、法律法规等方面的考虑和规范。它旨在确保人工智能技术的应用符合人类的道德标准和价值观,保障人类的利益和安全。从本质上讲,人工智能伦理源于计算机伦理、大数据伦理,是应用伦理学的一个新分支。

2.8.1   人工智能伦理的发展

在现实应用之前,人工智能以"机器人"形象活跃于文学作品,常被赋予伤害人类的异化性质,反映出人类对其强大力量可能反噬自身的深层忧虑。1942 年,艾萨克·阿西莫夫在小说《转圈圈》中提出机器人三大法则,1985 年《机器人与帝国》里又增"第零法则",共同构成四大法则:第零法则指机器人不得伤害整体人类,或坐视整体人类受伤害;

第一法则是除非违背第零法则,否则机器人不得伤害人类,或坐视人类受伤害;第二法则为除非违背第零或第一法则,否则机器人必须服从人类命令;第三法则是除非违背第零、第一或第二法则,否则机器人必须保护自己。这四大法则成为科幻文学中人与人工智能关系伦理的标准设定。

1956 年诞生的人工智能,发展历经多次起伏。2016 年 3 月 AlphaGo 赢得人机围棋大战后,成为国际竞争焦点,各国纷纷出台战略支持。我国国务院 2017 年 7 月发布的《新一代人工智能发展规划》提出制定相关法律法规和伦理规范等;2019 年 6 月我国国家新一代人工智能治理专业委员会发布《新一代人工智能治理原则——发展负责任的人工智能》;2021 年 9 月发布《新一代人工智能伦理规范》;2022—2023 年相继发布《关于加强科技伦理治理的意见》《科技伦理审查办法(试行)》;2023 年 7 月国家网信办等发布《生成式人工智能服务管理暂行办法》;10 月中央网信办发布全球人工智能治理倡议,强调各国平等发展利用权利,阐述中国治理方案。

联合国积极推动全球 AI 伦理规范,2021 年 11 月发布《人工智能伦理建议书》,是全球首个针对人工智能伦理的规范框架。世界卫生组织 2021 年 6 月发布《世界卫生组织卫生健康领域人工智能伦理与治理指南》。2024 年 3 月 13 日,欧洲议会通过欧盟《人工智能法案》,是全球首部全面监管人工智能的法规。

2.8.2　发展人工智能对社会的利与弊

在当今时代,人工智能正以前所未有的速度融入人类社会,其对人类发展的重要性不言而喻。不可否认,发展人工智能对人类社会意义重大,它既带来了诸多机遇,也伴随着一些挑战。

从积极的方面来看,人工智能为商业和制造业的发展注入了强大动力。凭借其高度的准确性和高效性,人工智能能够大幅提升公司和工厂的生产潜力。在生产过程中,它可以让人们从烦琐、重复的周期性任务中解脱出来,减少对大量劳动力的依赖,从而优化生产流程,降低成本。此外,人工智能的应用领域极为广泛,不仅局限于经济领域,在维护人类健康、保障人身安全等方面也发挥着重要作用。

在人们的日常生活中,人工智能带来的便利随处可见。无人驾驶技术便是其中最显著的成果之一,它的出现不仅为人们的出行提供了更多选择,还为那些行动不便的人带来了出行的希望。同时,人工智能推动了社会休闲形式的创新,智能手机拉近了人与人之间的距离,3D、4D 图像技术更新了人们的视觉体验,智能天气预报能够更精准地预测自然灾害,让人们提前采取措施,减少伤亡。

在知识社会,大数据成为关键的交流手段,人工智能深刻改变了人们获取信息的方式。如今,人们在生活的各个方面都受到人工智能的影响,饮食、服装的选择往往在大数据的指导下进行。人工智能通过收集用户的浏览数据,精准推送符合用户需求的内容,极大地提高了生活效率。而且,随着生活方式的变革,人们拥有了更多的闲暇时间。

然而,我们也不能忽视人工智能带来的挑战。在经济领域,人工智能促使企业创业结构发生变化,进而影响就业、工资和收入分配模式。新的人工智能驱动的职业能否满足人们的就业需求尚不明确,这无疑给社会就业带来了不确定性。更为严峻的是,人工智能可能对人类构成潜在威胁。当人工智能不断发展强大,模拟人类大脑活动并创造新机制时,它有可能超越和取代人类的工作,甚至否定人类的存在价值,这无疑将是一场巨大的灾难。传统服务行业就是受人工智能冲击的典型代表,大量重复性的服务工作正逐渐被智能机器所取代。

综上所述,人工智能是一把双刃剑。若能合理利用,其带来的利益将远超弊端。人类在享受人工智能带来便利的同时,必须确保对其拥有绝对控制权,通过预先设计的有限程序对其进行约束。正如"AlphaGo之父"哈萨比斯所言,正确使用人工智能需遵循两个原则:一是要让人工智能造福全人类,杜绝用于非法用途;二是人工智能技术不能被少数公司和少数人垄断,必须实现共享。只有这样,才能让人工智能成为推动社会科学发展的强大引擎,引领人类社会走向更加美好的未来。

2.8.3　人工智能伦理的主要问题

当前,人脸识别、辅助驾驶、算法推荐是人工智能应用广泛、问题集中的领域,但也存在一些问题。

(1)隐私泄露问题引发的侵权性风险:人工智能系统从设计研发到部署各环节,尤其数据采集时易泄露隐私。如医院就诊提供的个人病理信息,第三方服务商未经授权采集的用户数据,会给用户带来隐患。训练大模型的数据来源广泛,实际应用中未经许可使用他人数据可能侵权。

(2)算法推荐问题引发的歧视性风险:算法以强大能力强化自身权威,却因复杂晦涩和"客观中立"拒绝质疑,重构社会运作规则。作为人类思维外化,算法各环节有人为因素,易继承社会结构型偏见,设计者成见嵌入会放大歧视倾向。利益团体资本嵌入也是原因,如"大数据杀熟",商家利用算法为不同人群动态定价,消费者无力反抗。

(3)权责归属问题引发的责任性风险:人工智能辅助或代替人类决策,冲击传统社会关系,带来权责归属难题。如自动驾驶事故责任划分,我国《侵权责任法》在有驾驶人、自动驾驶无人为控制、有人机混合因素等不同情况下,分别有不同判定思路。

(4)技术滥用问题引发的社会性风险:网络犯罪分子利用"深度伪造"技术进行欺诈,AI客服电信诈骗危害大。深度伪造的音视频以假乱真,冲击"眼见为实"的认知。世界经济论坛《2024年全球风险报告》将AI生成错误、虚假信息列为"未来两年全球十大风险"之首,担心其恶化全球形势。

2.8.4　人工智能伦理的典型案例

(1)中国人脸识别第一案——浙江理工大学的某教授状告杭州野生动物世界:2019年4月,郭教授购买杭州野生动物世界年卡,合同约定指纹入园。10月园区通知升级为人脸识别,不注册无法入园且不退费。郭教授认为人脸识别收集个人敏感信息,协商无果后起诉。2020年11月,法院一审判决园区删除郭教授面部特征信息,赔偿损失。

（2）滴滴数据泄露：2022 年 7 月，网信办查明滴滴存在多项违法收集用户信息行为，如收集手机相册截图、过度收集乘客和司机各类信息等，对滴滴及相关负责人处以高额罚款。

（3）美国首起 AI 招聘歧视案：2022 年 5 月，美国平等就业机会委员会起诉 iTutorGroup 旗下三家公司，因其 AI 招聘软件算法自动拒绝年龄较大应聘者，被判赔 36.5 万美元。

（4）Facebook AI 种族歧视，误将黑人标记为灵长类动物：Facebook 用户观看黑人视频时收到 "继续观看有关灵长类动物的视频" 的推荐提示，2015 年 Google Photos 也曾将黑人照片标记为 "大猩猩"，Google 公司后续直接删除相关标签。

（5）AI 申请专利遭拒：2020 年，Stephen Thaler 博士的 DABUS 系统自行设计作品，他为其申请专利遭多国拒绝。2021 年南非率先承认 AI 专利权，澳大利亚随后也有相关裁决，但 2023 年 4 月美国最高法院驳回 Stephen Thaler 博士诉讼，认定专利只能颁发给人类发明者。

（6）自动驾驶安全事故频出：2018 年 3 月，Uber 自动驾驶测试车辆撞死行人，安全员未尽责。事故原因复杂，车辆识别系统存在问题，且禁用紧急制动系统。2023 年 7 月，安全员认罪。此事故引发对自动驾驶责任归属争议，对行业影响巨大，丰田、Uber 等暂停相关测试。

（7）"AI 换脸" 诈骗：2023 年 5 月，包头市发布一起 AI 诈骗案，骗子利用智能 AI 换脸和拟声技术，通过微信视频佯装好友，骗走郭先生 430 万元。

2.8.5　人工智能伦理规范与职业道德

1. 早期探索阶段（萌芽期：20 世纪 60 至 90 年代）

在人工智能技术萌芽与初步发展时期，伦理问题与职业责任意识随技术应用逐步显现。1962 年中国计算机学会（CCF）成立，其 "推动学术进步、服务国家发展" 的宗旨蕴含职业素养要求。尽管尚未形成专门的 AI 伦理规则，但通过组织技术伦理研讨会（如军事、医疗领域技术应用伦理研讨），初步构建了 "技术服务人类" 的价值共识，奠定了职业伦理的思想基础。例如，CCF 倡导从业者在医疗诊断系统开发中保持审慎态度，避免技术滥用损害公众利益。20 世纪 70 年代，美国斯坦福大学、麻省理工学院等高校率先开展 AI 伦理研究，提出 "技术开发者需对应用后果负责" 的责任理念。部分企业制定内部指南，要求医疗诊断系统标注算法局限性，体现行业自律雏形。然而，全球范围内系统性伦理研究仍处于起步阶段，职业规范多通过学术讨论和行业共识传递，如学者呼吁关注 AI 对就业结构的潜在冲击，强调技术研发需兼顾社会影响评估。

2. 发展积累阶段（制度构建期：21 世纪初至 2020 年代初）

随着 AI 技术向社会各领域渗透，职业道德建设从 "理念倡导" 转向 "制度构建"。我国在 2018 年颁布的《中华人民共和国电子商务法》中对个性化推荐算法合规性提出要求，禁止数据垄断；2021 年《中华人民共和国个人信息保护法》确立 "最小必要" 数据收集原则，明确数据处理环节的职业责任。2021 年 CCF 成立职业伦理与学术道德委员会，发布

《中国计算机学会职业伦理与行为守则》，系统界定"保护数据隐私""确保算法透明""拒绝技术滥用"等核心准则。例如，守则要求人脸识别系统嵌入用户知情同意机制，并建立数据泄露应急响应流程。

欧盟 2018 年发布的《人工智能伦理准则》，将"人类能动性"列为核心原则，要求自动化决策系统保留人工干预权限。德国某银行在信用评估算法中强制人工复核，避免机器决策完全替代人类判断。美国电气与电子工程师协会（IEEE）制定《人工智能设计的伦理准则》，建立"伦理认证"培训体系，要求从业者通过公平性、安全性等模块考核。2019 年某自动驾驶公司因伦理培训缺失导致事故后，IEEE 将"风险场景模拟"纳入必修内容，推动培训标准化。

3. 快速推进阶段（全周期管理期：2020 年代初至 2024 年）

大模型等前沿技术推动职业责任边界拓展，规范从"单一环节约束"转向"全生命周期管理"。2021 年《新一代人工智能伦理规范》要求研发者开展技术伦理影响评估，管理者建立伦理审查委员会。某科技企业在教育类 AI 产品中设立专职伦理专员，审查算法偏见并定期提交伦理报告。2024 年《网络数据安全管理条例》增设生成式 AI 专条，要求训练数据合规审计，推动建立"数据追溯－风险分级－效果评估"全链条责任体系。

欧盟的《人工智能法案》按风险分级监管，其中高风险领域（如医疗诊断 AI）从业者须通过第三方伦理认证，企业需公开算法决策逻辑。2023 年荷兰某医疗科技公司因未认证被处罚后，联合制定《医疗 AI 从业者职业道德手册》，细化患者数据匿名化、人机协作责任划分等操作指南。美国科技企业（如谷歌公司、微软公司）签署《人工智能研发责任承诺书》，承诺大模型训练前开展社会影响评估，建立"技术误用预警"机制，强化行业自律。

4. 持续完善阶段（精准治理期：2025 年至今及未来）

2025 年 3 月《人工智能生成合成内容标识办法》出台，标志着职业道德规范进入"精准化"阶段。CCF 等机构拟推出"人工智能伦理师"职业资格认证，课程涵盖算法公平性测试、伦理审查设计等实操技能，针对生成式 AI 增设"深度伪造内容识别与规避"模块。行业协会计划建立"人工智能职业道德案例库"，收录典型案例（如 2024 年某公司 AI 招聘算法歧视案后引入伦理委员会修正模型的案例），提供具象化实践参考。中、欧、美推动跨国伦理互认体系，IEEE 与 CCF 合作开发《全球人工智能从业者伦理指南》，明确跨境数据流动、技术标准冲突等场景的责任划分，促进创新与合规的全球平衡。

从基于学术共识到形成多维制度约束，人工智能职业道德建设始终遵循"技术发展与价值引导同步"的逻辑。未来，随着人机协作深化，从业者责任将从"个体行为规范"升级为"系统性伦理构建"——需在技术设计与应用决策中主动融入人类福祉考量，确保 AI 始终沿伦理轨道赋能社会。

基础知识练习

1. 人工智能的定义是什么？请简要描述人工智能的核心目标。
2. 图灵测试是如何判定机器是否具有智能的？请简述其测试过程。

3. 人工智能的三大核心要素是什么？请简要说明每个要素的作用。

4. 什么是深度学习？它与传统的机器学习有何不同？

5. 机器视觉系统的主要组成部分有哪些？请简要说明每个部分的功能。

6. 自然语言处理(NLP)的主要任务是什么？请列举几个常见的 NLP 应用场景。

7. 知识图谱的构建过程包括哪些步骤？请简要描述每个步骤的主要内容。

能力拓展与训练

一、实践与探索

1. 假设你正在设计一个基于人工智能的智能客服系统,请结合自然语言处理和知识图谱技术,描述该系统的主要功能和工作流程。

2. 假设你正在开发一个智能推荐系统,请结合机器学习和知识图谱技术,描述如何利用用户行为数据和知识图谱来提升推荐的准确性。

3. 设计一个基于深度学习的医学影像分析系统,用于早期肺癌检测。请描述其工作流程。

二、角色模拟

1. 假如你是一名人工智能研究员,正在研究如何改进图灵测试以更好地评估机器的智能水平。请设计一个新的测试方案,并解释其如何克服传统图灵测试的局限性。

2. 假如你是一家电商公司的数据技术人员,负责利用机器学习算法提升商品推荐的准确性。请描述你将如何选择合适的数据集、特征提取方法以及机器学习模型,并解释这些选择如何帮助提升推荐系统的性能。

3. 假如你是一名智能机器人设计师,负责设计一款用于家庭服务的智能机器人。请描述你将如何选择传感器、设计导航系统和路径规划算法,并解释这些技术如何帮助机器人在复杂环境中自主工作。

第3章 人工智能之算法思维

3.1 算法的概念

1976 年,瑞士苏黎士联邦工业大学的科学家 Niklaus Wirth(Pascal 语言的发明者,1984 年图灵奖获得者)发表了专著,其中提出了公式"程序=算法+数据结构"(Programs=Algorithms+Data Structures),这一公式指出了程序是由算法和数据结构有机结合构成的。程序是完成某一任务的指令或语句的有序集合;数据是程序处理的对象和结果。就像我们写文章,文章=材料+构思,构思是文章的灵魂,同样算法是程序的灵魂,也是计算的灵魂,在计算思维中占有重要地位。

计算机是用于问题求解和数据处理的现代化工具,但无法直接自动求解问题,需将问题求解步骤编写成程序,让计算机按序执行,而设计高水平程序的基础是良好的算法设计。

计算旨在解决问题,问题求解过程中所采用的方法、思路和步骤即为算法。算法是计算机科学及程序设计的关键内容,计算是算法的具体实现,如同前台程序;算法是计算过程的体现,类似后台进程,二者紧密相连。

计算机算法助力人类解决诸多问题,如 MP3 播放器等靠音频 / 视频压缩算法节省空间,GPS 导航仪利用最短路径算法规划路线。众多图灵奖授予了在算法设计与分析上有突出成就的科学家。

算法不仅是计算机科学的分支,更是其核心,是问题求解的灵魂,在计算机科学技术,尤其是人工智能领域占据核心地位,因此有人称"得算法者得天下"。

3.1.1 什么是算法

做任何事情都有一定的步骤。例如,学生考大学,首先要填报名单,交报名费,拿准考证,然后参加全国高考,得到录取通知书,到指定大学报到。又如,网上预订火车票需要如下步骤:第一步登录中国铁路客户服务中心(12306 网站),下载根证书并安装到计算机上;第二步到网站上注册个人信息,注册完毕,到信箱里单击链接,激活注册用户;第三步进行车票查询;第四步进入订票页面,提交订单,通过网上银行进行支付;第五步凭乘车人居民身份证原件到全国火车站的任意售票窗口、铁路客票代售点或车站自动售票机上办理取票手续。

人们从事各种工作和活动,都必须事先想好进行的步骤,这种为解决一个确定类问题而采取的方法和步骤就称为"算法"(Algorithm)。算法规定了任务执行或问题求解的一系列步骤。菜谱是做菜的"算法";歌谱是一首歌曲的"算法";洗衣机说明书是洗衣机使用的"算法"等。

生活中我们常用的算法大致分类举例如下。

(1) 搜索引擎:谷歌等搜索引擎的核心竞争力是复杂排序算法,能综合分析网页内容、链接结构、用户行为等因素,提供相关有用结果。谷歌算法始于 1997 年拉里·佩奇在斯坦福读博时开发的 PageRank,其创新在于复制互联网到本地数据库,分析网页链接,基于链接数量、重要性及锚文本(类似超链接,将关键词链接到其他网页)对网页受欢迎程度评级,借网络集体智慧确定有用网站。

(2) 推荐系统:亚马逊、Netflix 等电商和视频流媒体平台依赖先进推荐算法,通过分析用户购买、观看、浏览等数据,推荐感兴趣商品或视频,有效提升用户满意度和忠诚度,促进平台商业成功。

(3) 自动驾驶:自动驾驶汽车的技术核心是决策和控制算法,需实时处理摄像头、雷达等传感器数据,识别道路标志、行人、车辆等障碍物并决策,算法性能关乎汽车安全性和可靠性。

(4) 人工智能助手:Siri、小度等智能语音助手及智能客服系统依靠自然语言处理和机器学习算法,能理解用户语音或文本输入,识别意图并提供服务,算法优化可提升助手智能水平和用户体验。

(5) 金融风控:在金融领域,算法广泛用于风险评估、欺诈检测和信用评分等,通过分析大量交易和用户行为数据,识别潜在风险点和欺诈行为,为金融机构提供决策支持。

算法无处不在,从日常点击、购物,到卫星、潜艇等,我们当下及未来的世界都建立在算法之上。

3.1.2　算法的分类

按照所使用的技术领域,算法可大致分为基本算法、数据结构算法、数论与代数算法、计算几何的算法、图论的算法、动态规划以及数值分析、加密算法、排序算法、检索算法、随机化算法、并行算法、随机森林算法等。

按照算法的形式,可分为以下 3 种。

(1) 生活算法:完成某一项工作的方法和步骤。

(2) 数学算法:对一类计算问题的、机械的、统一的求解方法,如求一元二次方程的解、求圆面积、求立方体的体积等。

(3) 计算机算法:对运用计算思维设计的问题求解方案的精确描述,即一种有限、确定、有效并适合计算机程序来实现的解决问题的方法。

比如,回忆一下,人们玩扑克时,如果要求同花色的牌放在一起而且从小到大排序,人们一般都会边摸牌边把每张牌依次插入合适的位置,等把牌摸完了,牌的顺序也排好了。这个摸牌过程,也是一种算法。计算机学科就可以把这种生活算法转化成了计算机算法,称为插入排序算法。

3.1.3　算法的特征

一个算法应该具有以下 5 个重要的特征。

(1) 确切性:算法的每一个步骤必须具有确切的定义,不能有二义性。

(2) 可行性:算法中执行的任何计算步骤都是可以被分解为基本的、可执行的操作步骤,即每个计算步骤都可以在有限时间内完成(也称为有效性)。

(3) 输入项:一个算法有 0 个或多个输入,以刻画运算对象的初始情况,所谓 0 个输入是指算法本身设定了初始条件。

(4) 输出项:一个算法有一个或多个输出,以反映对输入数据加工后的结果。没有输出的算法是毫无意义的。

(5) 有穷性:一个算法必须保证执行有限步后能结束。

例如,操作系统是一个在无限循环中执行的程序,因而不是一个算法。但操作系统的各种任务可看成单独的问题,每一个问题由操作系统中的一个子程序通过特定的算法来实现。该子程序得到输出结果后便会终止。

3.2　算法的设计与分析

3.2.1　问题求解的步骤

人类解决问题的方式是当遇到一个问题时,首先从大脑中搜索已有的知识和经验,寻找它们之间具有关联的地方,将一个未知问题进行适当的转换,转化成一个或多个已知问题进行求解,最后综合起来得到原始问题的解决方案。让计算机帮助我们解决问题也不例外。

(1) 建立现实问题的数学模型:首先要让计算机理解问题是什么,这就需要建立现实问题的数学模型。前面提到,在计算思维中,抽象思维最为重要的用途是产生各种各样的系统模型,作为解决问题的基础,因此建模是抽象思维更为深入的认识行为。

(2) 输入输出问题:输入是将自然语言或人类能够理解的其他表达方式描述的问题转换为数学模型中的数据;输出是将数学模型中表达的运算结果转换成自然语言或人类能够理解的其他表达方式。

(3) 算法设计与分析:算法设计是设计一套将数学模型中的数据进行操作和转换的步骤,使其能演化出最终结果;算法分析主要是计算算法的时间复杂度和空间复杂度,从而找出解决问题的最优算法,提高算法效率。

根据能否被计算机自动执行,模型分为如下两类。

① 数学模型:用数学表达式描述系统内在规律,是模型的形式表达。

② 非形式化的概念模型和功能模型：这类模型阐述模型本质而非细节。

所有模型都有这些特征：对系统进行抽象；由体现系统本质或特征的因素构成；集中展现系统因素间的相互关系。建模过程，本质是对系统输入、输出状态变量及其关系进行抽象，只是在不同模型中表现形式不同。比如数学模型中体现为函数关系，非形式模型中表现为概念、功能的结构或因果关系。正因描述关系多样，建模手段也丰富。可以分析系统运动规律，按事物机理建模；也能处理系统实验或统计数据，结合知识经验建模；还能多种方法并用。

近年来，大数据技术发展迅速，学习模型备受关注。学习模型通过大量数据训练、分析得出结论。常见的有支持向量机(SVM)、人工神经网络(ANN)、聚类分析(CA)、邻近分类(k-NN)等，不同模型获取结论的理论和方法各异。机器学习就是利用学习模型得出结论的过程，AlphaGo 就是典型例子。它的结构和算法虽由人设定，但经大量训练后，行为难以预测，这种不确定性正是学习模型的独特之处。

计算机参与的建模用途广泛：能预测实际系统某些状态的未来趋势，像天气预报利用测量数据建气象变化模型；可用于分析和设计实际系统，这是系统仿真的一种；还能实现对系统的最优控制，即建模后修改参数，获取最佳系统运行状态和控制指标，这是系统仿真的另一种。建模不仅用于物理系统，在社会系统也适用。复杂社会系统的建模思想已用于金融、生产管理、交通、物流、生态等多个领域的建模分析。建模如此广泛重要，"计算思维"作用重大，甚至有人认为"建模是科学研究的根本，科学进展主要通过形成假说，按建模过程对假说验证、确认来实现"。这里主要介绍重要的数学建模。

3.2.2　数学建模

数学建模是运用数学的语言和方法，通过抽象、简化，建立对问题进行精确描述和定义的数学模型。简单地说，就是抽象出问题，并用数学语言进行形式化描述。

一些表面上看是非数值的问题，进行数字形式化后，就可以方便地进行算法设计。

如果研究的问题是特殊的，比如，我今天所做事情的顺序，因为每天不一样，就没有必要建立模型。如果研究的问题具有一般性，就有必要体现模型的抽象性质，为这类事件建立数学模型。模型是一类问题的解题步骤，也是一类问题的算法。广义的算法就是事情的次序。算法提供一种解决问题的通用方法。

例 3-1　国际会议排座位问题。

现要举行一个国际会议，有 7 个人参会，分别用 a、b、c、d、e、f、g 表示。已知下列事实：a 会讲英语；b 会讲英语和汉语；c 会讲英语、意大利语和俄语；d 会讲日语和汉语；e 会讲德语和意大利语；f 会讲法语、日语和俄语；g 会讲法语和德语。

试问：如果这 7 个人召开圆桌会议，应如何排座位，才能使每个人都能和左右两边的人顺利地沟通交谈？

问题分析：对于这个问题，我们可以尝试将其转化为图的形式，建立一个图的模型，将每个人抽象为一个结点，人与人的关系用结点间的关系（即边）来表示，于是得到结点集合 $V = \{a, b, c, d, e, f, g\}$。对于任意的两点，若有共同语言，就在它们之间连一条无向边，可得边的集合 $E = \{ab, ac, bc, bd, df, cf, ce, fg, eg\}$，图 $G = \langle V, E \rangle$ 如图 3.1 所示。

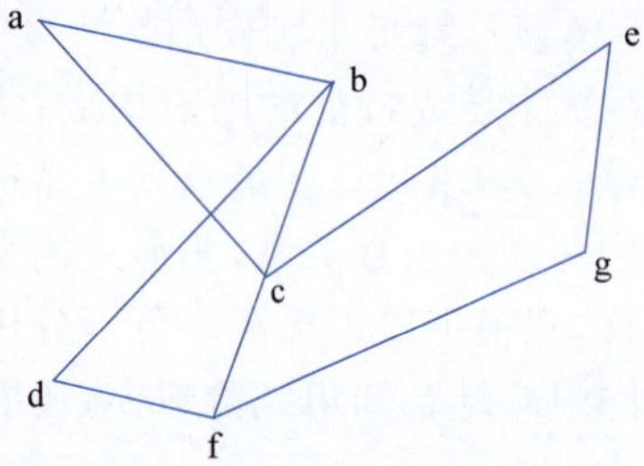

图 3.1　图 G={V,E}的图示

这时问题转化为在图 G 中找到一条哈密顿回路的问题。

哈密顿图（Hamiltonian path）是一个无向图，由天文学家哈密顿提出。哈密顿回路是指从图中的任意一点出发，经过图中每一个结点当且仅当一次。这样，我们便从图中得出，a-b-d-f-g-e-c-a 是一条哈密顿回路，照此顺序排座位即可满足问题要求。

例 3-2　警察抓小偷的问题。

警察局抓了 a、b、c、d 四名偷窃嫌疑犯，其中只有一人是小偷。审问记录如下：

a 说："我不是小偷。"

b 说："c 是小偷。"

c 说："小偷肯定是 d。"

d 说："c 在冤枉人。"

已知：四个人中有三人说的是真话，一人说的是假话。请问：到底谁是小偷？

问题分析：假设变量 x 代表小偷。

审问记录的四句话，以及"四个人中有三人说的是真话，一人说的是假话"分别翻译成如下的计算机形式化语言：

a 说：$x \neq 'a'$。

b 说：$x = 'c'$。

c 说：$x = 'd'$。

d 说：$x \neq 'd'$。

四个逻辑式的值之和为 $1+1+1+0=3$。

使用自然语言描述的算法如下。

（1）初始化：$x='a'$；

（2）x 从'a'循环到'd'；

（3）对于每一个 x，依次进行检验：如果 $(x \neq 'a') + (x = 'c') + (x = 'd') + (x \neq 'd')$ 的和为 3，则输出结果并退出循环，否则继续下一次循环。

数学建模的实质是：提取操作对象→找出对象间的关系→用数学语言进行描述。

3.2.3　算法的描述

算法的描述方式主要有以下几种。

1. 自然语言

自然语言是人们日常所用的语言，这是其优点。但自然语言描述算法的缺点也有很多：自然语言的歧义性易导致算法执行的不确定性；自然语言语句一般太长，导致算法的描述太长；当算法中循环和分支较多时就很难清晰表示；不便翻译成程序设计语言。因此，人们又设计出流程图等图形工具来描述算法。

例 3-3　已知圆半径，计算圆面积的过程。

我们可以用自然语言表达出以下的算法步骤：

（1）输入圆半径 r；

（2）计算 S＝3.14×r×r；

（3）输出 S。

2. 流程图

程序流程图简洁、直观、无二义性，是描述程序的常用工具，一般采用美国国家标准化协会规定的一组图形符号，如图 3.2 所示。

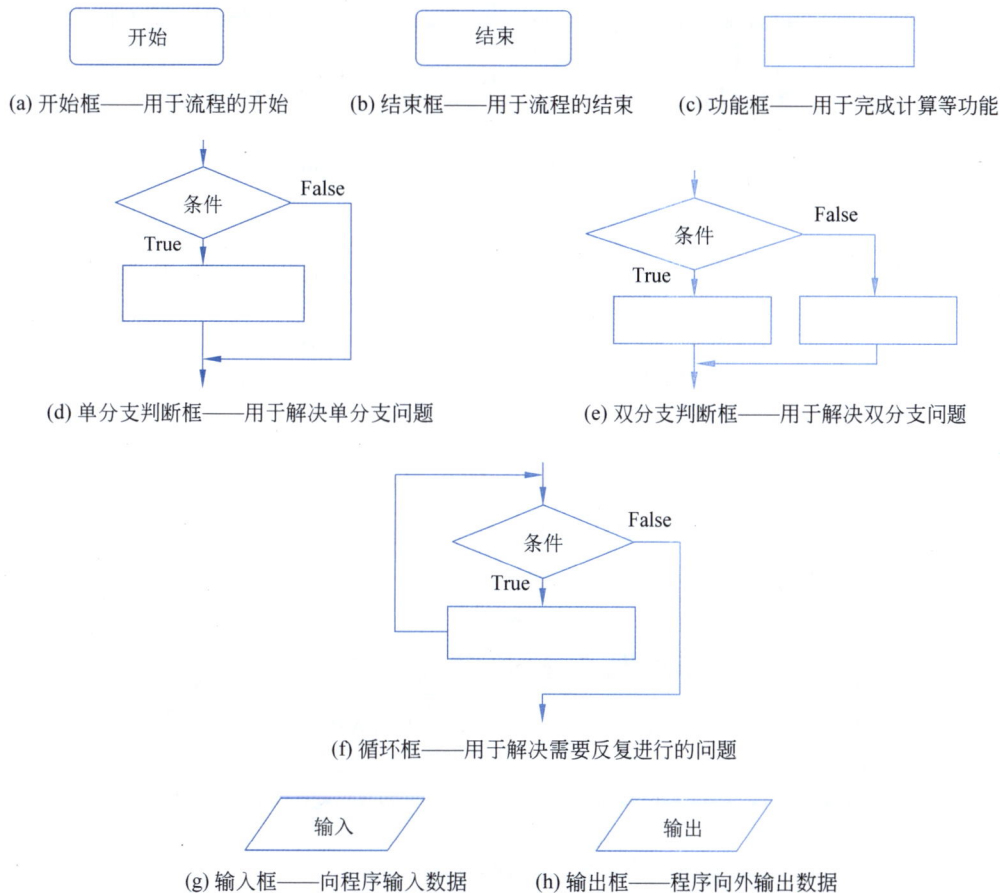

(a) 开始框——用于流程的开始　　(b) 结束框——用于流程的结束　　(c) 功能框——用于完成计算等功能

(d) 单分支判断框——用于解决单分支问题　　　(e) 双分支判断框——用于解决双分支问题

(f) 循环框——用于解决需要反复进行的问题

(g) 输入框——向程序输入数据　　　(h) 输出框——程序向外输出数据

图 3.2　程序流程图常用的图形元素

对于十分复杂难解的问题，框图可以画得粗略一些、抽象一些，首先表达出解决问题的轮廓，然后再细化。流程图也存在缺点：使设计人员过早考虑算法控制流程，而不去考虑全局结构，不利于逐步求精；随意性太强，结构化不明显；不易表示数据结构；层次感不明显。

例 3-4　用流程图表示例 3-3 的算法。

用流程图表示例 3-3 的算法如图 3.3 所示。

例 3-5　计算 $1+2+3+\cdots+n$ 的值，n 由键盘输入。

分析：这是一个累加的过程，每次循环累加一个整数值，整数的取值范围为 $1\sim n$，需要使用循环。

用流程图表示的算法如图 3.4 所示。

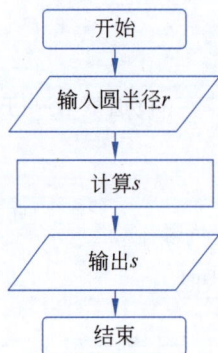

图 3.3　程序流程图表示的算法　　　图 3.4　程序流程图表示的累加算法

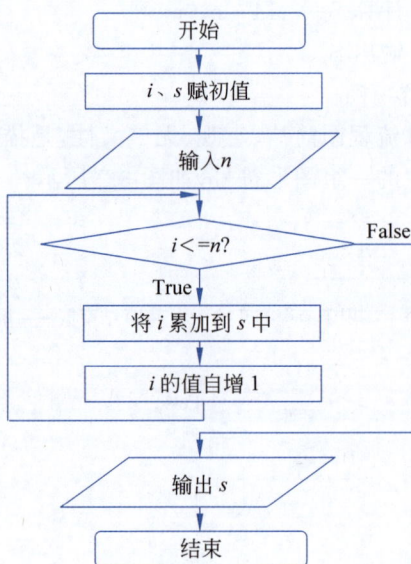

3. 盒图(N-S 图)

盒图层次感强、嵌套明确;支持自顶向下、逐步求精的设计方法;容易转换成高级语言;但不易扩充和修改,不易描述大型复杂算法。N-S 图中基本控制结构的表示符号如图 3.5 所示。

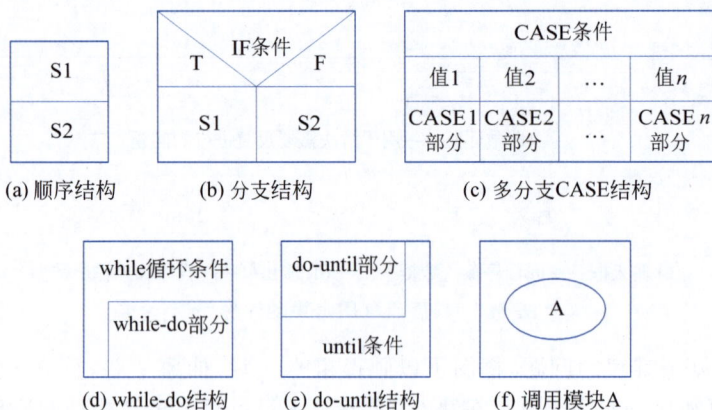

(a) 顺序结构　　　(b) 分支结构　　　(c) 多分支CASE结构

(d) while-do结构　　　(e) do-until结构　　　(f) 调用模块A

图 3.5　N-S 图中基本控制结构的表示符号

4. 伪代码

伪代码是用介于自然语言和计算机语言之间的文字和符号来描述算法的工具。它不用图形符号,书写方便,语法结构有一定的随意性,目前还没有一个通用的伪代码语法标准。

常用的伪代码是用简化后的高级语言来进行编写的,如类 C、类 C++ 、类 Pascal 等。

5. 程序设计语言

以上算法的描述方式都是为了方便人与人的交流,但算法最终要在计算机上实现,所以用程序设计语言进行算法的描述,并进行合理的数据组织,就构成了计算机可执行的程序。

与人类社会使用语言交流相似,人要与计算机交流,必须使用计算机语言。于是人们模仿人类的自然语言,人工设计出一种形式化的语言——程序设计语言。

3.2.4　常用的算法设计策略

掌握一些常用的算法设计策略,有助于我们进行问题求解时,快速找到有效的算法。

1. 枚举法

枚举法,也称为穷举法,其基本思路是:对于要解决的问题,列举出其所有的可能情况,逐个判断有哪些是符合问题所要求的条件,从而得到问题的解。简单地说,枚举法就是按问题本身的性质,一一列举出该问题所有可能的解,并在逐一列举的过程中,检验每个可能解是不是问题的真正解,若是,我们采纳这个解,否则抛弃它。在列举的过程中,既不能遗漏也不应重复。

枚举法也常用于密码的破译,即将密码进行逐个推算直到找出真正的密码为止。例如,一个已知是四位并且全部由数字组成的密码,共有 10000 种可能组合,因此最多尝试10000 次就能找到正确的密码。理论上利用这种方法可以破解任何一种密码,问题只在于如何缩短破解时间。

例 **3-6**　求 1～1000 中,所有能被 17 整除的数。

问题分析:这类问题可以使用枚举法,从 1～1000 一一列举,然后对每个数进行检验。

自然语言描述的算法步骤如下。

(1)初始化:x＝1;

(2)x 从 1 循环到 1000;

(3)对于每一个 x,依次地对每个数进行检验:如果能被 17 整除,就打印输出,否则继续下一个数;

(4)重复第(2)～(3)步,直到循环结束。

用流程图表示的算法如图 3.6 所示。

例 **3-7**　百钱买百鸡问题。

这是中国古代《算经》中的问题:鸡翁一,值钱五;鸡母一,值钱三;鸡雏三,值钱一,百钱买百鸡,问翁、母、雏各几何? 即已知公鸡 5 元/只,母鸡 3 元/只,小鸡 3 只/1 元,要用100 元钱买 100 只鸡,问可买公鸡、母鸡、小鸡各几只?

问题分析:设公鸡为 x 只,母鸡为 y 只,小鸡为 z 只,则问题化为一个三元一次方程组:

$$\begin{cases} x+y+z=100 \\ 5x+3y+z/3=100 \end{cases}$$

这是一个不定解方程问题(三个变量,两个方程),只能将各种可能的取值代入,其中能同时满足两个方程的值就是问题的解。

```
         ┌──────────────┐
         │     开始      │
         └──────┬───────┘
                │
         ┌──────┴───────┐
         │     x=1      │
         └──────┬───────┘
                │
                ▼
         ◇──────────────◇        False
         ◇  x<=1000     ◇─────────────
         ◇──────┬───────◇
            True │
         ◇──────┴───────◇        False
         ◇ x能被17整除?  ◇─────────────
         ◇──────┬───────◇
            True │
          ╱──────┴───────╲
         ╱    输出x        ╲
         ╲────────────────╱
                │
         ┌──────┴───────┐
         │    x=x+1     │
         └──────────────┘
                │
         ┌──────┴───────┐
         │     结束      │
         └──────────────┘
```

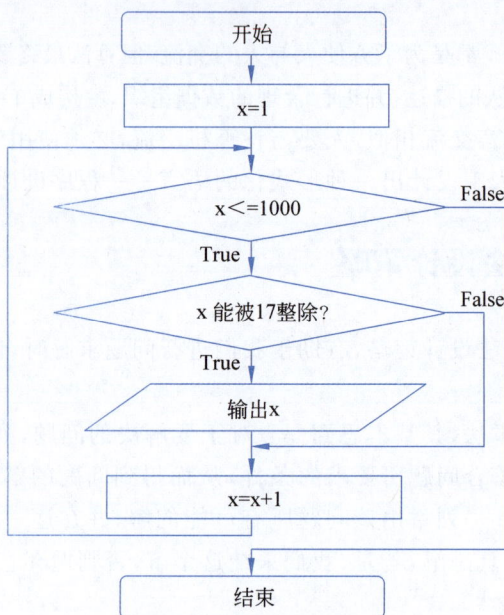

图 3.6　例 3-6 的算法流程图

由于共 100 元钱,而且这里 x、y、z 为正整数(不考虑为 0 的情况,即至少买 1 只),那么可以确定:x 的取值范围为 1~20,y 的取值范围为 1~33。

使用枚举法求解,算法步骤如下:

(1) 初始化:x=1,y=1;

(2) x 从 1 循环到 20;

(3) 对于每一个 x,依次地让 y 从 1 循环到 33;

(4) 在循环中,对于上述每一个 x 和 y 值,计算 z=100−x−y;

(5) 如果 5x+3y+z/3=100 成立,就输出方程组的解;

(6) 重复第(2)~(5)步,直到循环结束。

用流程图表示的算法如图 3.7 所示。

2. 回溯法

在迷宫游戏中,如何能通过迂回曲折的道路顺利地走出迷宫呢?在迷宫中探索前进时,遇到岔路就从中先选出一条"走着瞧"。如果此路不通,便退回来另寻他途。如此继续,直到最终找到适当的出路或证明无路可走为止。为了提高效率,应该充分利用给出的约束条件,尽量避免不必要的试探。这种"枚举-试探-失败返回-再枚举试探"的求解方法就称为回溯法。

回溯法有"通用的解题法"之称,其采用了一种"走不通就掉头"的试错思想,它尝试分步地去解决一个问题。在分步解决问题的过程中,当它通过尝试发现现有的分步答案不能得到有效的正确解答时,将取消上一步甚至是上几步的计算,再通过其他可能的分步解答再次尝试寻找问题的答案。回溯法通常用最简单的递归方法来实现。

回溯法实际是一种基于穷举算法的改进算法,它是按问题某种变化趋势穷举下去,如

```
                          ┌─────────────┐
                          │    开始      │
                          └──────┬──────┘
                          ┌──────┴──────┐
                          │    x=1       │
                          └──────┬──────┘
              ┌──────────────────┤
              │          ╱───────┴────────╲      False
              │         ╱    x<=20?         ╲──────────────┐
              │         ╲                   ╱              │
              │          ╲──────┬──────────╱               │
              │            True │                          │
              │          ┌──────┴──────┐                   │
              │          │    y=1       │                  │
              │          └──────┬──────┘                   │
              │         True    │                          │
              │    ┌────────────┤                          │
              │    │    ╱───────┴────────╲      False       │
              │    │   ╱    y<=33?         ╲────────────┐   │
              │    │   ╲                   ╱            │   │
              │    │    ╲──────┬──────────╱             │   │
              │    │      True │                        │   │
        ┌─────┴──┐ │    ┌──────┴──────────┐             │   │
        │ y=y+1  │ │    │   z=100−x−y       │            │   │
        └────────┘ │    └──────┬──────────┘             │   │
              │    │    ╱──────┴─────────────╲           │   │
        False │    │   ╱  5x+3y+z/3=100?       ╲          │   │
              └────┤   ╲                       ╱          │   │
                   │    ╲──────┬──────────────╱           │   │
                   │      True │                          │   │
                   │    ┌──────┴──────────┐               │   │
                   │    │   输出 x,y,z      /              │   │
                   │    └──────┬──────────┘               │   │
                   │    ┌──────┴──────┐                   │   │
                   └────│    x=x+1     │◄─────────────────┘   │
                        └──────┬──────┘                       │
                        ┌──────┴──────┐                       │
                        │    结束      │◄──────────────────────┘
                        └─────────────┘
```

图 3.7　例 3-7 的算法流程图

某状态的变化结束还没有得到最优解,则返回上一种状态继续穷举。它的优点与穷举法类似,都能保证求出问题的最佳解,而且这种方法不是盲目地穷举搜索,而是在搜索过程中通过限界,可以中途停止对某些不可能得到最优解的子空间的进一步搜索(类似于人工智能中的剪枝),因而它比穷举法效率更高。

运用这种算法的技巧性很强,不同类型的问题解法也各不相同。与贪心算法一样,这种方法也是用来为组合优化问题设计求解算法的,所不同的是它在问题的整个可能解空间搜索,所设计出来的算法的时间复杂度比贪心算法高。

回溯法的应用很广泛,很多算法都用到了回溯法,例如八皇后、迷宫等问题。

3. 递推法

递推是按照一定的规律来计算序列中的每个项,通常是通过计算机前面的一些项来得出序列中的指定项的值。

递推法是一种归纳法,其思想是把一个复杂而庞大的计算过程转化为简单过程的多次重复,每次重复都在旧值的基础上递推出新值,并由新值代替旧值。该算法利用了计算机运算速度快、适合做重复性操作的特点。

与迭代法相对应的是直接法(或者称为一次解法),即一次性解决问题。迭代法又分为精确迭代和近似迭代。二分法和牛顿迭代法属于近似迭代法。

例 3-8 猴子吃桃子问题。

小猴在某天摘了若干个桃子,当天吃掉一半多一个;第二天接着吃了剩下的桃子的一半多一个;以后每天都吃剩下桃子的一半多一个,到第 7 天早上要吃时只剩下一个了,问小猴那天共摘下了多少个桃子?

问题分析:设第 $i+1$ 天剩下 x_{i+1} 个桃子。

因为第 $i+1$ 天吃了:$0.5x_i + 1$,所以第 $i+1$ 天剩下:$x_i - (0.5x_i + 1) = 0.5x_i - 1$。

因此得:$x_{i+1} = 0.5x_i - 1$。

即得到本例的数学模型:

$$x_i = (x_{i+1} + 1) \times 2, i = 6,5,4,3,2,1$$

因为从第 6 天到第 1 天,可以重复使用上式进行计算前一天的桃子数,因此适合用循环结构处理。

此问题的算法设计如下:

(1) 初始化:$x_7 = 1$;

(2) 从第 6 天循环到第 1 天,对于每一天,进行计算 $x_i = (x_{i+1} + 1) \times 2, i = 6,5,4,3,2,1$;

(3) 循环结束后,x 的值即为第 1 天的桃子数。

4. 递归法

递归法是计算思维中最重要的思想,是计算机科学最美的算法之一,很多算法,如分治法、动态规划、贪心法都是基于递归概念的方法。递归算法既是一种有效的算法设计方法,也是一种有效的分析问题的方法。

递归算法求解问题的基本思想是:对于一个较为复杂的问题,把原问题分解成若干个相对简单且类似的子问题,这样较为复杂的原问题就变成了相对简单的子问题;而简单到一定程度的子问题可以直接求解;这样,原问题就可递推得到解。简单地说,递归法就是通过调用自身,只需要少量的程序就可描述出多次重复计算。

递归就是在过程或函数中调用自身。一个过程或函数在其定义或说明中直接或间接调用自身的一种方法,它通常把一个大型复杂的问题层层转化为一个与原问题相似但规模较小的问题来求解。一般来说,递归需要有边界条件、递归前进段和递归返回段。当边界条件不满足时,递归前进;当边界条件满足时,递归返回。

例 3-9 使用递归法解决斐波那契(Fibonacci)数列问题。

列昂纳多·斐波那契(Leonardo Fibonacci,约 1170—1250)是意大利著名数学家。在他的著作《算盘书》中有许多有趣的问题,最著名的问题是"兔子繁殖问题":如果每对兔子每月繁殖一对子兔,而子兔在出生后两个月后就有生殖能力,试问第一月有一对小兔子,12 个月后会有多少对兔子?

无穷数列 1,1,2,3,5,8,13,21,34,55,……,称为 Fibonacci 数列,又称黄金分割数列和兔子数列。

假设第 n 个月的兔子数目为 $f(n)$,那么 Fibonacci 数列规律如下:

$f(1) = f(2) = 1$

$f(n) = f(n-1) + f(n-2)$ 当 $n \geq 3$

它可以递归地定义如下：

$$F(n)=\begin{cases} 1 & n=1 \\ 1 & n=2 \\ F(n-1)+F(n-2) & n>2 \end{cases}$$

递归算法的执行过程主要分递推和回归两个阶段。

（1）输入 n 的值。

（2）在递推阶段，把较复杂的问题（规模为 n）的求解递推到比原问题简单一些的问题（规模小于 n）的求解。

本例中，求解 $F(n)$，把它递推到求解 $F(n-1)$ 和 $F(n-2)$。也就是说，为计算 $F(n)$，必须先计算 $F(n-1)$ 和 $F(n-2)$，而计算 $F(n-1)$ 和 $F(n-2)$，又必须先计算 $F(n-3)$ 和 $F(n-4)$。以此类推，直至计算 $F(2)$ 和 $F(1)$，均能立即得到结果 1 和 1。

> 注意：在使用递归策略时，在递推阶段，必须有一个明确的递归结束条件，称为递归出口。例如在函数 F 中，当 n 为 2 和 1 的情况。

（3）在回归阶段，当满足递归结束条件后，逐级返回，依次得到稍复杂问题的解，本例中得到 $F(2)$ 和 $F(1)$ 后，返回得到 $F(3)$ 的结果，……，在得到了 $F(n-1)$ 和 $F(n-2)$ 的结果后，返回得到 $F(n)$ 的结果。

（4）输出 $F(n)$ 的值。

例 3-10　汉诺（Hanoi）塔问题。

古代有一个梵塔，塔内有三个座 A、B、C，A 座上有 64 个盘子，盘子大小不等，大的在下，小的在上，如图 3.8 所示。现要求将塔座 A 上的这 64 个圆盘移到塔座 B 上，并仍按同样顺序叠置。在移动圆盘时应遵守以下移动规则：

（1）每次只能移动 1 个圆盘；

（2）任何时刻都不允许将较大的圆盘压在较小的圆盘之上；

（3）在满足移动规则（1）和（2）的前提下，可将圆盘移至 A、B、C 中任一塔座上。

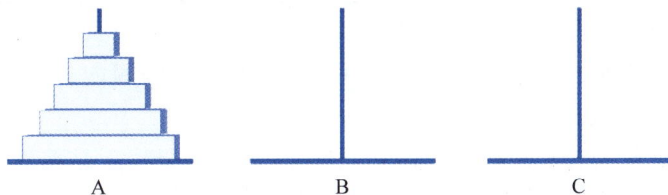

图 3.8　汉诺塔问题

算法分析：

这是一个经典的递归算法的例子。这个问题在圆盘比较多的情况下，很难直接写出移动步骤。我们可以先分析圆盘比较少的情况。

假定圆盘从大向小依次为：圆盘 1，圆盘 2，……，圆盘 64。

如果只有一个圆盘，则不需要利用 B 座，直接将圆盘 1 从 A 移动到 C。

如果有 2 个圆盘,可以先将圆盘 1 上的圆盘 2 移动到 B;将圆盘 1 移动到 C;将圆盘 2 移动到 C。这说明了:借助 B 可以将 2 个圆盘从 A 移动到 C。

如果有 3 个圆盘,那么根据 2 个圆盘的结论,可以借助 C 将圆盘 1 上的两个圆盘从 A 移动到 B;将圆盘 1 从 A 移动到 C,A 变成空座;借助 A 座,将 B 上的两个圆盘移动到 C。这说明:借助一个空座,可以将 3 个圆盘从一个座移动到另一个。

如果有 4 个圆盘,那么首先借助空座 C,将圆盘 1 上的 3 个圆盘从 A 移动到 B;将圆盘 1 移动到 C,A 变成空座;借助空座 A,将 B 座上的 3 个圆盘移动到 C。

上述的思路可以一直扩展到 64 个圆盘的情况:借助空座 C 可以将圆盘 1 上的 63 个圆盘从 A 移动到 B;将圆盘 1 移动到 C,A 变成空座;借助空座 A,可以将 B 座上的 63 个圆盘移动到 C。

递推关系往往是利用递归的思想来建立的;递推由于没有返回段,因此更为简单,有时可以直接用循环实现。

5. 分治法

任何一个可以用计算机求解的问题所需的计算时间都与其规模有关。问题的规模越小,越容易直接求解,解题所需的计算时间也越少。

例如,对于 n 个元素的排序问题,当 $n=1$ 时,不需任何计算。$n=2$ 时,只要做一次比较即可排好序,$n=3$ 时只要做 3 次比较即可,……。而当 n 较大时,问题就不那么容易处理了。要想直接解决一个规模较大的问题,有时是相当困难的。

分治法就是把一个复杂的问题分成两个或更多相同或相似的子问题,再把子问题分成更小的子问题……,直到最后子问题可以直接求解,原问题的解即为子问题解的合并。在计算机科学中,分治法是一种很重要的算法,是很多高效算法的基础。

分治法的精髓:"分"——将问题分解为规模更小的子问题;"治"——将这些规模更小的子问题逐个击破;"合"——将已解决的子问题合并,最终得出"母"问题的解。

由分治法产生的子问题往往是原问题的较小模式,这就为使用递归技术提供了方便。在这种情况下,反复运用分治手段,可以使子问题与原问题类型一致而其规模却不断缩小,最终使子问题缩小到很容易直接求出其解。这自然导致递归过程的产生。分治与递归像一对孪生兄弟,经常同时应用在算法设计之中,并由此产生了许多高效算法。

分治法能解决的问题一般有以下特征:

(1) 问题规模缩小到一定程度可轻松解决。这是多数问题能满足的,因为问题计算复杂性通常随规模增大而增加。

(2) 问题可分解为若干规模较小的相同问题,即具有最优子结构性质。这是应用分治法的前提,多数问题也能满足,体现了递归思想。

(3) 利用子问题的解可合并为原问题的解。这是关键特征,若不具备此特征,即便满足前两条,也可考虑贪心法或动态规划法。

(4) 分解出的子问题相互独立,即子问题间无公共子问题。若子问题不独立,分治法会做额外工作,重复解公共子问题,此时动态规划法可能更优。

依据分治法分割原则,设计算法时,将问题分成大小相等的 k 个子问题较为适宜。使子问题规模大致相等,基于平衡子问题的思想,通常比子问题规模不等的做法更优。

例 3-11　使用分治法解决斐波那契(Fibonacci)数列问题。

当 $n=5$ 时使用分治法计算斐波那契数的过程如图 3.9 所示。

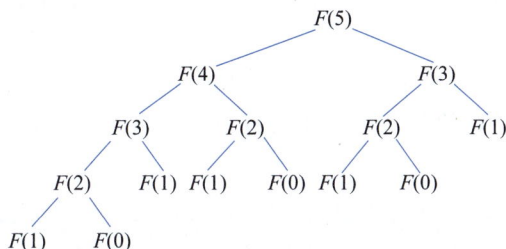

图 3.9　当 $n=5$ 时使用分治法计算斐波那契数的过程

例 3-12　循环赛日程表问题。

设有 $n=2^K$ 个运动员要进行网球循环赛,现要设计一个满足以下要求的比赛日程表:

(1) 每个选手必须与其他 $n-1$ 个选手各赛一次;

(2) 每个选手一天只能赛一次;

(3) 循环赛一共进行 $n-1$ 天。

请按此要求将比赛日程表设计成有 n 行和 $n-1$ 列的一个表。在表中的第 i 行、第 j 列处填入第 i 个选手在第 j 天所遇到的选手,其中 $1 \leqslant i \leqslant n, 1 \leqslant j \leqslant n-1$。

算法分析:按分治策略,将所有的选手分为两半,n 个选手的比赛日程表就可以通过为 $n/2$ 个选手设计的比赛日程表来决定。递归地对选手进行分割,直到只剩下 2 个选手时,比赛日程表的制定就变得很简单了。这时只要让这 2 个选手进行比赛就可以了。如图 3.10 所示,所列出的正方形表是 8 个选手的比赛日程表。其中左上角与左下角的两小块分别为选手 1~4 和选手 5~8 前 3 天的比赛日程。据此,将左上角小块中的所有数字按其相对位置抄到右下角,又将左下角小块中的所有数字按其相对位置抄到右上角,这样我们就分别安排好了选手 1~4 和选手 5~8 在后 4 天中的比赛日程。依此思想容易将这个比赛日程表推广到具有任意多个选手的情形。

1	2 3 4	5 6 7 8
2	1 4 3	6 5 8 7
3	4 1 2	7 8 5 6
4	3 2 1	8 7 6 5
5	6 7 8	1 2 3 4
6	5 8 7	2 1 4 3
7	8 5 6	3 4 1 2
8	7 6 5	4 3 2 1

图 3.10　8 个选手的比赛日程表

例 3-13　公主的婚姻。

艾述国王向邻国秋碧贞楠公主求婚。公主出了一道题:求出 49 770 409 458 851 929 的一个真因子(除它本身和 1 外的其他约数)。若国王能在一天之内求出答案,公主便接受他的求婚。国王回去后立即开始逐个数地进行计算,他从早到晚,共算了三万多个数,最终还是没有结果。国王向公主求情,公主将答案相告:223 092 827 是它的一个真因子。公主说:"我再给你一次机会。"国王立即回国,并向时任宰相的大数学家孔唤石求教,大数学家在仔细地思考后认为这个数为 17 位,则最小的一个真因子不会超过 9 位,他给国王出了一个主意:按自然数的顺序给全国的老百姓每人编一个号发下去,等公主给出数目后,立即将它们通报全国,让每个老百姓用自己的编号去除这个数,除尽了立即上报,赏金万两。

算法分析:国王最先使用的是一种顺序算法,后面由宰相提出的是一种并行算法。其中包含了分治法的思维。

分治法求解问题的优势是可以并行地解决相互独立的问题。目前计算机已经能够集成越来越多的核,设计并行执行的程序能够有效利用资源,提高对资源的利用率。

6. 贪心算法

贪心算法又称为贪婪算法,是用来求解最优化问题的一种算法。但它在解决问题的策略上目光短浅,只根据当前已有的信息就做出有利的选择,而且一旦做出了选择,不管将来有什么结果,这个选择都不会改变。换言之,贪心算法并不是从整体最优考虑,它所做出的选择只是在某种意义上的局部最优。这种局部最优选择并不总能获得整体最优解,但通常能获得近似最优解。

例3-14 付款问题。

假设有面值为5元、2元、1元、5角、2角、1角的货币,需要找给顾客4元6角现金。如何找给顾客零钱,使付出的货币数量最少?

贪心算法求解步骤:为使付出的货币数量最少,首先选出1张面值不超过4元6角的最大面值的货币,即2元;再选出1张面值不超过2元6角的最大面值的货币,即2元;再选出1张面值不超过6角的最大面值的货币,即5角;再选出1张面值不超过1角的最大面值的货币,即1角,最后总共付出4张货币。

在付款问题每一步的贪心选择中,在不超过应付款金额的条件下,只选择面值最大的货币,不去考虑在后面看来这种选择是否合理,而且它还不会改变决定:一旦选出了一张货币,就永远选定。付款问题的贪心选择策略是尽可能使付出的货币最快地满足支付要求,其目的是使付出的货币张数最慢地增加,这正体现了贪心算法的设计思想。

因此,对于某些求最优解问题,贪心算法是一种简单、迅速的设计技术。用贪心算法设计算法的特点是一步一步地进行,通常以当前情况为基础根据某个优化测度作为最优选择,而不考虑各种可能的整体情况。它省去了为找最优解要穷尽所有可能而必须耗费的大量时间。它采用自顶向下,以迭代的方法做出相继的贪心选择,每做一次贪心选择就将所求问题简化为一个规模更小的子问题,通过每一步贪心选择,可得到问题的一个最优解。虽然每一步上都要保证能够获得局部最优解,但由此产生的全局解有时不一定是最优的。

在计算机科学中,贪心算法往往被用来**解决旅行商**(Traveling Salesman Problem,TSP)问题、图着色问题、最小生成树问题、背包问题、活动安排问题、多机调度问题等。

3.2.5　算法分析

对同一个问题,可以有不同的解题方法和步骤,即可以有不同的算法,而一个算法的质量优劣将影响到算法乃至程序的效率。算法分析的目的在于选择合适算法和改进算法。对于特定的问题来说，往往没有最好的算法，只有最适合的算法。

例如，求 $1+2+3+\cdots+100$，可以按顺序依次相加，也可以 $(1+99)+(2+98)+\cdots+(49+51)+100+50=100\times50+50=5050$，还可以按等差数列求和等。因为方法有优劣之分，所以为了有效地解题，不仅要保证算法正确，还要考虑算法的质量，选择合适的算法。

通过对算法的分析，在把算法变成程序实际运行前，就知道为完成一项任务所设计算法的好坏，从而运行好算法，改进差算法，避免无益的人力和物力浪费。

对算法进行全面分析，可分为如下两个阶段进行。

(1) 事前分析：事前分析是指通过对算法本身的执行性能的理论分析，得出算法特性。一般使用数学方法严格地证明和计算它的正确性和性能指标。

- 算法复杂性指算法所需要的计算机资源，一个算法的评价主要从时间复杂度和空间复杂度来考虑。
- 数量关系评价体现在时间——算法编程后在机器中所耗费的时间。
- 数量关系评价体现在空间——算法编程后在机器中所占的存储量。

(2) 事后测试：一般地，将算法编制成程序后实际放到计算机上运行，收集其执行时间和空间占用等统计资料，进行分析判断。对于研究前沿性的算法，可以采用模拟/仿真分析方法，即选取或实际产生大量的具有代表性的问题实例——数据集，将要分析的某算法进行仿真应用，然后对结果进行分析。

一般地，评价一个算法，需要考虑以下几个性能指标。

1. 正确性

算法的正确性是评价一个算法优劣的最重要标准。一个正确的算法是指在合理的数据输入下，能在有限的运行时间内得到正确的结果。算法正确性的评价包括两个方面：问题的解法在数学上是正确的；执行算法的指令系列是正确的。可以通过对输入数据的所有可能情况的分析和上机调试，以证明算法是否正确。

2. 可读性

算法的可读性是指一个算法可供人们阅读的难易程度。算法应该好读、清晰、易读、易懂、易证明，且便于调试和修改。

3. 健壮性

健壮性是指一个算法对不合理输入数据的反应能力和处理能力，也称为容错性。算法应具有容错处理能力。当输入非法数据时，算法应对其做出反应，而不是产生莫名其妙的输出结果。

4. 时间复杂度

算法的时间复杂度是指执行算法所需要的计算工作量。为什么要考虑时间复杂性呢？因为有些计算机需要用户提供程序运行时间的上限，一旦达到这个上限，程序将被强制结束，而且程序可能需要提供一个满意的实时响应。

与算法执行时间相关的因素包括：问题中数据存储的数据结构、算法采用的数学模型、算法设计的策略、问题的规模、实现算法的程序设计语言、编译算法产生的机器代码的质量、计算机执行指令的速度等。

一般来说,计算机算法是问题规模 n 的函数 $f(n)$,算法的时间复杂度也因此记作:

$$T(n)=O(f(n))$$

一个算法的执行时间大致上等于其所有语句执行时间的总和,对于语句的执行时间是指该条语句的执行次数和执行一次所需时间的乘积。一般随着 n 的增大,$T(n)$ 增长较慢的算法为最优算法。

例 3-15 计算汉诺塔问题的时间复杂度。

算法:Python 语言描述(部分代码)

```python
def move(x, y):
    """
    模拟将盘子从 x 座移到 y 座的操作。
    """
    print(f"Move disk from {x} to {y}")

def hanoi(n, left, middle, right):
    """
    递归解决汉诺塔问题的算法。

    :param n: 要移动的盘子数量
    :param left: 起始柱子的名称
    :param middle: 辅助柱子的名称
    :param right: 目标柱子的名称
    """
    if n ==1:
        move(left, right)                    #如果只有一个盘子,直接移动
    else:
        hanoi(n-1, left, right, middle)      #将前 n-1 个盘子从 left 移到 middle
        move(left, right)                    #将第 n 个盘子从 left 移到 right
        hanoi(n-1, middle, left, right)      #将前 n-1 个盘子从 middle 移到 right


#调用函数,假设有 3 个盘子,柱子分别命名为 A, B, C
hanoi(3, 'A', 'B', 'C')
```

当 $n=64$ 时,要移动多少次?需花费多长时间呢?

$$
\begin{aligned}
h(n) &= 2h(n-1)+1 \\
&= 2(2h(n-2)+1)+1 = 2^2 h(n-2)+2+1 \\
&= 2^3 h(n-3)+2^2+2+1 \\
&\cdots\cdots \\
&= 2^n h(0)+2^{n-1}+\cdots+2^2+2+1 \\
&= 2^{n-1}+\cdots+2^2+2+1 \\
&= 2^n-1
\end{aligned}
$$

需要移动盘子的次数为：

$$2^{64}-1=18446744073709551615$$

假定每秒移动一次，一年有 31536000 秒，则一刻不停地来回搬动，也需要花费大约 5849 亿年的时间。假定计算机以每秒 1000 万个盘子的速度进行处理，则需要花费大约 58490 年的时间。

因此，理论上可以计算的问题，实际上并不一定能行。一个问题求解算法的时间复杂度大于多项式（如指数函数）时，算法的执行时间将随 n 的增加而急剧增长，以致即使是中等规模的问题也不能被求解出来，于是在计算复杂性时，将这一类问题称为难解性问题。

5. 空间复杂度

算法的空间复杂度是指算法需要消耗的内存空间。其计算和表示方法与时间复杂度类似，一般都用复杂度的渐近性来表示。与时间复杂度相比，空间复杂度的分析要简单得多。考虑程序的空间复杂性的原因主要有：在多用户系统中运行时，需要指明分配给该程序的内存大小；可提前知道是否有足够可用的内存来运行该程序；一个问题可能有若干个内存需求各不相同的解决方案，从中择取；利用空间复杂性来估算一个程序所能解决问题的最大规模。

在公主的婚姻案例中，国王最先使用的顺序算法，其复杂性表现在时间上；后面由宰相提出的并行算法，其复杂性表现在空间上。

直觉上，我们认为顺序算法解决不了的问题完全可以用并行算法来解决，甚至会想，并行计算机系统求解问题的速度将随着处理器数目的不断增加而不断提高，从而解决难解性问题，其实这是一种误解。当将一个问题分解到多个处理器上解决时，由于算法中不可避免地存在必须串行执行的操作，从而大大地限制了并行计算机系统的加速能力。

3.3　算法的实现——程序设计语言

高级语言体系与自然语言体系十分相似。我们可以回忆一下语文和英语的学习，就可以得出自然语言的学习过程：基本符号及书写规则→单词→短语→句子→段落→文章。因此，计算机语言的学习过程也很类似：基本符号及书写规则→常量、变量→运算符和表达式→语句→过程、函数→程序。前面提到，在写作中，必须要求文章语法规范、语义清晰。程序也要求清晰、规范，符合一定的书写规则。

传统程序的基本构成元素包括常量、变量、运算符、内部函数、表达式、语句、自定义过程或函数等。

现代程序增加了类、对象、消息、事件和方法等元素。

3.3.1　程序设计语言的分类

自 20 世纪 60 年代以来，世界上公布的程序设计语言已有上千种之多，但只有很小一部分得到了广泛的应用。从发展历程来看,程序设计语言可以分为如下 4 代。

1. 机器语言

机器语言(Machine Language)是计算机硬件系统能够直接识别的不需翻译的计算机语言。机器语言中的每一条语句实际上是一条二进制形式的指令代码,由操作码和操作数组成。操作码指出进行什么操作;操作数指出参与操作的数或其在内存中的地址。用机器语言编写程序工作量大、难于使用,但执行速度快。它的二进制指令代码通常随CPU 型号的不同而不同,不能通用,因而说它是面向机器的一种低级语言。通常不用机器语言直接编写程序。

2. 汇编语言

汇编语言(Assemble Language)是为特定计算机或计算机系列设计的。汇编语言用助记符代替操作码,用地址符号代替操作数。由于这种“符号化”的做法,所以汇编语言也称为符号语言。用汇编语言编写的程序称为汇编语言“源程序”。汇编语言程序比机器语言程序易读、易检查、易修改,同时又保持了机器语言程序执行速度快、占用存储空间少的优点。汇编语言也是面向机器的一种低级语言,不具备通用性和可移植性。

3. 高级语言

高级语言(High Level Language)是由各种意义的词和数学公式按照一定的语法规则组成的,它更容易阅读、理解和修改,编程效率高。高级语言不是面向机器的,而是面向问题的,与具体机器无关,具有很强的通用性和可移植性。高级语言的种类很多,有面向过程的语言,例如 Fortran、BASIC、Pascal、C 等;有面向对象的语言,例如 C++ 、Java 等。

不同的高级语言有不同的特点和应用范围。Fortran 语言是 1954 年提出的,是出现最早的一种高级语言,适用于科学和工程计算;BASIC 语言是初学者的语言,简单易学,人机对话功能强;Pascal 语言是结构化程序语言,适用于教学、科学计算、数据处理和系统软件开发,目前逐步被 C 语言所取代;C 语言程序简练、功能强,适用于系统软件、数值计算、数据处理等,成为目前高级语言中使用最多的语言之一;C++ 、C♯ 等面向对象的程序设计语言,给非计算机专业的用户在 Windows 环境下开发软件带来了福音;Java 语言是一种基于 C++ 的跨平台分布式程序设计语言。

4. 非过程化语言

上述的通用语言仍然都是“过程化语言”。编码时,要详细描述问题求解的过程,告诉计算机每一步应该“怎样做”。

4GL 语言是非过程化的,面向应用,只需说明“做什么”,不需描述算法细节。目前的4GL 语言有: 查询语言(比如数据库查询语言 SQL)和报表生成器;NATURAL、FOXPRO、MANTIS、IDEAL、CSP、DMS、INFO、LINC、FORMAL 等应用生成器;Z、NPL、SPECINT 等形式规格说明语言等。这些具有 4GL 特征的软件工具产品具有缩短应用开发过程、降低维护代价、最大限度地减少调试中出现的问题等优点。

3.3.2　语言处理程序

程序设计语言能够把算法翻译成机器能够理解的可执行程序。这里把计算机不能直

接执行的非机器语言源程序翻译成能直接执行的机器语言的语言翻译程序称为语言处理
程序。

（1）源程序：用各种程序设计语言编写的程序称为源程序，计算机不能直接识别和
执行。

（2）目标程序：源程序必须由相应的汇编程序或编译程序翻译成机器能够识别的机
器指令代码，计算机才能执行，这正是语言处理程序所要完成的任务。翻译后的机器语言
程序称为目标程序。

（3）汇编程序：将汇编语言源程序翻译成机器语言程序的翻译程序称为汇编程序，
如图 3.11 所示。

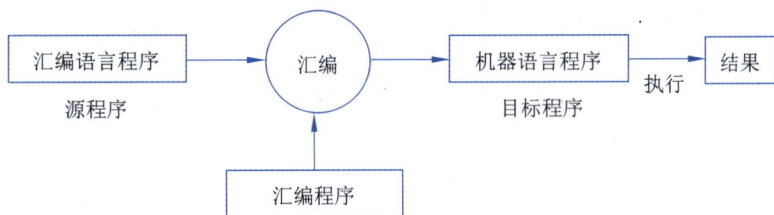

图 3.11　汇编过程

（4）编译方式和解释方式：编译方式是将高级语言源程序通过编译程序翻译成机器
语言目标代码，如图 3.12 所示；解释方式是对高级语言源程序进行逐句解释，解释一句就
执行一句，但不产生机器语言目标代码。例如 C++ 、Java 编译后运行；Python、JavaScript
解释执行。大部分高级语言都采用编译方式。

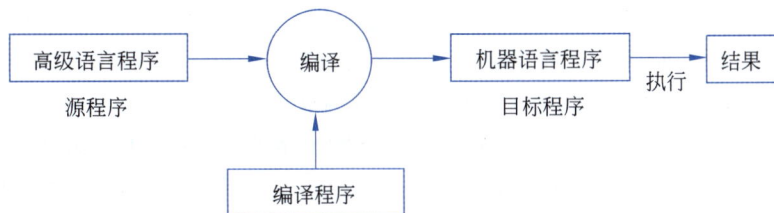

图 3.12　编译过程

基础知识练习

（1）举例说明什么是数学建模。数学建模的意义何在？
（2）什么是算法？
（3）算法应具备哪些特征？
（4）常用的算法设计策略有哪些？
（5）算法的描述方式有哪些？
（6）什么是算法的复杂度分析？
（7）评价算法的标准有哪些？

（8）设计一个算法，求 $1+2+4+\cdots+2^n$ 的值，并画出算法流程图。

（9）某单位发放临时工工资，工人每月工作不超过 20 天时一律发放 2000 元。超过 20 天时分段处理：25 天以内，对超过天数为每天 100 元，25 天以上则是每天 150 元。设计一个算法，根据输入的天数，计算应发的工资，并画出算法流程图。

（10）找出由 n 个数组成的数列 x 中最大的数 Max。如果将数列中的每一个数字大小看成一颗豆子的大小，我们可以利用一个"捡豆子"的生活算法来找到最大数，步骤如下：首先将第一颗豆子放入口袋中；从第二颗豆子开始比较，如果正在比较的豆子比口袋中的还大，则将它捡起放入口袋中，同时丢掉原先口袋中的豆子，如此循环直到最后一颗豆子；最后口袋中的豆子就是所有的豆子中最大的一颗。尝试用流程图表示这个算法。

（11）分别用递推法和递归法计算 $n!$。

（12）设计一个算法，找出 1～1000 中所有能被 7 和 11 整除的数。

（13）一张单据上有一个 5 位数的编号，万位数是 1，千位数是 4，百位数是 7，个位数、十位数已经模糊不清。该 5 位数是 57 或 67 的倍数，输出所有满足这些条件的 5 位数的个数。设计本问题的算法。

（14）雨水淋湿了一道算术题，总共 8 个数字只能看清 3 个，第一个数字虽然看不清，但可看出不是 1。设计一个算法求其余数字是什么。

$$[\square\times(\square3+\square)]^2=8\square\square9$$

（15）有 5 个人，第 5 个人说他比第 4 个人大 2 岁，第 4 个人说他比第 3 个人大 2 岁，第 3 个人说他比第 2 个人大 2 岁，第 2 个人说他比第 1 个人大 2 岁，第 1 个人说他 10 岁。求第 5 个人多少岁？利用本章所学问题求解的思维，设计本问题的算法。

（16）有一个莲花池，起初有一朵莲花，每过一天莲花的数量就会翻一倍。假设莲花永远不凋谢，30 天的时候莲花池全部长满了莲花，请问第 23 天的莲花占莲花池的几分之几？利用本章所学问题求解的思维，设计本问题的算法。

（17）有一个农场在第一年的时候买了一头刚出生的牛，这头牛在第四年的时候就能生一头小牛，以后这头牛每年都会生一头小牛。这些小牛成长到第四年又会生小牛，以后每年同样会生一头牛，假设牛不死，如此反复。请问 50 年后，这个农场会有多少头牛？利用本章所学问题求解的思维，设计本问题的算法。

能力拓展与训练

一、实践与探索

1. 优化百钱买百鸡问题算法：在百钱买百鸡问题中，尝试优化枚举算法，减少不必要的计算步骤。例如，通过分析方程之间的关系，进一步缩小变量的取值范围。对比优化前后算法的时间复杂度，并用图表展示随着鸡的总数和总钱数变化时，两种算法运行时间的差异。

2. 设计智能图书推荐系统：利用所学的推荐算法相关知识，设计一个简单的智能图书推荐系统。假设系统中有图书信息库（包含书名、作者、内容简介、读者评分等）和用户信息库（包含用户借阅历史、搜索记录等）。要求先建立系统的数学模型，然后选择合适的算法设计推荐逻辑，最后用一种你熟悉的编程语言实现该系统的基本推荐功能，并进行测试和优化。

二、角色模拟

1. 假如你是算法工程师：在一个在线教育平台项目中，你负责设计视频推荐算法。请描述你会如何收集用户数据（如观看历史、学习时长、课程评价等），怎样选择合适的算法（如协同过滤算法、基于内容的推荐算法）对用户进行视频推荐，并解释如何评估和优化推荐算法的效果，以提高用户对推荐视频的满意度和点击率。

2. 作为游戏开发者：正在开发一款解谜游戏，其中有一个类似迷宫的关卡。请描述你会如何运用回溯法设计游戏角色在迷宫中的寻路算法，包括如何确定起点和终点、如何标记已探索的路径、如何处理死胡同并返回上一步等。同时，说明如何在游戏界面中展示角色的寻路过程，以增强游戏的趣味性和用户体验。

第 **4** 章 人工智能之程序思维

4.1 认识软件、程序和程序设计

1. 软件的概念

根据国际化标准组织的定义,软件是与计算机系统操作有关的程序、过程、规则,以及所有有关的文档资料和数据。简单地说,软件是指为运行、管理和维护计算机而编制的各种程序、数据和文档的总称。程序是计算机可以执行的代码以及与程序有关的数据,文档是用来描述、使用和维护程序及数据所需要的图文资料。

2. 程序与程序设计

现实世界中的问题必须通过人类的思维将问题进行形式化、程序化和机械化后,才能利用计算机来进行问题求解。程序方式是人类使用计算机的高级方式,程序反映了人类求解问题的思维和方法。

1976 年,瑞士苏黎士联邦工业大学的科学家 Niklaus Wirth 提出了公式"程序=算法+数据结构"。

程序是完成某一任务的指令或语句的有序集合;算法描述了依据问题实例数据所产生的解决方案和产生预期结果所需的一套步骤;数据是程序处理的对象和结果。

程序设计是指从问题分析,直到编码实现的全过程;程序设计是把客观世界问题求解的过程映射为计算机的一组动作。

程序设计一般可以分为以下四个阶段。

(1)分析。在着手解决问题之前,要通过分析来充分理解问题,明确解题要求以及需要输入和输出的数据等。

(2)设计。在真正编程之前,需要有一个能解决这个问题的计算过程模型。这种模型包括两个方面,一方面需要表示计算中要处理的数据,另一方面必须有求解问题的计算方法,即通常所说的算法。

(3)编码。有了解决问题的抽象计算模型,下一步工作就是用某种适当的编程语言来实现这个模型,做出一个可能由计算机执行的实际计算模型,也就是一个程序。

(4)调试和测试。复杂的程序通常不可能一蹴而就,编写的代码中可能有各种错误,最简单的是语法和类型错误。程序可以运行并不代表它就是所需的那个程序,还需要通过尝试性的运行来确定其功能是否满足需要,测试和调试过程中可能会出现运行错误和逻辑错误,需要修正,直至得到令人满意的程序。

调试的任务是排除编码错误,保证程序稳定的运行,并对程序的局部功能和性能进行检查。测试的任务是排除逻辑错误和系统设计错误,对程序进行系统全面的检查,保证程序整体的功能和性能。

也可以说,程序设计主要做两件事情:第一,用特定数据类型和数据结构将信息表示出来;第二,用控制结构将信息处理过程表示出来。

3. 程序设计中的数据和数据结构

在程序设计中,现实世界中的信息需要用编程语言提供的符号化手段来表示,这种符号化表示称为数据。

客观世界是复杂多样的、多变的,因此数据也是复杂的、多样的、多变的,而且不同的数据在存储、表示、运算上都有所不同。为此,高级程序设计语言都会对数据进行分类,以便规范和简化数据的处理过程。

一般来说,高级程序设计语言都预定一些基本数据类型,如 Python 语言中预定了数值、字符串、布尔、列表、元组、字典、集合等。而且程序设计语言还允许在基本数据类型的基础上构造更复杂的数据类型。此外,在程序设计语言中,每一种数据类型由两部分组成:全体合法的值和对合法值执行的各种运算(即各种数据类型的运算操作)。

高级语言提供的数据类型(如整型、字符串类型等)使我们在编程时不用考虑每种数据在计算机内部的存储细节以及运算的实现细节,直接按照数据类型的外部抽象数学特性来使用数据就可以,大大方便了程序设计。

计算机的程序是对信息(数据)进行加工处理。程序=算法+数据结构,程序的效率取决于两者的综合效果。随着信息量的增大,数据的组织和管理变得非常重要,它直接影响程序的效率。可以说算法是处理问题的策略,数据结构是问题的数学模型。

简单地说,数据结构是一门主要研究非数值计算的程序设计问题中所出现的计算机操作对象以及它们之间关系和操作的学科。

例如,很多数值计算问题都有其数学模型和解决方法,比如天天看到的天气预报,需要对环流模式方程求解;在房屋设计或桥梁设计中的结构应力分析,需要求解高次线性代数方程组等,这些问题可以通过数学方法进行表达。非数值计算型问题,比如对一组整数进行排序、图书检索、棋类对弈、煤气管道的铺设等,不能够通过数学方程表达出来,需要抽象出诸如表、树和图之类的数据结构,建立其问题的数学模型。例如,排序和图书检索问题可以使用线性模型,棋类对弈可以使用树状模型,煤气管道铺设可以使用网状模型。

因此,数据结构是计算机存储、组织数据的方式。数据结构是指相互之间存在一种或多种特定关系的数据元素的集合。数据结构研究数据的逻辑结构和物理结构以及它们之间的相互关系,并对这种结构定义相应的运算。通常情况下,精心选择的数据结构可以带来更高的运行或存储效率。数据结构往往与高效的检索算法和索引技术有关。

计算机中数据结构无处不在,比如,一幅图像是由简单的数值组成的矩阵,一个图形中的几何坐标可以组成表,语言编译程序中使用的栈、符号表和语法树,操作系统中所用到的队列、树形目录等都是有结构的数据。

高级语言中固有的基本数据类型只能用来描述简单的数据。用户在解决实际问题时往往需要构建一些复杂的数据类型——描述该数据类型的数学特性,为它定义一组操作,这正是数据结构中抽象数据类型(Abstract Data Type,ADT)的建模方法。抽象数据类型是指一个数据模型以及定义在此模型上的一组操作。抽象数据类型需要通过固有数据类型(高级编程语言中已实现的数据类型)来实现。抽象数据类型是与表示无关的数据类型。对一个抽象数据类型进行定义时,必须给出它的名字及各运算的运算符名,即函数名,并且规定这些函数的参数性质。一旦定义了一个抽象数据类型及具体实现,在程序设计中就可以像使用基本数据类型那样,十分方便地使用抽象数据类型。

4.2　Python 语言概述

人类有了语言和文字后才有了蓬勃的文明发展;同样,计算机也是在有了计算机语言后,程序员才能通过编程与计算机进行高效地沟通。计算机语言、算法和程序是三位一体的,计算机语言是工具,算法是解题思路,是程序设计的灵魂,程序是用某种计算机语言来实现算法的技术。

Python 的创始人是 Guido van Rossum。1989 年圣诞节期间,在阿姆斯特丹,Guido 为了打发圣诞节的无趣,决心开发一个新的脚本解释程序。之所以选 Python 作为该编程语言的名字,是因为他是一个叫 Monty Python 的喜剧团体的爱好者。

1991 年推出第 1 个版本后,Python 语言迅速得到了信息安全领域相关人员的认可,多年来一直是黑客技术相关领域的必备语言之一。近年来,随着大数据与人工智能的发展,Python 得到蓬勃发展,成为首选语言之一,目前已经渗透到几乎所有的领域,包括计算机安全、网络安全、数据采集、数据分析、科学计算、图像处理、网站开发、移动端应用开发、电子电路设计、无人机、辅助教育等。

4.2.1　Python 语言的特点

Python 是一种面向对象、解释型的计算机程序设计语言。Python 的设计哲学是优雅、明确和简单。

(1) 以快速解决问题为主要出发点,不涉及过多的计算机底层知识,需要记忆的语言细节少,可以快速入门。

(2) 支持命令式编程、函数式编程、面向对象程序设计等模式,使代码更优雅。

(3) 语法简洁清晰,代码布局优雅,可读性和可维护性强。强制要求的缩进的代码排版,增强了代码的可读性和可维护性。

(4) 内置数据类型、内置模块和标准库提供了大量功能强大的操作和对象,许多在其他编程语言中需要十几行甚至几十行代码才能实现的功能,在 Python 中被封装为一个函数,直接调用即可,降低了非计算机专业人士学习和使用 Python 的门槛。

(5) 拥有大量的几乎支持所有领域应用开发成熟扩展库和狂热支持者。截至 2025

年 4 月的数据显示 PYPI(Python Package Index,Python 第三方库的仓库)已经收录了超过 61 万个扩展库项目,可以快速解决不同领域的问题。

4.2.2　Python 环境搭建

如何在本地搭建 Python 开发环境呢? Python 可应用于多平台,包括 Linux 和 macOS X,这些系统已经自带 Python 支持,不需要再配置安装了。可以通过在终端窗口输入"python"命令来查看本地是否已经安装 Python 以及已安装的 Python 版本,然后根据需要升级或安装。

在 Window 平台上安装 Python 的简单步骤如下。

(1) Python 下载。打开 Python 官网主页 https://www.python.org/后选择适合自己的版本下载并安装即可。本书所有示例是在 Windows 10 上使用 Python 3.9.2 进行开发和演示的。

(2) 打开 Web 浏览器访问官方网站: https://www.python.org/downloads/,在下载列表中选择 Window 平台安装包。

(3) 双击下载包,进入 Python 安装向导,首先建议选择第二项自定义安装 (Customize installation),并选择最下面的 Add Python 3.9 to PATH 选项,如图 4.1 所示。此选项的功能是把 Python 的安装路径以及 Scripts 子文件夹添加到系统环境变量的 Path 变量中,以后在命令行输入 python 命令就会去调用 python.exe,这样在任意路径下都可以启动 Python 了。

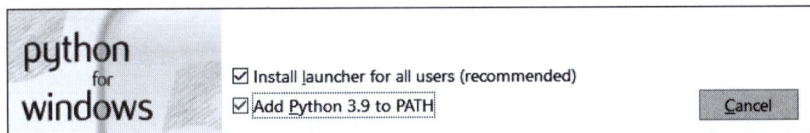

图 4.1　Python 安装界面

(4) 选择第二项自定义安装后,在接下来的安装界面中,建议同时选择安装 pip(管理扩展库的工具)和 IDLE(Python 自带的开发环境)。

(5) 自行设置安装位置,建议设置简单一点的路径,否则在后面编程时不方便。比如,设置为"C:\Python3\"。

4.2.3　Python 的开发环境

Python 的开发环境有很多,除了适合初学者的 Python 官方安装包自带的 IDLE 外,还有 Eclipse、PyCharm、wingIDE、Anaconda3、VS Code 等软件也提供了功能更加强大的 Python 开发环境,其中 Anaconda3 是非常优秀的数据科学平台,支持 Python 语言和 R 语言,集成了大量扩展库,可以在 Anaconda3 官方网站中下载安装。

使用 Python 官方安装包安装后,默认使用 IDLE 为集成开发环境,本书均以 IDLE 为例。

1. IDLE 的启动

IDLE 是与 Python 一起安装的,只要确保在安装界面中选中了"Tcl/Tk"组件,默认时该组件是处于选中状态的。

安装好 Python 后,在"开始"菜单选择 Python 3.9→IDLE(Python 3.9 64-bit)命令,即可启动 Python 解释器 IDLE,并可以看到当前安装的 Python 版本号(目前 AI 开放平台均支持 Python 3.7.0 及以上版本),如图 4.2 所示。

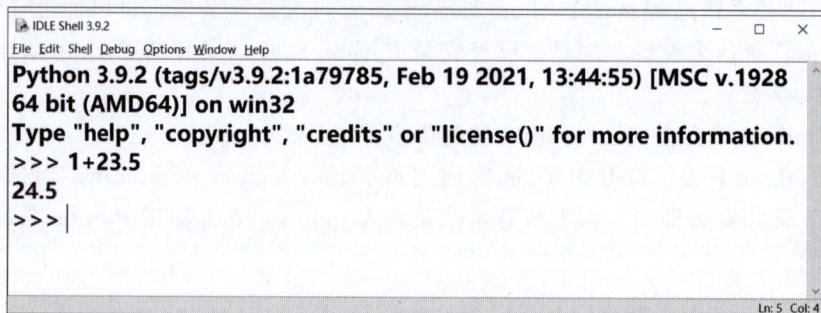

图 4.2　Python 主界面

2. IDLE 的交互模式

启动 IDLE 后,首先映入我们眼帘的是 IDLE Shell,通过它可以在 IDLE 内部执行 Python 命令。除此之外,IDLE 还带有编辑器、交互式解释器和调试器。

"＞＞＞"是 Python 的默认交互提示符。这是一个增强的交互命令行解释器窗口,具有较强的编辑功能,方便进行简单交互程序的编辑。例如:

```
>>> 1+2
3
>>> import math
>>> math.sqrt(9)
3.0
```

在交互模式中运行代码,能清楚地了解执行过程,比较适合用来查看或者验证某个特定的语句,但代码不方便保存和修改,如果要保存代码,需要使用文件编辑模式。

3. 配置 IDLE

在使用 IDLE 之前,建议进行如下的配置,方便以后的使用。

单击菜单 Option→Configure IDLE,打开配置界面,在 Fonts/Tabs 选项卡中设置字体(推荐使用 Consolas 字体)、字号以及代码缩进的单位(推荐使用 4 个空格),在 General 选项中,勾选 Show line numbers in new windows 复选框,设置在程序文件中显示行号。

4. IDLE 的文件编辑模式

(1)新建与编辑。

按 Ctrl+N 快捷键或在 IDLE 的 File 菜单中选择 New File 选项,则会打开一个新的空白窗口,在此窗口中即可大段落编写代码,这里要注意每行顶格写。

(2)保存和运行。

完成编辑后,按 Ctrl+S 快捷键或在 File 菜单中选择 Save 选项保存文件。如果未保存直接运行将会出现提示,提醒用户请先保存文件。保存文件时,文件的扩展名为.py 或 .pyw,后者一般用于带有菜单、按钮、组合框或其他元素的 GUI 程序。

保存后,按 F5 键或选择 Run 菜单的 Run Module 选项运行程序。这时,如果程序无错误,即可在 IDLE 的交互编辑环境看到输出结果。由于此交互环境已经保存了刚刚运行的这个程序,所以可以继续在此交互环境中检查或者使用之前定义的变量、函数等信息,这对于调试程序非常有帮助。

(3) 打开已有的 Python 程序。

双击要打开的.py 文件,也可以运行 Python 程序,但这时有可能看到一个窗口一闪而过,这说明程序已经运行,只是输出时间太快。为了看到输出结果,可以在程序末尾加一个 input()函数。例如:

```
input("程序运行结束,按回车键退出。")
```

这种方法看不到程序源代码,显然很不方便,因此建议使用如下方法。

方法 1:右击要打开的.py 文件,在弹出的快捷菜单中选择 Edit with IDLE,在其级联菜单中再选择 Edit with IDLE 3.9(64-bit),如图 4.3 所示。这时将进入文件编辑模式,按 F5 键或选择 Run 菜单的 Run Module 命令运行程序即可。

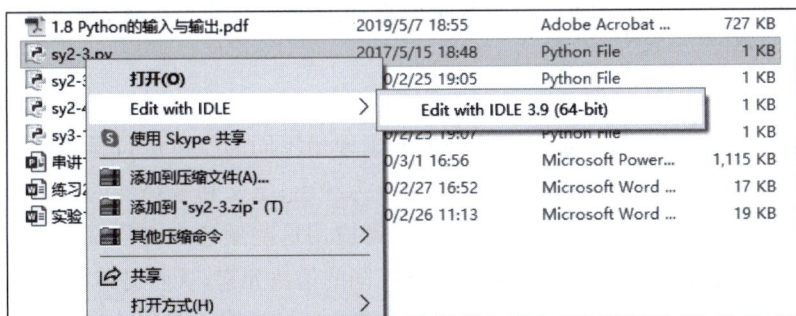

图 4.3　右击程序文件弹出的快捷菜单

方法 2:启动 IDLE,然后在 File 菜单中选择 Open 命令。

5. 使用 IDLE 的调试器

软件开发过程中,总免不了出现这样或那样的错误,如语法错误、逻辑错误、运行错误等。对于语法错误,Python 解释器能很容易地检测出来,这时它会停止程序的运行并给出错误提示。对于其他类型的错误,往往需要对程序进行调试。

(1) 最简单的调试方法是直接显示程序数据。

例如,可以在某些关键位置用 print 语句显示出变量的值,从而确定有没有出错。但是这种办法比较麻烦,因为开发人员必须在所有可疑的地方都插入 print 语句。等到程序调试完后,还必须将这些语句全部清除。

(2) 使用调试器来进行调试。

使用调试器可以分析被调试程序的数据,并监视程序的执行流程。

调试器的功能包括暂停程序执行、检查和修改变量、调用方法而不更改程序代码等。

IDLE 也提供了一个调试器,帮助开发人员来查找逻辑错误。

IDLE 调试器的使用方法如下。

选择 Debug 菜单中的 Debugger 命令,就可以启动 IDLE 的交互式调试器。这时,IDLE 会打开 Debug Control 窗口,并在 Python Shell 窗口中输出[DEBUG ON]并后跟一个>>>提示符。这样,就能像平时那样使用这个 Python Shell 窗口了。可以在 Debug Control 窗口查看局部变量和全局变量等有关内容。如果要退出调试器的话,可以再次单击 Debug 菜单中的 Debugger 菜单项,IDLE 会关闭 Debug Control 窗口,并在 Python Shell 窗口中输出[DEBUG OFF]。

6. IDLE 的使用特性

IDLE 为开发人员提供了许多有用的特性,如自动缩进、语法高亮显示、单词自动完成以及命令历史等。在这些功能的帮助下,能够有效地提高我们的开发效率。

(1)缩进。

当按回车键之后,IDLE 自动进行了缩进。一般情况下,IDLE 将代码缩进一级,即 4 个空格。如果想改变这个默认的缩进量的话,可以从文件编辑模式的 Format 菜单选择 New indent width 项来进行修改。对初学者来说,需要注意的是,尽管自动缩进功能非常方便,但是我们不能完全依赖它,因为有时候自动缩进未必符合要求,所以还需要仔细检查一下。

(2)语法高亮显示。

所谓语法高亮显示,就是对代码不同的元素使用不同的颜色进行显示。默认情况下,关键字显示为橘红色,注释显示为红色,字符串为绿色,定义和解释器的输出显示为蓝色,控制台输出显示为棕色。在输入代码时,会自动应用这些颜色来突出显示。

语法高亮显示的好处是,可以更容易区分不同的语法元素,从而提高可读性;与此同时,语法高亮显示还降低了出错的可能性。比如,如果输入的变量名显示为橘红色,那么就说明该名称与预留的关键字冲突,所以必须给变量更换名称。

(3)自动输入提示功能。

自动输入提示是指当用户输入单词的一部分后,按 Alt+/快捷键或从 Edit 菜单选择 Expand word 项,IDLE 就能够根据语法或上下文来补全该单词。对于 Python 的关键字,比如函数,只需输入开头的一个或几个字母,然后 Edit 菜单选择 Show completions,IDLE 就会给出一些列表选项请用户选择。IDLE 还可以显示语法提示,比如输入"print(",IDLE 会弹出一个语法提示框,显示 print 函数的语法格式。

(4)命令历史功能。

命令历史可以记录会话期间在命令行中执行过的所有命令。在提示符下,可以按 Alt+P 快捷键找回这些命令,每按一次,IDLE 就会从最近的命令开始检索命令历史,按命令使用的顺序逐个显示。按 Alt+N 快捷键,则可以反方向遍历各个命令,即从最初的命令开始遍历。

在 IDLE 环境中,除了剪切(Ctrl+X)、复制(Ctrl+C)、粘贴(Ctrl+V)、全选(Ctrl+

A)、撤销(Ctrl＋Z)等常规快捷键外,其他常用快捷键如下。

- Alt＋P：浏览历史命令(上一条)。
- Alt＋N：浏览历史命令(下一条)。
- Ctrl＋F6：重新启动 Shell,之前定义的对象和导入的模块全部失效。
- Alt＋/：自动完成单词,只要文中出现过,就可以帮你自动补全。多按几次可以循环选择。
- Ctrl＋]：缩进代码块。
- Ctrl＋[：取消缩进代码块。
- Alt＋3：注释代码行。
- Alt＋4：取消注释代码行。
- F1：打开 Python 帮助文档。

> **注意**：在本书的示例中,带有符号"＞＞＞"的代码是指在 IDLE 交互环境下运行的代码;不带此提示符的表示是以文件模式运行的。

4.3　Python 语言基础

4.3.1　标识符和关键字

标识符是程序中用来表示变量、函数、类、模块和其他对象的名称。

1. 标识符的命名规则

在 Python 中,标识符由字母、汉字、数字以及下画线组成,不能以数字开头,也不能与 Python 中的关键字(保留字)相同。Python 中的标识符区分大小写,不限定长度。

> **注意**：在 Python 3.x 中,标识符还可以使用阿拉伯文、中文、日文或俄文字符或 Unicode 字符集支持的任意其他语言中的字符进行命名,但不建议使用。Unicode 又称为统一码、万国码、单一码,是计算机科学领域里的一项业界标准,它包括字符集、编码方案等。Unicode 为每种语言的每个字符设定了统一并且唯一的二进制编码,以满足跨语言、跨平台进行文本转换与处理的要求。

2. Python 关键字

在交互方式中输入 help →keywords,可以进入帮助系统,查看 Python 的所有关键字列表,并可以根据提示查看某个关键字的说明信息。退出帮助系统使用 quit 命令。

```
help> keywords
Here is a list of the Python keywords.  Enter any keyword to get more help.
```

False	break	for	not
None	class	from	or
True	continue	global	pass
__peg_parser__	def	if	raise
and	del	import	return
as	elifin	try	
assert	else	is	while
async	except	lambda	with
await	finally	nonlocal	yield

> **注意**：关键字共有 36 个，其中 True、False、None 这三个关键字的开头字母需要大写。

例 4-1　指出以下标识符中哪些是不合法的？为什么？

(1) while；(2) _2ss；(3) a_123；(4) C66；(5) age；
(6) 20XL；(7) _name；(8) int64；(9) a＋b；(10) my_score。

4.3.2　程序的书写规则

1. 程序的构成

常量是在程序运行过程中其值不发生改变的量，如 123、123.45、"sum＝"等。

变量是在程序运行过程中其值可以发生变化的量。变量具有名字、数据类型和值等属性。

表达式是常量、变量和运算符按一定规则连接而成的式子，如 1＋2、a＋b 等。单个的常量或变量可以看作表达式的特例，如 123、score 等。

(1) 能表达完整意义的命令就构成一条语句，表达式也能构成语句。例如：

```
a = 5
a+b
```

(2) 在 Python 中，一行就是一条语句，一行也可以写多条语句，每条语句之间用分号隔开。例如：

```
a = 5; b = 10
```

(3) 如果一条语句需要分成多行写，可以使用反斜杠来表示续行。这种写法可读性差，不建议使用。例如：

```
a = (x+y-3) * 8+(x * y-x+29)/2\
  - (y+3) * (x+2)
```

(4) 如果数据是元组、列表、字典，数据元素可以分多行书写且不需要续行符。例如：

```
a = [1,2,3,4,5,6,7,8,9,10,
     11,12,13,14,15,16,17]
print(a)
```

2. 行和缩进

Python 最具特色的就是用缩进来编写模块。缩进就是在一行中输入若干空格或制表符(按 Tab 键产生)后,再开始书写字符。缩进量相同的是一组语句,称为构造块或程序段。像 if、while、def 和 class 这样的复合语句,首行以关键字开始,以冒号(:)结束,该行之后的一行或多行代码构成程序段。

建议在每个缩进层次使用四个空格。使用制表符时要注意设置的缩进量是否为四个空格。

例 4-2　正确的缩进书写。

```
1   if 5>3:
2       print("True")
3   else:
4       print("False")
```

3. 注释

注释就是对代码的解释和说明,其目的是让人们能够更加轻松地了解代码。注释是编写程序时,编写程序的人给语句、程序段、函数等的解释或提示,能够提高程序代码的可读性和可理解性。

在 Python 中单行注释使用 # 开头。

多行注释使用三个单引号('')或三个双引号(""")。例如:

```
'''
此程序的功能是计算数列之和
其中 Sum 代表数列和
05.py
'''
```

又如:

```
"""
此程序的功能是利用选择结构根据不同的行李重量计算运费
其中 w 代表行李重量,s 代表运费
"""
```

4. 关键字与大小写

Python 对大小写敏感。关键字的各种自定义标识符在使用时要注意区别大小写。初学时一定要注意,比如,if 不能写成 If 或 IF,score 和 Score 是两个不同的变量名。

5. 空语句

如果一行中什么也没有,或只有空格、制表符(Tab)、换页符和注释,也是一条语句,称为空语句。空语句往往用来使程序的层次更清晰。

4.3.3　基本的输入和输出

任何计算机程序都是为了执行一个特定的任务,通过输入,用户才能告诉计算机程序所需的信息;有了输出,程序运行后才能告诉用户任务的结果。我们把输入输出统称为Input/Output,或者简写为 I/O。input()和 print()是在命令行下最基本的输入和输出函数。

1. 输入

Python 提供了一个 input()函数,可以让用户输入字符串,并存放到一个变量里。格式如下:

```
<变量> = input([提示])
```

其中提示可以缺省。
例如,当输入

```
>>>name = input("请输入你的名字:")
```

并按下 Enter 键后,Python 交互式命令行就会出现提示:

```
请输入你的名字:
```

并等待你的输入。输入"Helen"后,Python 交互式命令行又回到"＞＞＞"状态。刚才输入的内容存放到 name 变量中了。可以直接输入 name 来查看其内容:

```
>>> name
'Helen'
```

> **注意**:input()函数的返回值是字符串类型,即不论用户输入什么内容,一律作为字符串对待。

例 4-3　如果有以下程序,程序运行时输入 x 为 100,y 为 99,运行结果为什么是False 呢? 请分析。

```
1    x = input("请输入 x:")
2    y = input("请输入 y:")
3    print(x>y)
```

【运行结果】

```
请输入 x:100
请输入 y:99
False
```

2. 输入时常用的类型转换函数

从例 4-3 我们知道,input()函数的返回值是字符串类型,所以如果要输入数值,常常需要使用 eval()、int()或 float()转换成数字类型。

（1）eval()函数。

eval(x)的作用是计算字符串 x 中有效的表达式值，从而将 x 转换成数字类型。例如：

```
>>> eval('2 + 2')
4
```

◆例4-4 如果希望例 4-3 的运行结果为 True，如何修改程序呢？

```
1   x = eval(input("请输入 x:"))
2   y = eval(input("请输入 y:"))
3   print(x>y)
```

【运行结果】

```
请输入 x:100
请输入 y:99
True
```

（2）int()函数。

int(x[,base])的作用是把一个数字或字符串 x 转换成整数（舍去小数部分），base 为可选参数，指定 x 的进制，默认为十进制。例如：

```
>>> int(3.9)
3
```

（3）float()函数。

float()函数的作用是把一个数字或字符串 x 转换成浮点数。例如：

```
>>> float(12)
12.0
```

◆例4-5 如果把例 4-4 程序中的 eval()改为 int()或 float()，结果如何呢？

```
1   x = int(input("请输入 x:"))
2   y = int(input("请输入 y:"))
3   print(x>y)
4   x = float(input("请输入 x:"))
5   y = float(input("请输入 y:"))
6   print(x>y)
```

3. 输出

输出使用 print()函数，格式如下：

```
print(<输出项列表>,[ sep=<分隔符>, end=<结束符>])
```

其中：

- 输出项列表：指用逗号分隔开多项内容。
- sep=＜分隔符＞：指可以设置分隔符，如 sep=ʻ'缺省，默认为空格。此项可以省略。
- end=＜结束符＞：指可以设置结束符，如 end=ʻ'缺省，默认为换行符。此项可以省略。

常用以下 4 种形式。

（1）直接输出字符串、变量等内容。例如：

```
name ="Alice"
print("Hello!" , name , "!")
```

也可以使用逗号分隔多个输出项，自动添加空格。例如：

```
x =10
y =20
print("x 的值是", x, ",y 的值是", y)
```

（2）使用％操作符格式化输出。例如：

```
price =9.99
print("商品价格是：%.2f 元" %price)                      #输出结果四舍五入到小数点后面两位
```

（3）使用 str.format()方法格式化输出。例如：

```
name ="Bob"
age =30
print("我叫{},今年{}岁".format(name, age))            #按照对应的槽输出变量
```

在格式化字符串时，可以控制字段宽度、对齐方式和填充字符。例如：

```
print("{:.2f}".format(1.2345))              #输出结果四舍五入到小数点后面两位
print("{:10}".format("left"))               #左对齐,占 10 个字符宽度
print("{:>10}".format("right"))             #右对齐
print("{:^10}".format("center"))            #居中对齐
print("{:-^10}".format("fill"))             #居中对齐,用'-'填充
```

（4）Python 3.6 之后版本引入的 f-string(格式化字符串字面值)。例如：

```
score =85
print(f"我的考试成绩是{score}分")
print(f"我的考试成绩是{score:.3f}分")   #输出结果四舍五入到小数点后面三位
```

4.4   Python 的常用数据类型

在 Python 中的数据类型主要有数字类型、Bool(布尔)型、字符串类型、组合类型。其中，组合类型包括序列类型(包括字符串、列表、元组)、映射类型(字典)和集合类型。

4.4.1　常量、对象、变量和动态类型化

一般程序设计语言使用常量、对象和变量三种基本的方式来引用数据。

1. 常量

常量是在程序执行期间值不发生改变的量。在 Python 中，常量主要有两种：直接常量和符号常量。

（1）直接常量：直接常量就是各种数据类型的常数值，如 123、123.45、True、False、'abc'等。

（2）符号常量：符号常量是具有名字的常数，用名字代替永远不变的数值。

在一些模块中有时用到符号常量，如常用的 math 模块中的 pi 和 e。

```
>>> from math import *
>>> pi
3.141592653589793
```

数据、符号、函数等都是对象。Python 中每一个对象都

型和一个值。

一旦创建就不再改变，可以把它当作对象在内存中的地

象的 id 标识。例如：

象支持的操作，也定义了对象的取值范围。对象的类型也

type()函数可以返回对象的类型。

以改变，分为可变对象和不可变对象。Python 中大部分对

字符串、元组等。字典、列表等是可变对象。

删除单个或多个对象。del 语句的语法格式如下：

```
,varN]]]
```

其值可以发生变化的量。变量具有名字、数据类型和值等属性。

量的使用都有严格的类型限制。而 Python 语言采用的是另

Python 使用动态类型化来实现语言的简洁、灵活性和多态

性。所谓 Python 的动态类型化,就是在程序运行的过程中自动决定对象的类型。

在 Python 中,变量并不是某个固定内存单元的标识,Python 的变量不需要事先声明,可以直接使用赋值运算符"＝"对其赋值,根据所赋的值来决定其数据类型,也就是说,不需要预先定义变量的类型。

变量指向一个对象,从变量到对象的连接称为引用。例如:

```
x = 5
```

表示创建了一个整型对象 5、变量 x,并使变量 x 连接到对象 5,也称变量 x 引用了对象 5 或 x 是对象 5 的一个引用。这个引用是可以动态的。变量类型就是它所引用的数据的类型。对变量的每一次赋值,都可以能改变变量的类型。

4.4.2　数字类型

数字类型用于存储数值。改变数字数据类型会分配一个新的对象。当指定一个值时,数字对象就会被创建。例如:

```
var1 = 1
var2 = 10
```

Python 支持三种不同的数字类型:int(整数)、float(浮点数)和 complex(复数)。

1. 整数

在 Python 3.x 中,不再区分整数和长整数。整数的取值范围受限于运行 Python 程序的计算机内存大小。

整数类型有 4 种进制表示:十进制、二进制、八进制和十六进制,默认使用十进制,其他进制需要增加前导符,如表 4.1 所示。

表 4.1　整数类型的 4 种进制表示

进制	前导符	描　　述
十进制	无	默认情况,例如,123、−125
二进制	0b 或 0B	例如,0b11 表示十进制的 3
八进制	0o 或 0O	例如,0o11 表示十进制的 9
十六进制	0x 或 0X	例如,0x11 表示十进制的 17

2. 浮点数

Python 的浮点数就是数学中的小数,浮点数可以用一般的数学写法,如1.23、3.14、−9.01 等。而对于很大或很小的浮点数,就必须用科学计数法表示,把 10 用 e 替代,把 $1.23×10^9$ 写成 1.23e9 或 12.3e8,把 0.000012 写成 1.2e−5 等。

在运算中,整数与浮点数运算的结果是浮点数,整数和浮点数在计算机内部存储的方式是不同的,整数运算永远是精确的,而浮点数运算则可能会有四舍五入的误差。

> 注意:Python 要求所有浮点数必须带有小数部分,小数部分可以是 0,这种设计可以很好地区分浮点数和整数。

3. 复数

复数由实数部分和虚数部分组成,一般形式为 x＋yj,其中的 x 是复数的实数部分, y 是复数的虚数部分,这里的 x 和 y 都是实数。注意,虚数部分的字母 j 大小写都可以,如 5.6＋3.1j 与 5.6＋3.1J 是等价的。

对于复数 z,可以用 z.real 和 z.imag 分别获得它的实数部分和虚数部分。例如:

```
>>> a = 1+2j
>>> a.real
1.0
>>> a.imag
2.0
```

4.4.3　数字类型的运算

运算符是用来连接运算对象、进行各种运算的操作符号。Python 解释器为数字类型提供数值运算符、数值运算函数和数字类型转换函数等。

1. 数值运算符

数值运算符如表 4.2 所示,其中"＋""－"运算符在单目运算(单个操作数)中做取正号和负号运算,在双目运算(两个操作数)中做算术加减运算,其余都是双目运算符。

表 4.2　数值运算符与示例

数值运算符	描述	优先级	示　例

**	幂运算	1	>>> 2**3
			8
			>>> 27**(1/3)
			3.0

~	按位取反(按操作数的二进制数运算,1 取反为 0,0 取反为 1)	2	>>> ～5 －6 因为 5 的 9 位二进制为 00000101,按位取反为 11111010,即－6
＋、－	一元加号、一元减号	3	＋3 的结果是 3,－3 的结果是－3

*、/、//、%	乘法、除法(默认进行浮点数运算,输出也是浮点数)、整商、求余数(模运算)	4	>>> 2 * 3
			6
			>>> 10/2
			5.0
			>>> 10//3
			3
			>>> 10%3
			1

＋、－	加法、减法	5	>>> 10＋3
			13
			>>> 10－3
			7

数值运算符	描述	优先级	示 例

<<、>>	向左移位、向右移位	6	>>> 3<<2
			12
			>>> 3>>2
			0

&	按位与(将两个操作数按相同位置的二进制位进行操作,两者均是1时结果为1,否则为0)	7	>>> 2&3 2
^	按位异或(将两个操作数按相同位置的二进制位进行操作,不相同时结果为1,否则为0)	8	>>> 2^3 1
|	按位或(将两个操作数按相同位置的二进制位进行操作,只要有一个为1结果即为1,否则为0)	9	>>> 2|3 3

表 4.3 列出了 Python 语言支持的赋值运算符。

表 4.3　赋值运算符与示例

赋值运算符	描　述	示　例
=	简单的赋值运算符,把赋值号"＝"右边的结果赋值给左边的变量	c ＝ a ＋ b
+=	加法赋值操作符	c ＋= a 等价于 c = c ＋ a
-=	减法赋值操作符	c － = a 等价于 c = c － a
*=	乘法赋值操作符	c * = a 等价于 c = c * a
/=	除法赋值操作符	c /= a 等价于 c = c / a
%=	取模赋值操作符	c ％= a 等价于 c = c ％ a
**=	幂赋值运算符	c **= a 等价于 c = c ** a
//=	整商赋值运算符	c //= a 等价于 c = c // a

2. 内置的数值运算函数

在 Python 解释器提供了一些内置函数,其中常用的数值运算函数如表 4.4 所示。

表 4.4　常用的内置数值运算函数与示例

数值运算函数	描　述	示　例

abs(x)	求绝对值,参数可以是整型,也可以是复数;若参数是复数,则返回复数的模	>>> abs(−5)
		5
		>>> abs(3+4j)
		5.0

数值运算函数	描　述	示　例

pow(x,y[,z])	pow(x,y)返回 x**y 的值
	pow(x,y,z)返回 x**y%z 的值
	pow()函数将幂运算和模运算同时进行,速度快,在加密解密算法和科学计算中非常适用
		>>> pow(2,4)
		16
		>>> pow(2,4,3)
		1

round(x[,n])	返回 x 的四舍五入值,如给出 n 值,则表示舍入到小数点后的位数	>>> round(3.333)
		3
		>>> round(3.333,2)
		3.33

max(x1,x2,…,xn)	返回 x1,x2,…,xn 的最大值,参数可以为序列	>>> max(1,2,3,4)
		4
		>>> max((1,2,3),(2,3,4))
		(2, 3, 4)

min(x1,x2,…,xn)	返回 x1,x2,…,xn 的最小值,参数可以为序列类型	>>> min(1,2,3,4)
		1
		>>> min((1,2,3),(2,3,4))
		(1, 2, 3)

3. 内置的数字类型转换函数

前面提到,在 Python 中,数字类型之间相互运算所生成的结果是"更宽"的数据类型,即数值运算符可以隐式地把输出结果的数字类型进行转换。此外,也可以通过内置的数字类型转换函数显式地进行转换,如表 4.5 所示。

表 4.5　常用的内置数字类型转换函数与示例

数字类型转换函数	描　述	示　例

int(x[,base])	把一个数字或字符串 x 转换成整数(舍去小数部分),base 为可选参数,指定 x 的进制,默认为十进制	>>> int(3.9)
		3
		>>> int("11",2)
		3
		>>> int("11",8)
		9
		>>> int("11",16)
		17

float(x)	把一个数字或字符串 x 转换成浮点数	>>> float(12)
		12.0
		>>> float("12")
		12.0
		注意:复数不能直接转换成其他数字类型,可以通过.real 和.imag 将复数的实部或虚部分别进行转换。例如:
		>>> float((10+99j).imag)
		99.0

4.4.4　布尔类型

Python 中的布尔类型用于逻辑运算,包含两个值:True(真)或 False(假),因为 Python 中布尔类型是整型的子类,所以 True 和 False 分别对应 1 和 0。例如:

```
>>> True == 1
True
>>> False == 0
True
>>> True + False + 2
3
```

> **注意**:Python 指定,0(包括 0.0、0j 等)、空值(None)和空对象 Null(空字符串、空列表、空元组等)等价于 False,任何非 0、非空值和非空对象则等价于 True。

bool()函数用于将给定参数转换为布尔类型。例如:

```
>>> False == 0.0
True
>>> False == 0j
True
>>> bool(0)
False
>>> bool(1.5)
True
>>> print(bool(None))
False
>>> print(bool([]))
False
>>> print(bool(''))
False
```

4.4.5　字符串类型

序列类型是 Python 中常用的数据结构。Python 的常用序列类型包括字符串、列表、元组。这里请注意它们的使用特点:

(1) 序列类型具有双向索引的功能。

序列类型中的每个元素都分配一个数字——它的位置或索引,第一个索引是 0,第二个索引是 1,以此类推;如果使用负数作为索引,则最后一个元素下标为 -1,倒数第二个元素下标为 -2,以此类推。可以使用负数作为索引是 Python 序列类型的一大特色。

(2) 序列类型具有切片(截取序列中部分对象)的功能。

> 💡 **注意**：格式为
>
> s1 = s[起始位置 m:结束位置 n:[步长 k]]

作用：将 s 中指定区间的元素复制到 s1 中,这里注意索引的区间范围是"左闭右开",即当步长为正数时,s[m:n:k]的对象范围是 s[m]至 s[n−k];步长为负数时,按逆序获得对象,即 s[m:n:−k]的对象范围是 s[n]至 s[n+1]。例如,s[1:5:1]的对象范围是 s[1]至 s[4]。s[10:5:−2]的对象范围是 s[10]至 s[6]。

在后面字符串、列表、元组的切片操作中,将会举例说明。

1. 字符编码

最早的字符串编码是美国标准信息交换码 ASCII,仅对 10 个数字、26 个大写英文字母、26 个小写英文字母及一些其他符号进行了编码。ASCII 采用一个字节来对字符进行编码,共定义 128 个字符。

随着信息技术的发展和信息交换的需要,各国的文字都需要进行编码,不同的应用领域和场合对字符串编码的要求也略有不同,于是分别设计了不同的编码格式,常见的主要有 UTF-8、UTF-16、UTF-32、GB2312、GBK、CP936、base64、CP437 等。

Python 3.x 完全支持中文,使用 Unicode 编码格式。Unicode 也称为统一码、万国码、单一码,是计算机科学领域里的一项业界标准。Unicode 为世界上所有字符都分配了一个唯一的数字编号,这个编号范围从 0x000000 到 0x10FFFF(十六进制),有 110 多万。每个字符的 Unicode 编号一般写成十六进制,在前面加上 U+。例如,"马"的 Unicode 是 U+9A6C。Unicode 编号怎么对应到二进制表示呢? 有多种方案,主要有 UTF-8、UTF-16、UTF-32,也就是说,UTF-8、UTF-16、UTF-32 都是 Unicode 的一种实现。

GB2312 是我国制定的中文编码,使用一个字节表示英文字符,2 个字节表示中文;GBK 是 GB2312 的扩充,CP936 是微软公司在 GBK 基础上开发的编码方式。GB2312、GBK 和 CP936 都是使用 2 个字节表示中文。

不同编码格式之间相差很大,采用不同的编码格式意味着不同的表示和存储形式,把同一字符存入文件时,写入的内容可能会不同,在理解其内容时必须了解编码规则并进行正确的解码。如果解码方法不正确就无法还原信息。

在 Python 3.x 中,无论是一个数字、英文字母,还是一个汉字,都按一个字符对待和处理。

2. Python 字符串的界定符

字符串是 Python 中最常用的数据类型。可以使用引号(单引号、双引号和三引号)来创建字符串。

4.4.6 字符串类型的运算

1. 字符串运算符

字符串运算符如表 4.6 所示。

表 4.6　字符串运算符与示例

字符串运算符	描　　述	示　　例
+	字符串连接	>>> 'Hello'+'Python' 'HelloPython'
*	x * n 或 n * x 表示重复输出 n 次字符串 x	>>> 'Hello' * 2 'HelloHello'

in	成员运算符,如果字符串中包含给定的字符返回 True,否则返回 False	>>> 'h' in 'hello'
		True
		>>> 'H' in 'hello'
		False

[]	索引:使用下标索引来访问值	>>> a='Hello'
		>>> a[1]
		'e'

[:]	切片:截取字符串中的子串	>>> a='Hello'
		>>> a[1:4]
		'ell'
		>>> a[4:1:-2]
		'ol'

2. 内置的字符串运算函数

在 Python 解释器提供了一些内置函数,其中字符串运算函数如表 4.7 所示。

表 4.7　常用的内置字符串运算函数与示例

字符串 运算函数	描　　述	示　　例

len(x)	返回字符串 x 的长度(一个英文和中文字符都是一个长度单位),或其他组合数据类型的元素个数	>>> len("Python,你好!")
		10
		>>> len([1,2,3])
		3

str(x)	返回任意类型 x 的字符串形式	>>> str(123.45) '123.45'

eval(x)	计算字符串 x 中有效的表达式值,从而将 x 转换成数字类型	>>> eval('2 + 2')
		4
		>>> eval('80')
		80

4.5　列表、元组、字典和集合

4.5.1　列表

列表是一组有序存储的数据。比如,菜单就是一种列表。列表的主要特点如下。

(1) 列表是一个有序序列。

（2）同一个列表中，可以包含任意类型的对象。

（3）列表是可变的，可以添加、删除、直接修改列表成员。

（4）列表存储的是对象的引用，而不是对象本身。

1. 创建列表

可以使用方括号把由逗号分隔的不同数据项括起来，或使用 list() 方法创建一个列表。

list() 方法的语法格式如下：

```
list(seq)
```

作用：将元组或字符串 seq 转换为列表。

比如，在下例中，我们看到在同一个列表中，可以包含任意类型的对象。

```
>>> ['physics', 'chemistry', 19.97, 2000]
['physics', 'chemistry', 19.97, 2000]
>>> list('abcd')
['a', 'b', 'c', 'd']
```

2. 索引

可以使用下标索引来访问列表中的值，前面介绍过，序列类型具有双向索引的功能。列表使用方括号作为索引操作符，索引序号不能超过列表的元素范围，否则会出现 IndexError 错误。

3. 修改或添加元素

（1）直接修改列表元素。例如：

```
>>> x = [1, 2, 3, 4, 5, 6, 7]
>>> x[2] = 'a'
>>> print ("x[1:5]: ", x[1:5])
x[1:5]:  [2, 'a', 4, 5]
```

（2）添加单个对象。使用 append() 方法可以在列表末尾添加一个对象，append() 方法的语法格式如下：

```
list.append(obj)
```

作用：将对象 obj 添加到列表 list。

例如：

```
>>> x = [1, 2, 3, 4, 5, 6, 7]
>>> x.append('a')
>>> x
[1, 2, 3, 4, 5, 6, 7, 'a']
```

（3）添加多个对象。使用 extend() 方法可以在列表末尾添加多个对象。extend() 方法的语法格式如下：

```
list.extend(seq)
```

作用：将 seq 添加到列表 list。

例如：

```
>>> x = [1,2]
>>> x.extend(['a','b'])
>>> x
[1, 2, 'a', 'b']
```

（4）插入对象。使用 insert()方法可以在指定位置插入对象，insert()方法的语法格式如下：

```
list.insert(index, obj)
```

作用：在索引位置 index 处插入对象 obj。
例如：

```
>>> x = [1,2]
>>> x.insert(0,'a')
>>> x
[ 'a',1, 2]
```

4. 删除元素

（1）按值删除对象。使用 remove()方法可以删除指定对象。remove()方法的语法格式如下：

```
list.remove(obj)
```

作用：删除对象 obj。

（2）按位置删除对象。使用 pop()方法可以删除指定位置的对象。pop()方法的语法格式如下：

```
list.pop([index])
```

作用：删除对象索引值为 index 的对象，并且返回该元素的值。默认 index＝－1，即删除最后一个列表值。

（3）使用 del 语句删除对象。使用 del 语句可以删除指定对象。语法格式如下：

```
del list[index]
```

作用：index 可以是单个元素索引值，也可以是连续几个元素的索引值。

（4）通过 clear()方法删除所有对象。

5. 求长度

可用 len()函数求列表长度，即列表元素的个数。

```
>>> len([1, 2, 3])
3
>>> len([1,2,('a'),[3,4]])
4
```

6. 合并

加法运算符可用于合并。例如：

```
>>> [1, 2, 3] + ['a',5, 6]
[1, 2, 3, 'a', 5, 6]
```

7. 重复

乘法运算符可用于创建具有重复值的列表。例如：

```
>>> ['@'] * 4
['@', '@', '@', '@']
>>> [1,2] * 3
[1, 2, 1, 2, 1, 2]
```

8. 判断元素是否存在

使用 in 运算符判断元素是否存在于列表中。例如：

```
>>> 2 in [1,2,3]
True
>>> 5 in[1,2,3]
False
```

9. 切片

列表与字符串类似，可以通过切片来获得列表中的部分对象。例如：

```
>>>x=list(range(10))
>>>x[1:5]
[1, 2, 3, 4]
```

> **注意**：range() 函数的功能是创建一个整数列表，在 Python 中很常用。常用的 range() 函数格式为：
>
> range([begin,]end[,step])
>
> 其中，begin 表示初值，缺省为 0；end 表示终值；step 表示步长，缺省为 1；begin、end 和 step 均为整数。step 若为正数则初值应小于等于终值，比如，range(1,10,2)；若为负数则初值应大于等于终值，比如，range(10,1,−2)。
>
> range() 函数返回的是一个左闭右开 [begin,end) 的等差数列，即它不能取到 end 的值，只能取到"终值−步长"的值。比如，range(1,3,1) 返回值是 [1,2]；range(1,10,3) 返回值是 [1,4,7]；range(10,1,−3) 返回值是 [10,7,4]。

10. 嵌套

可以通过嵌套列表来表示矩阵。例如：

```
>>> x = [[1,2,3],[4,5,6],[7,8,9]]
>>> x[0]
[1, 2, 3]
```

11. 复制列表

使用 copy() 方法可以复制列表对象。

12. 列表排序

使用 sort()方法可以将列表对象排序,若列表中包含多种类型则会出错。

13. 反转对象顺序

使用 reverse()方法可以将列表对象的位置反转。

14. 返回指定值出现的次数

可以通过 count()方法返回指定值在列表中出现的次数。

15. 查找指定值

可以通过 index()方法查找指定值。语法格式如下:

```
index(value,[start,[end]])
```

作用:返回指定值 value 在 start 至 end 范围内第一次出现的位置。

4.5.2 元组

元组可以看作是不可变的列表,它具有列表的大多数特点。元组常量用圆括号表示,例如,(1,2)、('a', 'b', 'c')等。其主要特点如下。

(1) 元组是一个有序序列。

(2) 在同一个元组中,可以包含任意类型的对象。

(3) 元组存储的是对象的引用,而不是对象本身。

(4) 与列表不同,元组是不可变的,即不能添加或删除元组成员。

可以使用圆括号把由逗号分隔的不同数据项括起来创建一个元组,或使用 tuple()函数将列表转换为元组。

与列表不同,因为元组是不可变的,所以没有修改、添加、删除、复制、排序、反转操作,其余相似。

4.5.3 字典和集合

1. 字典

字典是一种无序的映射的集合,包含一系列"键:值"对。字典常量用大括号表示。例如:

```
d = { 'Adam': 95, 'Lisa': 85, 'Bart': '59', 'Paul': 74 }
```

其主要特点如下:

(1) 字典的键通常采用字符串,但也可以用数字、元组等不可变的类型。

(2) 字典值可以是任意类型。

(3) 字典也可称为关联数组或散列表,它通过键映射到值。字典是无序的,它通过键来索引映射的值,而不是通过位置来索引。

(4) 字典是可变映射,可以通过索引来修改键映射的值。

(5) 字典长度可变,可以添加或删除"键:值"对。

（6）字典可以任意嵌套，即键映射的值可以是一个值。

（7）字典存储的是对象的引用，而不是对象本身。

字典的操作与列表和元组的操作有很多相似之处，在此不赘述。

2. 集合

集合(Set)类型有可变集合和不可变集合两种。创建、添加、删除、交集、并集、差集的操作都是非常实用的集合方法。

Python 中的集合类型与数学中的集合概念一致。集合用大括号({})表示。例如 s＝{1,'y',3,24.9,5}。集合和字典都使用{}来表示，可以简单地把字典看成为元素是键值对的特殊集合。

集合的主要特点如下：

（1）集合没有顺序的概念，所以不能用切片和索引操作。

（2）在同一个集合中，可以包含任意类型的对象；集合中的元素可以动态添加和删除。

（3）集合中的元素不可以重复。

（4）集合中的元素类型只能是不可变数据类型，如整数、浮点数、字符串、元组等。列表、字典和集合本身是可变数据类型，不能作为集合的元素出现。

4.6　运算符和表达式

4.6.1　运算符

Python 语言支持以下类型的运算符：算术运算符、位运算符、赋值运算符、字符串运算符、比较(关系)运算符、身份运算符、成员运算符、逻辑运算符等基本运算符。

1. 比较运算符

比较运算符用来比较两个对象之间的关系，其结果为 True 或 False。Python 中的比较运算符及其含义如表 4.8 所示。

表 4.8　比较运算符及示例

比较运算符	含义	优先级	示　　例	结果
＝＝	等于		"ABC"＝＝"ABR"	False
!=	不等于		20!＝10	True
>	大于	同一级	"ABC">"ABR"	False
>=	大于或等于		"ab">="学习"	False
<	小于		20<10	False
<=	小于或等于		"20"<="10"	False

💡**注意**：Python 中，比较运算符可以连用，比如 1<3<5。

2. 身份运算符

身份运算符及其含义如表 4.9 所示。

表 4.9　身份运算符及示例

身份运算符	含　义	优先级	示　例

is	判断两个标识符是不是引用自一个对象	同一级	>>> a = 100
			>>> b = 100
			>>> print(a is b)
			True
			>>> print(a is not b)
			False

is not	判断两个标识符是不是引用自不同对象		

3. 成员运算符

成员运算符及其含义如表 4.10 所示。

表 4.10　成员运算符及示例

成员运算符	含义	优先级	示例

in	如果在指定的序列中找到值则返回 True,否则返回 False	同一级	>>> list = [1, 2, 3, 4, 5]
			>>> 10 in list
			False
			>>> 10 not in list
			True

not in	如果在指定的序列中没有找到值则返回 True,否则返回 False		

4. 逻辑运算符

逻辑运算符是用来进行逻辑运算的运算符,通常用来表示比较复杂的关系。逻辑运算符及其含义如表 4.11 所示。

表 4.11　逻辑运算符及示例

逻辑运算符	逻辑表达式	含　义	优先级	示　例
not	not x	非(取反):如果 x 为 True,则返回 False。如果 x 为 False,则返回 True	1	not(12)返回 False
and	x and y	与:x 和 y 之一为 False 或与 False 等价的 0,空值、空对象,则返回 False 或与 False 等价的相应对象;如果 x 和 y 均为 True,则返回 y 的值	2	(0 and 2)返回 0 (2 and 0)返回 0 ([ ]and 0)返回[ ] (1 and 2)返回 2
or	x or y	或:如果 x 为 True,则返回 x 的值,否则返回 y 的值	3	(1 or 2)返回 1 (0 or 2)返回 2

> **注意**:and 和 or 运算符合"短路计算"法则,即:
>
> ① 在计算 a and b 时,如果 a 是 False,则根据与运算法则,整个计算结果必定为 False,因此返回 a;如果 a 是 True,则整个计算结果必定取决于 b,因此返回 b。
>
> ② 在计算 a or b 时,如果 a 是 True,则根据或运算法则,整个计算结果必定为 True,因此返回 a;如果 a 是 False,则整个计算结果必定取决于 b,因此返回 b。

5. 运算符的优先级

运算符的优先级如表 4.12 所示,按从上到下的顺序,优先级依次从高到低。可以用括号(优先级最高)改变计算顺序。

表 4.12　运算符的优先级

运　算　符	描　　述
**	幂运算
~、+ 、-	按位取反(按操作数的二进制数运算,1 取反为 0,0 取反为 1)、一元加号、一元减号
* 、/、//、%	乘法、除法、整商、求余数(模运算)
+、-	加法、减法
<<、>>	向左移位、向右移位
&	按位与(将两个操作数按相同位置的二进制位进行操作,相同时结果为 1,否则为 0)
^	按位异或(将两个操作数按相同位置的二进制位进行操作,不相同时结果为 1,否则为 0)
|	按位或(将两个操作数按相同位置的二进制位进行操作,只要有一个为 1 结果即为 1,否则为 0)
==、!=、>、>=、<、<=	比较运算符
=、+=、-=、* =、/=、%=、**=、//=	赋值运算符
is、is not	身份运算符
in、not in	成员运算符
not and or	逻辑运算符 not>and>or

> 🔍 **注意**:对于幂运算符**,如果左侧有正负号,那么幂运算符优先;如果右侧有正负号,那么一元运算符优先。
>
> 　例如,-3**2=-9,相当于-(3**2),而 3**-2=1/9,相当于 3**(-2)。

4.6.2　表达式

表达式是指用运算符将运算对象连接起来的式子。在 Python 中,表达式是语句的一种,如"3+2"是一个表达式,同时也是一条语句。Python 中的语句也称为命令,比如,print("hello python")就是一条命令。

在书写表达式时,需遵循以下书写规则。

(1)乘号不能省略。例如 3x+5 应写成 3 * x+5。

(2)括号必须成对出现。

（3）函数参数必须用圆括号括起来。

（4）遇到分式的情况，要注意分子、分母是否应加上括号，以免引起运算次序的错误。

例如，已知数学表达式 $\dfrac{\sqrt{5(x+2y)+3}}{(xy)^4-1}$，写成表达式为：

```
sqrt(5 * (x+2 * y)+3)/((x * y)**4-1)
```

在编程时，需要先导入 math 模块才能使用其中的 sqrt 函数，导入语句为 from math import * 。

4.7　程序控制结构

1996 年，计算机科学家 Boehm 和 Jacopini 提出并从数学上证明，任何一个算法，都能以三种基本控制结构表示，即顺序结构、选择结构和循环结构。因此，高级程序设计语言都提供这三种控制结构，可以方便地进行算法实现。

4.7.1　顺序结构

顺序结构是一类最基本和最简单的结构，其形式是"执行语句 1，然后执行语句 2"，如图 4.4 所示。

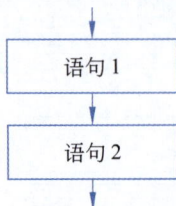

顺序结构的特点是，程序按照语句在代码中出现的顺序自上而下地逐条执行；顺序结构中的每一条语句都被执行，而且只能被执行一次。就像我们一颗颗地将珠子串成项链，也好像我们一层一层地爬楼梯……

前面介绍变量和数值运算符时，已经介绍过了简单的赋值语句和 Python 语言所支持的赋值运算符的使用，这里不再赘述，仅补充 Python 语言赋值语句的其他方法。

图 4.4　顺序结构

1. 通过赋值语句实现序列赋值

Python 序列包括字符串、列表和元组等。Python 语言的特性就是简洁高效，序列解包就是将序列中存储的值指派给各个变量，这在给多个 Python 变量命名和赋值时效率很高。方法如下：

```
x, y, z = 序列
```

例如，可以为多个变量同时赋值：

```
>>> a,b,c = 1, 2,3
>>> print(a,b,c)
1 2 3
```

又如，在 Python 中，要交换变量的值非常简单：

```
>>> a , b = 1,2
```

```
>>> a , b = b,a
>>> print(a,b)
2 1
```

2. 多目标赋值

多目标赋值可以一次性把一个值指派给多个变量。方法如下：

变量 1 = 变量 2 = 变量 3 = 值

例如：

```
>>> x = y = z = 10
```

例 4-6　输入圆半径，计算圆的周长和面积。

```
1   r = float(input('输入圆的半径:'))
2   c = 2 * 3.14 * r
3   s = 3.14 * r * r
4   print("圆周长为:{0:.2f},圆面积为:{1:.2f}".format(c,s))
```

【运行结果】

```
输入圆的半径:12
圆周长为:75.36,圆面积为:452.16
```

4.7.2　选择结构

选择结构又称为分支结构，包括单分支、双分支和多分支。它是根据判定条件的真假来确定应该执行哪一条分支的语句序列。

1. if 语句（单分支结构）

语法格式如下：

```
if  <条件表达式>:
    <if 语句块>
```

作用：当<条件表达式>为真时，执行后面的<if 语句块>，否则继续执行和 if 对齐的下一条语句。if 和与它对齐的下一条语句是顺序执行关系。其流程图如图 4.5 所示。

注意：
- "<>"中的内容为必要项，不能省略。
- <条件表达式>可以是比较表达式、逻辑表达式或算术表达式。
- <条件表达式>后的冒号不能少。
- <if 语句块>可以是单个语句，也可以是多个语句，但必须缩进并纵向对齐，同一级别的语句缩进量要相同。

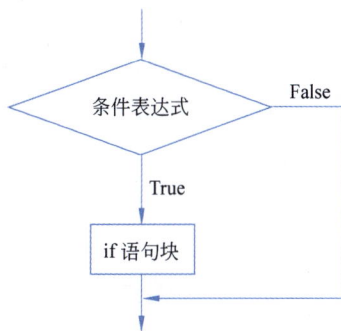

图 4.5　单分支结构

例 4-7 输入学生分数(score),显示其成绩评定结果。

```
1   score = eval(input("请输入分数:"))
2   if score >= 60:
3       print("及格了!")
4       print("继续努力!")
```

【运行结果】

```
请输入分数:78
及格了!
继续努力!
```

2. if…else 语句(双分支结构)

语法格式如下:

```
if  <条件表达式>:
    <if 语句块>
else:
    <else 语句块>
```

作用:当<条件表达式>为真时,则执行后面的<if 语句块>,否则执行<else 语句块>,然后执行和 if 对齐的下一条语句。其流程如图 4.6 所示。

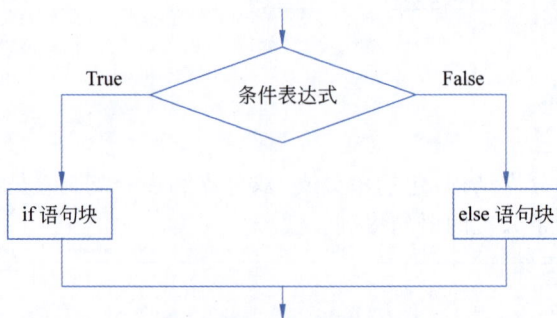

图 4.6　双分支结构

> **注意:**
> - else 后的冒号不能少。
> - <if 语句块>和<else 语句块>必须缩进并纵向对齐,同一级别的语句缩进量要相同。
> - 以下三种写法是等价的。
>
> 第一种:使用 if…else 语句。
>
> ```
> if a > b:
>     c = a
> else:
>     c = b
> ```
> 第二种:使用 if 表达式。

```
c = a if a > b else b
```
第三种：使用二维列表，在第 1 个列表中，小数在前、大数在后。
```
c = [b,a][a>b]
```

例 4-8　修改例 4-7，显示不及格的情况。

```
1   score = eval(input("请输入分数:"))
2   if score >= 60:
3       print("及格了!")
4       print("继续努力!")
5   else:
6       print("不及格!")
7       print("请注意补考通知!")
```

【运行结果 1】

请输入分数:78
及格了!
继续努力!

【运行结果 2】

请输入分数:56
不及格!
请注意补考通知!

3. if…elif…else 语句（多分支结构）

语法格式如下：

```
if  <条件 1>:
    <语句块 1>
elif<条件 2>:
    <语句块 2>
…
elif<条件 n>:
    <语句块 n>
else:
    <语句块 n+1>
```

作用：首先判断条件 1，如果为 False，再判断条件 2，以此类推，直到找到一个为 True 的条件。当找到一个为 True 的条件时，就会执行相应的语句块，然后继续执行和 if 对齐的下一条语句。如果所有测试条件都不是 True，则执行 else 语句块，其流程如图 4.7 所示。

💡 **注意**：
- 每个条件和 else 后的冒号不能少。
- 同一级别的语句缩进量要相同。

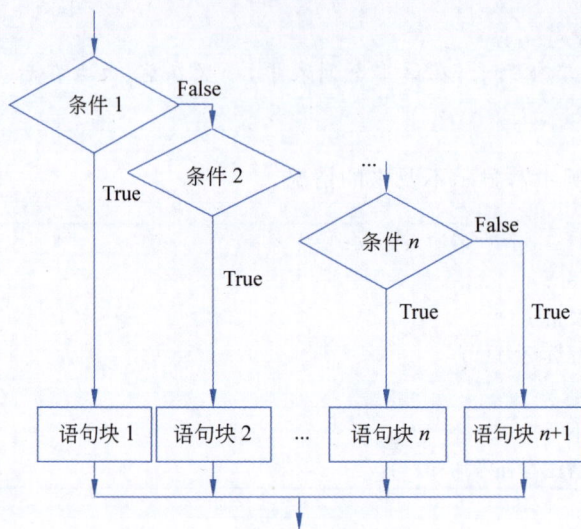

图 4.7　多分支结构

例 4-9　修改例 4-8,使其给出优、良、中、及格和不及格等 5 种等级的成绩评定。

```
1   score = eval(input("请输入分数:"))
2   if score >= 90:
3       print("优")
4   elif score >= 80:
5       print("良")
6   elif score >= 70:
7       print("中")
8   elif score >= 60:
9       print("及格")
10  else:
11      print("不及格!")
12      print("请注意补考通知!")
```

4. 分支结构嵌套

一个控制结构内部包含另一个控制结构称为结构嵌套。在分支处理的语句块中包含分支语句,称为分支结构嵌套。

> **注意**:使用嵌套结构时,一定要将一个完整的结构嵌套在另一个结构内部,并注意缩进层次。

例 4-10　修改例 4-9,使其在给出优、良、中、及格和不及格等 5 种等级的成绩评定前,首先判断输入的分数是否为 0～100 的有效数值型数据。

```
1   score = eval(input("请输入分数:"))
2   if str(score).isnumeric() and  0 <= score <= 100:
```

```
3          if score >= 90:
4              print("优")
5          elif score >= 80:
6              print("良")
7          elif score >= 70:
8              print("中")
9          elif score >= 60:
10             print("及格")
11         else:
12             print("不及格!")
13             print("请注意补考通知!")
14     else:
15         print("输入有误!")
```

【运行结果 1】

请输入分数:-8
输入有误!

【运行结果 2】

请输入分数:1231231
输入有误!

【运行结果 3】

请输入分数:90
优

4.7.3　循环结构

人类最怕机械重复,因为重复是枯燥乏味的,而计算机则擅长重复,这种重复体现在程序中就是循环。

顺序结构、选择结构在程序执行时,每个语句只能执行一次,循环结构则可以使计算机在一定条件下反复多次执行同一段程序(称为循环体),从而简化程序。

Python 支持的循环结构语句有 for 和 while 两种结构。for 语句用来遍历序列对象内的每个元素,并对每个元素执行一次循环体。while 语句提供了编写通用循环的方法。

> 注意:如果循环条件总为真,则会不停地执行循环体,从而形成死循环,所以在循环体中一定要包含对条件表达式的修改操作,使循环体最终能结束。

1. for 循环

(1) for 循环的常用格式。

for <循环变量> in <遍历结构>:

　　　　　<循环体>

作用：<循环变量>依次取遍历结构中的每一个元素，执行一次循环体。

参数说明如下：

- 遍历结构可以是列表、元组、字符串、字典、集合、文件或 range()函数等。
- <循环体>是需要执行的一组语句，注意缩进和对齐。
- 注意 for 行末的冒号不能少。

for 循环语句的流程如图 4.8 所示。

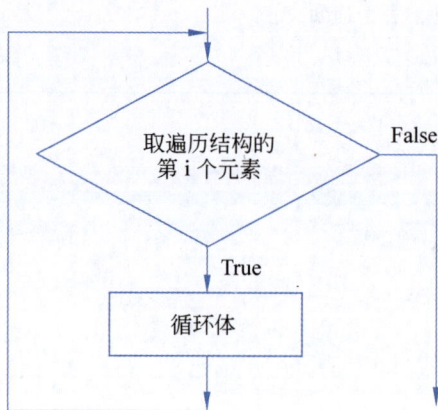

图 4.8　for 循环语句的流程

例 4-11　求 $1+2+3+\cdots+10$ 的值。

分析：这是一个累加的过程，每次循环累加一个整数值，整数的取值范围为 $1\sim10$，需要使用到循环结构。

```
1    #方法 1:遍历结构是 range()函数
2    f = 0
3    for i in range(1, 11):
4        f = f+i
5    print(f)
6
7    #方法 2:遍历结构是列表
8    b = [1, 2, 3, 4, 5, 6, 7, 8, 9, 10]
9    f = 0
10   for i in b:
11       f = f+i
12   print(f)
```

【运行结果】

```
55
55
```

> 🐾 **注意**：此例中语句 f＝0 可以省略吗？
>
> 　如果省略，将会出现"NameError：name 'f' is not defined"的错误，因为在 Python 中，变量是通过赋值来进行定义的，而在语句 f＝f＋i 中，因为要先执行赋值号右边的 f＋i 运算，所以在此语句之前必须先给 f 进行赋值定义。

另外，本例也可以使用 sum()函数来完成。

◀**例 4-12**　计算 1＋2＋3＋…＋n 的值，其中 n 由用户输入。

用流程图描述的算法如图 4.9 所示。

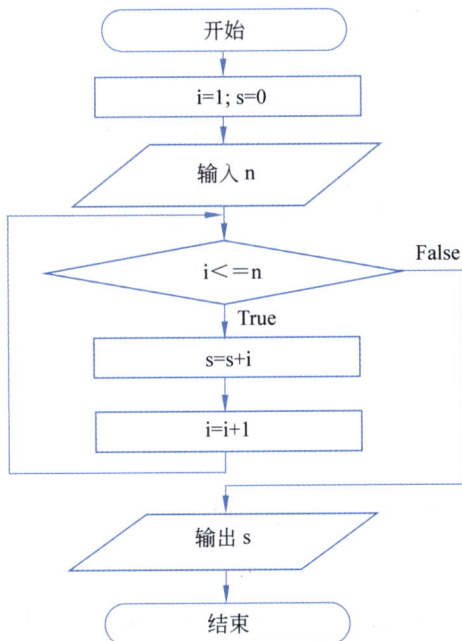

图 4.9　程序流程图描述的累加算法

```
1  n = eval(input("请输入 n:"))
2  s = 0
3  for i in range(1,n+1):
4      s = s + i
5  print ('1+2+3+...+ ', n, ' = ', s)
```

【运行结果】

```
请输入 n:10
1+2+3+...+10 = 55
```

◀**例 4-13**　求 n 的阶乘，n 由用户输入。

```
1  n = eval(input("请输入 n:"))
2  f = 1
```

```
3    for i in range(1,n+1):
4        f = f * i
5    print (n,"!= ",f)
```

【运行结果】

```
请输入 n:10
10 != 3628800
```

（2）带 else 语句的 for 循环格式。

```
for <循环变量> in <遍历结构>:
    <循环体>
else:
    <语句块>
```

作用：<循环变量>依次取<遍历结构>中的每一个元素,执行循环体。

> **注意**：循环的 else 语句是 Python 特有的,其作用是捕捉循环的"另一条"出路,当循环正常结束或循环条件一次也不满足时,执行 else 分句中的语句块。如果由于某种原因,没有取完遍历结构中的元素就跳出循环,就不会执行。

2. while 循环

语法格式如下：

```
while <循环条件>:
    <循环体>
[else:
    <语句块>]
```

作用：当<循环条件>为 True 时,执行<循环体>中的语句,执行完后,再检查<循环条件>是否为 True,如果为 True,则再次执行<循环体>中的语句,如此反复进行直到<循环条件>为 False 才结束循环。

当循环条件不成立或循环正常结束时执行循环的 else 分句中的语句块。如果由于某种原因,从<循环体>内中止跳出循环,就不会执行 else 分句中的语句。

while 循环语句的流程如图 4.10 所示。

◀**例 4-14**　我校现有 3 万名学生,按年增长率 0.5％计算,多少年后学生人数超过 3.5 万？

```
1    s = 3
2    y = 0
3    while(s <= 3.5):
4        s = s * 1.005
5        y = y+1
6    print(y,"年后学生人数超过 3.5 万。")
```

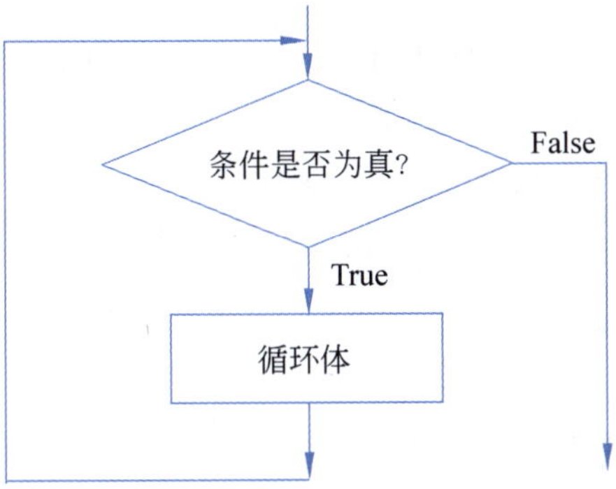

图 4.10　while 循环语句的流程

【运行结果】

31 年后学生人数超过 3.5 万。

请问,本例可以用 for 循环来求解吗?
答案是肯定的。

```
1   s = 3
2   for i in range(1000000):
3       s = s * 1.005
4       if s >= 3.5:
5           break
6   print(i+1,"年后人数超过 3.5 万。")
```

【运行结果】

31 年后学生人数超过 3.5 万。

从这个例子我们看出,在问题求解时,如果已知循环次数,宜使用 for 循环来解决;在不知道循环次数但已知循环条件时,宜使用 while 循环。

例 4-15　已知 $s=1+4+7+10+\cdots+n$,求使得 s 不大于 100 时 n 的最大值。

```
1   s = 1
2   n = 1
3   while s <= 100:
4       n = n+3
5       s = s+n
6   print(n-3)      #因为 n 先加上 3 后再判断是否大于 100,所以需再减去 3
```

【运行结果】

22

请读者思考如何用 for 循环来求解。

3. 循环嵌套

Python 语言允许在一个循环体里面嵌入另一个循环,这种情况称为循环嵌套。另外,循环和分支结构之间也可以相互嵌套。

例 4-16 编写程序,打印九九乘法口诀表。

下面给出了两种方法,试分析和比较它们的特点。

```
1    print("方法 1:使用数值表达式")
2    for i in range(1,10):
3        for j in range(1,i+1):
4            if i!= j:
5                print(j," * ",i," = ",j * i,end = ".")
6            else:
7                print(j," * ",i," = ",j * i)
8
9    print("方法 2:使用字符串")
10   for i in range(1,10):
11       a = ''
12       for j in range(1,i+1):
13           a+= str(j) + ' * ' + str(i) + ' = ' + str(i * j) + ' '
14       print (a)
```

【运行结果】

```
方法 1:使用数值表达式
1 * 1 = 1
1 * 2 = 2 2 * 2 = 4
1 * 3 = 3 2 * 3 = 6 3 * 3 = 9
1 * 4 = 4 2 * 4 = 8 3 * 4 = 12 4 * 4 = 16
1 * 5 = 5 2 * 5 = 10 3 * 5 = 15 4 * 5 = 20 5 * 5 = 25
1 * 6 = 6 2 * 6 = 12 3 * 6 = 18 4 * 6 = 24 5 * 6 = 30 6 * 6 = 36
1 * 7 = 7 2 * 7 = 14 3 * 7 = 21 4 * 7 = 28 5 * 7 = 35 6 * 7 = 42 7 * 7 = 49
1 * 8 = 8 2 * 8 = 16 3 * 8 = 24 4 * 8 = 32 5 * 8 = 40 6 * 8 = 48 7 * 8 = 56 8 * 8 = 64
1 * 9 = 9 2 * 9 = 18 3 * 9 = 27 4 * 9 = 36 5 * 9 = 45 6 * 9 = 54 7 * 9 = 63 8 * 9 = 72 9 * 9 = 81
方法 2:使用字符串
1 * 1 = 1
1 * 2 = 2 2 * 2 = 4
1 * 3 = 3 2 * 3 = 6 3 * 3 = 9
1 * 4 = 4 2 * 4 = 8 3 * 4 = 12 4 * 4 = 16
1 * 5 = 5 2 * 5 = 10 3 * 5 = 15 4 * 5 = 20 5 * 5 = 25
1 * 6 = 6 2 * 6 = 12 3 * 6 = 18 4 * 6 = 24 5 * 6 = 30 6 * 6 = 36
1 * 7 = 7 2 * 7 = 14 3 * 7 = 21 4 * 7 = 28 5 * 7 = 35 6 * 7 = 42 7 * 7 = 49
1 * 8 = 8 2 * 8 = 16 3 * 8 = 24 4 * 8 = 32 5 * 8 = 40 6 * 8 = 48 7 * 8 = 56 8 * 8 = 64
1 * 9 = 9 2 * 9 = 18 3 * 9 = 27 4 * 9 = 36 5 * 9 = 45 6 * 9 = 54 7 * 9 = 63 8 * 9 = 72 9 * 9 = 81
```

4. 循环中的特殊语句 break 和 continue

(1) break 语句。

break 语句用在 while 和 for 循环中,其作用是终止循环,即循环条件没有 False 条件或者序列还没被完全遍历完,就停止执行循环语句。

> ⚙ **注意**:如果使用循环嵌套,break 语句将停止执行最深层的循环。

(2) continue 语句。

continue 语句用于结束当前的一次循环,跳过当前循环的剩余语句,进入下一次循环,而 break 语句用于跳出整个循环。continue 语句常用在 while 和 for 循环中。

4.8　函数与模块

在软件开发过程中,经常会在不同的代码位置多次执行相似或完全相同的代码块,这时就可以将需要反复执行的代码封装为函数或模块,并在需要执行该代码功能的地方进行函数调用或模块的导入,从而实现代码的复用。利用函数或模块这个特点,在软件开发过程中就可以把大任务拆分成多个函数或模块,这也是分治法的经典应用,即使复杂问题简单化,使软件开发像搭积木一样简单。

函数是组织好的可重复使用的用来实现单一或相关联功能的代码段。函数能提高软件的模块化和代码的重复利用率。

模块是方法的集合,用于有逻辑地组织 Python 代码段。把相关的代码分配到一个模块里能让代码更好用、更易懂。简单地说,模块就是一个保存了 Python 代码的文件。模块能定义函数、类和变量,模块里也能包含可执行的代码。

Python 的默认安装仅包含部分基本或核心模块,启动时也仅加载了基本模块,在需要时再显式地加载(有些模块可能需要先安装)其他模块,这样可以减少程序运行的压力,且具有很好的扩展性。

Python 可重用的第三方程序代码包括库、函数、模块、类、程序包等,这些可重用代码统称为库。在 Python 中使用到的库可以分为以下三类。

(1) Python 的内置函数。

Python 的内置函数是默认安装和加载的基本模块,这些函数不需要引用库,直接使用即可。Python 共提供了 68 个内置函数。比如,在前面几章介绍和使用过的 print()、内置的数值运算函数、内置的字符串运算函数等。

(2) Python 标准库和第三方库(或称扩展库)。

Python 之所以得到各行业领域工程师、策划师以及管理人员的青睐,与其庞大的第三方库有很大关系,而且这些库每天都在以迅猛的速度在增加,大幅度地提高了各行各业软件的开发速度。这些大量的标准库和第三方库不是 Python 默认安装和加载的模块,需要导入之后才能使用其中的对象,模块的文件类型是.py。

标准库内置在 Python 安装包中,不需要安装,只需导入。受限于安装包的设定大小,标准库数量不太多,270 个左右,安装在 Python 安装目录的 Lib 目录下。

第三方库由全球各行业专家、工程师和爱好者开发。第三方库需要先正确安装才能导入。

(3) 自定义函数。

自定义函数是指程序员在编程过程中,发现某些代码需要重复编写,而 Python 内置函数、标准库和第三方库中又没有此类函数,因此需要自己定义的函数。

4.8.1　模块的导入和使用

Python 标准库和第三方库都需要先导入才能使用。

Python 中导入模块的方法主要有 import 语句和 from…import 语句两种形式。

1. import 语句

导入模块的语法格式如下:

import 模块 1[, 模块 2[,… 模块 N]

使用模块的语法格式如下:

模块名.函数名(参数)

例如:

```
>>> import math
>>> math.sqrt(9)
3.0
>>> math.sin(2)
0.9092974268256817
```

2. from…import 语句

语法格式一:

from 模块名 import 函数名或变量名 1[,函数名或变量名 2[,… 函数名或变量名 N]]

语法格式二:

from 模块名 import *

说明:

语法格式一是从模块中导入指定的模块成员。

语法格式二是把模块的所有内容全都导入到当前的命名空间。这种导入方式可以减少查询次数,提高访问速度,同时也减少了程序员需要输入的代码量,而不需要使用模块名作为前缀。这种导入模块方式虽然写起来比较省事,可以直接使用模块中的所有函数和对象而不需要再使用模块名作为前缀,但一般并不推荐使用。因为如果多个模块中有同名的对象,这种方式将会导致只有最后一个导入的模块中的同名对象是有效的,而之前导入的模块中的该同名对象无法访问。

使用模块的语法格式如下:

函数名(参数)

例如:

```
>>> from math import sqrt,sin
>>> sqrt(9)
3.0
>>> sin(2)
0.9092974268256817
```

4.8.2　Python 标准库

Python 标准库是 Python 安装的时候默认自带的标准库。Python 标准库中有众多的库,且无须安装。

1. random 库

random 库是使用随机数的 Python 标准库。

Python 中随机数的生成基于随机数种子,根据输入的种子,利用算法生成一系列的随机数。random 库的常用函数有 9 个,如表 4.13 所示。

表 4.13　random 库的常用函数

函　　　数	描　　　　　述
seed(a＝None)	初始化随机数种子,默认值为当前系统时间,例如: >>> random.seed(10) # 产生种子 10 对应的序列
random()	生成一个[0.0,1.0)的随机小数,例如: >>> random.random() 0.5714025946899135
randint(a,b)	生成一个[a,b]的随机整数,例如: >>> random.randint(10,100) 84

2. turtle 库

turtle 库(小写的 t)提供了一个称为 Turtle 的函数(大写的 T),是一个简单的 Python 绘图工具,也是其重要的标准库之一。

turtle 库提供了一个海龟,你可以把它理解为一个机器人,只听得懂有限的指令。绘制窗体的原点(0,0)在窗体正中央。默认情况下,海龟向正右方移动。

turtle 库包含 100 多个功能函数,主要包括自定义绘制窗体函数、画笔状态函数和画笔运动函数三类。

4.8.3　Python 第三方库

Python 拥有庞大的第三方库,而且这些库每天都在以迅猛的速度增加,大幅度地提高了各行各业软件的开发速度。这里对其分类做一下介绍。

1. 常用的第三方库

(1)科学计算与数据分析。Python 在数据分析方面具有很强的优势,能够提供大量的第三方库。常用的有 numpy 库、scipy 库、pandas 库等。

（2）网络爬虫。网络爬虫（又被称为网页蜘蛛、网络机器人），是一种按照一定的规则，自动地抓取万维网信息的程序或者脚本。网络爬虫是一个自动提取网页的程序，它为搜索引擎从万维网上下载网页，是搜索引擎的重要组成。常用的有 requests 库、scrapy 库等。

（3）文本处理。常用的有 PDFMiner 库、openpyxl 库等。

（4）数据可视化。常用的有 Matplotlib 库、TVTK 库等。

（5）用户图形界面。常用的有 PyQt 库、wxPython 库等。

（6）机器学习。常用的有 scikit-learn 库、TensorFlow 库等。

（7）Web 开发。常用的有 Django 库、Pyramid 库等。

2. Python 第三方库的安装

Python 官方提供的安装包只包含了内置模块和标准库，第三方库（或称扩展库）需要下载后安装，成功安装之后，第三方库文件会存放在到 Python 的安装路径的 lib\site-packages 文件夹中。

目前安装 Python 扩展库的主流方法是使用安装和管理 Python 扩展库的工具 pip。在 Windows 命令提示符环境下，可以使用 pip 来完成扩展库的安装、升级和卸载。

其中常用的 pip 命令使用方法如表 4.14 所示。

表 4.14　常用的 pip 命令使用方法

pip 命令	说　　明
pip install 模块名	安装模块。例如，pip install datetime
pip list	列出当前已安装的所有模块
pip install --upgrade 模块名	升级模块
pip uninstall 模块名	卸载模块
pip show 模块名	显示模块所在目录及信息

> **注意**：使用 pip 命令安装 Python 扩展库，需要在命令提示符环境中进行。

4.8.4　自定义函数

1. 函数定义的一般语法格式

定义一个函数的一般语法格式为：

```
def 函数名([形式参数表]):
    <函数体>
```

参数说明：

（1）函数名不应当与内置函数或变量重名，不能以数字开头。

（2）形式参数表：是用逗号分隔开的多个参数，也可以省略。

（3）函数体内所有语句相对于 def 关键字必须保持一定的空格缩进。

（4）可以使用 return[返回值列表]在退出函数时返回多个值。此语句一旦执行，表示函数运行结束，并返回到调用此函数的程序段中。如果没有 return 语句，函数执行完毕后默认返回 None。不带参数值的 return 语句也会返回 None。

例 **4-17**　编写函数求出区间[i,j]内所有整数的和。

```
1   def mySum( i, j ):                    #定义函数
2       s = 0
3       for k in range(i,j+1):
4           s = s + k
5       return s
6   x = eval(input("请输入 x:"))
7   y = eval(input("请输入 y:"))
8   print(mySum(x,y))                     #调用函数
```

【运行结果】

```
请输入 x:1
请输入 y:3
6
```

在 Python 中,函数的 return 语句可以返回多个值。比如在例 5-12 中,函数返回了两个值,这是许多高级语言不具备的功能。

2. 函数调用的语法格式

函数调用的一般语法格式为:

函数名([实际参数表])

定义函数时使用的参数,因为其值不确定,因此称为形式参数,简称为形参,也可以称为虚参;调用函数时使用的参数,因为其值已确定,因此称为实际参数,简称为实参。

3. 函数的参数传递

函数定义时,函数名后面圆括号内是用逗号分隔开的形式参数列表,形参列表可以省略。如果没有形参列表,定义和调用函数时一对圆括号也必不可少,这表示是一个函数但是不接收任何参数。如果定义了带有形参列表的函数,调用函数时向其传递实参,根据不同的参数类型,将实参的值或引用传递给形参。

定义函数时使用的参数称形参或虚参;调用函数时使用的参数称实参。所以函数的参数传递过程可以认为是一个"虚实结合"的过程。

调用函数时可使用的参数类型,分别对应不同的参数传递方式:

(1) 使用默认值参数。

在定义函数时,Python 支持默认值参数,即在定义函数时为形参设置默认值。在调用带有默认值参数的函数时,可以不用为设置了默认值的形参进行传值,此时函数将直接使用函数定义时所设置的默认值,也可以通过实参传过来的值替换其默认值。也就是说,在调用函数时,是否为默认值参数传递实参是可选的,具有较大的灵活性。

例 **4-18**　使用默认值参数。

```
1   def say( message, times = 1):      #设置形参 times 的默认值为 1
2       print(message * times)
```

```
3    say('hello')                        #直接使用函数定义时的默认值 1
4    say('hello',6)                      #将实参 6 的值传递给 times
```

【运行结果】

```
hello
hellohellohellohellohellohello
```

> 注意：没有 return 语句时，仅表示函数执行了一段代码功能，无返回值。

> 注意：在定义函数时，如果某个形参指定了默认值，则这个参数后的所有参数都必须指定默认值，即一定是必选参数在前，默认值参数在后，否则 Python 的解释器会报错。另外，当函数有多个参数时，把变化大的参数放前面，变化小的参数放后面。变化小的参数就可以作为默认参数。

(2) 使用关键字参数(按关键字传递)。

关键字参数主要是指调用函数时的参数传递方式，与函数定义无关。通过关键字参数可以按参数名字传递值，实参顺序可以和形参顺序不一致，但不影响参数值的传递结果，避免了用户需要牢记参数位置和顺序的麻烦，使得函数的调用和参数传递更加灵活方便。

例 4-19 使用关键字参数。

```
1    def demo(a,b,c = 5):
2        print(a,b,c)
3    demo(3,8)                           #按顺序传递参数值 a = 3,b = 8,c 使用默认值 5
4    demo(a = 3,b = 5,c = 6)             #按照关键字传递参数值
5    demo(c = 8,a = 9,b = 10)            #按照关键字传递参数值
```

【运行结果】

```
3 8 5
3 5 6
9 10 8
```

(3) 使用可变长度的参数。

可变长度参数传递是指传入的参数个数是可变的，可以是 0 个或任意多个。可变长度参数在定义函数时主要有两种形式。

① 在参数前面使用标识符"*"：用来接收任意多个实参，并以元组的形式输出。这种带"*"的参数也可以与其他普通参数联合使用，同时出现在形参列表中。但是在定义函数时，如果使用普通参数与可变长度参数组合，通常将可变长度参数放在形参列表的最后。

② 在参数前面使用标识符"**"：用来接收多个关键字参数，并以字典形式输出。

(4) 使用可迭代对象作为实参。

调用含有多个参数的函数时，Python 可以使用列表、元组、集合、字典以及其他可迭代对象作为实参，并在实参名称前面加一个"*"，Python 解释器将自动进行解包，然后分别传递给多个形参。

4.8.5　变量的作用域

变量起作用的代码范围称为变量的作用域,变量的作用域决定了在哪一部分程序可以访问哪个特定的变量。一个程序中所有的变量并不是在哪个位置都可以访问的。访问权限决定于这个变量是在哪里赋值的。不同作用域内同名变量之间互不影响。一个变量在函数外部定义和在函数内部定义,其作用域是不同的,两种最基本的变量作用域有:局部变量和全局变量。

1. 局部变量

局部变量是指在函数内部定义的变量,仅在函数内部有效,局部变量将在函数运行结束之后自动删除。

2. 全局变量

全局变量上指在函数之外定义的变量,在程序执行全过程有效。

例 4-20　混合使用局部变量和全局变量。

```
1   g=5                          #全局变量 g
2   def myadd():
3       c=3                      #局部变量 c 将在函数运行结束之后自动删除
4       return g+c
5   print(myadd())
6   print(g)
7   print(c)
```

【运行结果】

```
8
5
Traceback (most recent call last):
  File "5-24.py", line 7, in <module>
    print(c)
NameError: name 'c' is not defined
```

本例中,g 和 myadd 都是全局的,c 是局部的,只能在函数中使用,函数运行结束之后自动删除,因此 print(c)时出现错误。

4.9　文　　件

4.9.1　文件的概念与类型

1. 文件的概念

文件是指存储在计算机介质上的一组数据系列,可以包含任何数据内容。

2. 文件的类型

根据访问文件的方式将文件分成两类:文本文件和二进制文件。

（1）文本文件。文本文件一般由单一特定编码的字符组成,大部分文本文件都可以通过文本编辑软件来创建、编辑和读写。由于文本文件存在编码,所以它也可以看作是存储在磁盘中的长字符串,字符串中的一个字符由多个字节表示,如 txt 格式的文本文件。

（2）二进制文件。二进制文件是直接由 0 和 1 组成的,没有统一的字符编码,文件内部数据的组织格式与文件用途有关,如图片文件、视频文件等。

二进制文件和文本文件最主要的区别在于是否有统一的字符编码。比如,我们采用文本方式打开文件,文件经过编码形成字符串,就会显示出有意义的字符;而采用二进制方式打开文件,文件会被解析为字节流。

4.9.2　文件的打开和关闭

Python 使用内置的 file 对象来处理文件。

1. 打开文件

必须先创建一个 file 对象,用 Python 内置的 open()函数打开一个文件,然后才可以使用相关的辅助方法调用它进行读写。

语法格式如下:

<文件对象的变量名>= open(<文件路径及文件名> [,文件的打开模式])

其中,文件的打开模式有只读、写入、追加等,默认模式为只读(r)。

例如,语句 f＝open('b1.txt', 'r'),以只读模式打开文件,这里的'r'可以省略。

常用的文件打开模式如表 4.15 所示。

表 4.15　常用的文件打开模式

文件的打开模式	含　义
r	只读模式。如果文件不存在则返回异常。为默认值
w	覆盖写模式。文件不存在则创建新文件;文件存在则将其覆盖
a	追加写模式。文件不存在则创建新文件;文件存在则在文件末尾追加内容
b	二进制文件模式
＋	同时读写模式。与其他模式组合使用

这些模式可以组合,例如:

- rb：以二进制格式、只读模式打开文件（如图片或可执行文件等）。
- r＋：以读写模式打开文件。
- w＋：以读写模式打开文件。文件不存在则创建新文件;文件存在则将其覆盖。
- a＋：以读写模式打开文件。文件不存在则创建新文件;文件存在则在文件末尾追加内容。

例如:

```
f1 = open("foo.txt", "wb+")
```

2. 关闭文件

文件对象的 close() 方法可以刷新缓冲区里任何还没写入的信息,并关闭该文件,这之后便不能再进行写入。当一个文件对象的引用被重新指定给另一个文件时,Python 会关闭之前的文件。用 close() 方法关闭文件是一个很好的习惯。

语法格式:

文件对象的变量名.close()

例如:

```
f1.close()   #关闭打开的文件
```

4.9.3　文件的读写

文本文件读写方法如下。

- f.read([count]):读入整个文件内容,如果有 count,则读出前 count 长度的字符串或字节流。
- f.readline([count]):从文件中读入一行内容(包括行尾符号),如果有 count,则读出前 count 长度的字符串或字节流。
- f.readlines([hint]):从文件中读入所有行,以每行为元素形成一个列表,如果有 hint,则读入 hint 行。
- f.write(string):把 string 字符串写入到文件指针位置,返回写入的字符个数。
- f.writelines(list):把列表 list 中的字符串写入文件,没有换行,返回写入的字符个数。
- f.seek(offset[,where]):把文件指针移动到相对于 where 的 offset 位置。offset 是文件中读/写指针的位置。where 为 0 表示文件开始处,这是默认值;1 表示当前位置;2 表示文件结尾。
- f.tell():获得文件指针位置。
- for line in f:用迭代方式读文件,每次换一行。

> 🌐 **注意**:绝对路径是从根目录出发的路径,相对路径是指从当前文件夹出发的路径,就是你编写的这个 Python 文件所存放的文件夹路径。由于"\"是字符串中的转义符,所以表示路径时,使用"//"或"/"代替。

假设当前的 Python 文件夹所处的位置是 D:\user\public,那么以下三行代码的路径是:

```
open('aaa.txt')            #D:\user\public\aaa.txt
open('data//bbb.txt')      #D:\user\public\data\bbb.txt
open('D:/user/ccc.txt')    #D:\user\ccc.txt
```

例 4-21 读文本文件。

```
1    filehandler = open('f7-1.txt','r')      #以只读模式打开当前路径中的文件
2
3    print ('read() function:')              #读取整个文件
4    print (filehandler.read())
5
6    print ('readline() function:')          #返回文件头,读取一行
7    filehandler.seek(0)
8    print (filehandler.readline())
9
10   print ('readlines() function:')         #返回文件头,返回所有行的列表
11   filehandler.seek(0)
12   print (filehandler.readlines())
13
14   print ('list all lines')               #返回文件头,显示所有行
15   filehandler.seek(0)
16   textlist = filehandler.readlines()
17   for line in textlist:
18       print (line)
19   print()
20   print()
21
22   print ('seek(15) function')            #移位到第 15 个字符
23   filehandler.seek(15)
24   print ('tell() function')
25   print (filehandler.tell())             #显示当前位置
26
27   filehandler.close()                    #关闭文件句柄
```

例 4-22 写文本文件。

```
1    f = open('f7-3.txt','w')
2    f.write('Hello,')
3    f.writelines(['Hi','haha!'])           #多行写入
4    f.close()
5    #追加内容
6    f = open('f7-3.txt','a')
7    f.write('快乐学习,')
8    f.writelines(['快乐','生活。'])
9    f.close()
10
11   filehandler = open('f7-3.txt','r')     #以读方式打开文件
12   print (filehandler.read())             #读取整个文件
13   filehandler.close()
```

【运行结果】

Hello,Hihaha!快乐学习,快乐生活。

例 4-23　输入学生姓名、数学分数、英语分数,生成 grade.txt 文件,再读取文件信息,计算平均成绩。

```
1   fp = open("f7-3.txt",'w')
2   for i in range(2):
3       name = input('姓名:')
4       math = int(input('数学:'))
5       english = int(input('英语:'))
6       line = name + "  " + str(math) + " " +str(english) + '\n'
7       fp.write(line)
8   fp.close()
9
10  ifile = open("f7-3.txt",'r')
11  print("  成绩单  \n----------------")
12  for line in ifile:
13      L = line.split()   #使用 split()函数将字符串以空格分开存入列表
14      avg = (float(L[1]) + float(L[2]))/2
15      print(L[0], L[1], L[2], avg)
16  ifile.close()
```

【运行结果】

姓名:张三
数学:89
英语:90
姓名:李四
数学:78
英语:75
成绩单

张三 89 90 89.5
李四 78 75 76.5

基础知识练习

一、简答题

(1) 列举出 Python 的 5 个数据类型。

(2) 如果有以下程序:

```
x=input("请输入 x:")
y=input("请输入 y:")
print("x>y",x>y)
```

程序运行时输入 x 为 100,y 为 99,会出现什么运行结果？为什么？

（3）导入模块通常使用哪些方法？

二、写出下面代码的运行结果

（1）程序运行时,输入整数 6 时,程序的运行结果是什么？

```
1  s=input("请输入一个整数: ")
2  if s>=5:
3      print(s+1)
4  elif s>=10:
5      print(s+2)
6  else:
7      print(s)
```

（2）写出运行结果。

```
1  x=5
2  y=False
3  z=10
4  if x or y and z:
5      print(x+y+z)
6  else:
7  print( "no")
```

（3）写出运行结果。

```
1  s =0
2  for i in range(1,101):
3      s +=i
4  else:
5      print(1)
```

（4）写出运行结果。

```
1  x=[ ]
2  k=10
3
4  while k>0:
5      if k%2!=0:
6          x.append(k)
7      k-=1
8  print(x, ' ',k)
```

（5）程序运行时,输入 123,程序的运行结果是什么？

```
1  num=eval(input("请输入一个整数:"))
```

```
2    while(num!=0):
3        print(num%10,end=';')
4        num=num//10
```

（6）写出运行结果。

```
1    import random
2    for i in range(5):
3        x = random.randint(0,100)
4        print(x)
```

（7）写出运行结果。

```
1    import turtle
2    for x in range(1,9):
3        turtle.forward(100)
4        turtle.left(-45)
```

（8）写出运行结果。

```
1    def mymax(x,y):
2        if x>y:
3            return x
4        else:
5            return y
6    a=mymax(3,5)+10
7    print(a)
```

（9）写出运行结果。

```
1    def demo(a, b, c, d):
2        return sum((a,b,c,d))
3    print(demo(1, 2, 3, 4))
```

（10）写出运行结果。

```
1    def demo(a, b, c=3, d=100):
2        return sum((a,b,c,d))
3    print(demo(1, 2, 3, 4))
4    print(demo(1, 2, d=3))
```

三、编程题

（1）输入直角三角形的两个直角边的长度 a、b，求斜边 c 的长度。

（2）将列表 a = [9,6,15,4,1]逆序输出。

（3）打印出由 1、2、3、4，共四个数字组成的互不相同且无重复数字的三位数。

程序分析：填在百位、十位、个位的数字可以是 1、2、3、4。将其组合后，再去掉重复数字的排列。

（4）已知 s＝1＋2＋3＋4＋…＋n，求使得 s 不大于 100 时的最大 n 值。请用 for 和

while 两种循环结构来完成。

（5）假设某人每天进步千分之一，那么一年后他能进步多少呢？如果每天退步千分之一，一年后又怎么样呢？

（6）输入边长 a，使用 turtle 库画一个边长为 a 的等边三角形。

（7）编写函数，计算圆的面积。

（8）编写程序，在当前文件夹中创建一个文本文件 bc7－1.txt，并向其中写入字符串 hello world。（如果本题改为在 D 盘根目录下创建一个文本文件 bc8－1.txt 呢？）

（9）编写程序，打开当前文件夹中的文本文件 bc7－2.txt（里面是一首唐诗），在其开头补充上标题"采莲曲"。提示：需要使用 seek(0,0)方法将文件指针移动至文件开头。

能力拓展与训练

1. 数据结构综合实践：编写一个 Python 程序，综合运用列表、字典和集合等数据结构。程序要求用户输入多个学生的信息，包括姓名、年龄、成绩（以字典形式存储每个学生的信息）。将这些学生信息存储在一个列表中，然后根据学生的成绩进行排序（从高到低）。接着，创建一个集合，用于存储年龄大于特定值（用户输入）的学生姓名。最后，输出排序后的学生列表和集合中的学生姓名。在程序中，展示对不同数据结构的操作方法，如列表的排序、字典的访问和修改、集合的添加和筛选。

2. 数据分析师的数据处理任务：作为一名数据分析师，你需要处理一份包含学生成绩的数据文件（假设为文本文件，每行包含学生姓名和成绩，以空格分隔）。请描述你使用 Python 进行数据处理的步骤，包括如何读取文件内容、将数据存储到合适的数据结构中（如列表、字典）、计算学生的平均成绩、找出最高成绩和最低成绩的学生，并将处理结果以清晰的格式输出。在描述过程中，要体现对 Python 文件操作、数据结构和基本运算的运用。

3. 游戏开发者的功能实现：你是一名游戏开发者，正在使用 Python 开发一款简单的猜数字游戏。请描述你实现游戏功能的思路和关键代码。游戏规则是程序随机生成一个 1～100 的整数，玩家输入猜测的数字，程序根据玩家的输入提示"猜大了""猜小了"或"猜对了"，直到玩家猜对为止。在描述中，要涉及到 Python 中的随机数生成函数（如 random 库）、循环结构（用于多次猜测）和条件判断语句（用于判断猜测结果）的使用。

4. Web 开发工程师的模块选择：作为一名 Web 开发工程师，你正在为一个小型网站选择合适的 Python 第三方库。该网站需要实现用户注册登录功能、数据可视化展示（展示网站访问量等数据）、数据存储和管理（存储用户信息和网站相关数据）。请你介绍你会选择哪些第三方库来实现这些功能，并简要说明选择的理由以及这些库的基本使用方法。

第 5 章 人工智能之大模型技术应用

5.1 AI 大模型技术

5.1.1 AI 大模型技术概述

人工智能大模型(AI 大模型)简称大模型,是指具有数百亿甚至千亿级别参数的机器学习模型,这些模型通常由深度神经网络构建而成。大模型技术是指构建参数数量庞大、训练数据规模庞大的机器学习模型的技术。

AI 是计算机科学的一个重要分支,能够使机器模仿人类的智能行为。以 DeepSeek、ChatGPT 为代表的大模型技术在经济、管理、法律等众多领域发挥着重要作用,被认为与操作系统一样,能够成为未来人工智能领域的关键基础设施,将深刻影响人类的工作和生活。大模型的发展大概经过了 4 个阶段。

① 起源与早期研究阶段。大模型起源可追溯至人工神经网络(ANN)的早期研究。ANN 是模拟人脑神经元连接和信息传递的数学模型,能学习提取特征和分类。20 世纪40 年代受广泛关注,其特点是模拟生物神经网络结构功能,通过神经元连接与权重调整输出。20 世纪 60 年代至 80 年代,AI 主要构建专家系统,模拟人类专家知识推理能力,但因计算和数据量限制,只能处理小规模问题,在知识表示和推理上有局限,难适应复杂环境。

② 技术突破与进展阶段。进入 21 世纪,随着计算机硬件性能的提升和算法的优化,特别是 GPU 的普及和并行计算能力的提升,极大加速了人工神经网络的训练速度。同时,大数据时代的到来也为深度学习模型提供了海量训练数据,深度学习逐渐成为 AI 领域的主流技术。深度学习是一种基于多层神经网络的机器学习方法,通过多层次的特征提取和表示学习来实现复杂任务。

③ 深度学习崛起阶段。2006 年,Hinton 提出了深度学习的概念,用于训练更深层次的神经网络。2012 年,AlexNet 在 ImageNet 竞赛中取得巨大突破,标志着卷积神经网络(Conventional Neural Network,CNN)在计算机视觉领域的崛起。从此深度学习逐渐进入自然语言处理、语音识别、计算机视觉等领域,催生了众多具有影响力的深度学习模型。2016 年和 2017 年,九段围棋棋手李世石和中国的柯洁分别输给 AI 围棋程序 AlphaGo,

引发社会讨论。深度学习的崛起标志着人工智能进入了一个全新的发展阶段。

④ 大模型应用阶段。深度学习发展下,大模型概念引入 AI 领域。DeepSeek 专注开发自然语言处理和多模态模型,基于 Transformer 架构,能捕捉长距离文本依赖,在多自然语言任务表现出色。其技术路线强调大数据、大算力和大算法结合,通过海量数据训练和强大算力支持提升性能。模型不仅处理文本,还向多模态发展,具备理解和生成图像、音频等能力,在智能客服等多领域有应用潜力。DeepSeek 研究团队注重模型调优和应用,通过类似 RLHF 策略提升交互体验和内容生成准确性。随着技术进步,DeepSeek 模型逐步市场化,推动 AI 在各行业智能化变革。

5.1.2　大模型与传统机器学习模型的区别

大模型在处理复杂任务和数据时,相较传统机器学习模型,在多方面存在显著差异,展现出更高的效率和准确性,具体如下。

(1) 模型规模和复杂性:大模型有超大规模参数,一般在数十亿至数千亿级别,旨在提升表达与预测性能,以应对复杂任务和数据。传统机器学习模型复杂度较低,基于特定算法和数据集训练,处理简单任务表现极佳,但处理复杂任务时受限。

(2) 训练方式和资源需求:大模型训练需要海量数据与大量计算资源,如成百上千个 GPU,且耗费大量时间,以让模型充分学习数据中的复杂模式与特征。传统机器学习模型对数据量要求较小,能在小数据集上取得不错效果,训练过程简单直接。

(3) 特征提取:大模型在深度学习中,其特征由神经网络自动学习和提取,无须人工干预,就可以学到更抽象、高级的特征,能适应复杂数据模式。传统机器学习模型的特征提取多由人工设计,依赖领域知识和数据特点选择特征,限制了其处理复杂数据的能力。

(4) 算法和学习能力:大模型常采用深度神经网络、深度学习等复杂算法,能从大量数据中学习更多知识,泛化能力强,可对陌生数据准确预测。传统机器学习模型主要依靠监督学习、无监督学习和强化学习等方法,其能力取决于所选特征和模型。

(5) 应用场景:大模型应用广泛,涵盖自然语言处理、视觉、语音、图像视频、智能推荐等领域,可处理复杂任务,展现出类人智能。传统机器学习模型主要用于数据挖掘、预测分析等领域,处理简单任务。

5.1.3　AI 大模型技术对社会的影响与发展趋势

1. AI 大模型技术对社会的影响

大模型与其他信息技术不同,其通用性能快速赋能社会各行各业,加速推进经济高质量发展。"大模型＋传媒"可以实现智能新闻写作,降低新闻生成成本;"大模型＋影视"可以拓宽创作素材,拓展思路,激发创作灵感,提升作品质量;"大模型＋营销"可以研发 AI 客服,助力产品营销;"大模型＋娱乐"可以加强人机互动,激发用户参与热情,增加趣味性和娱乐性;"大模型＋军事"可以增强军事情报的获取和决策能力,快速准确地评估威胁、规划和执行作战任务,获得战场态势感知和战术决策支持;"大模型＋教育"可以赋予教材教具新活力,让教学方式实现个性化和智能化;"大模型＋金融"可以帮助金融机构降本增效,让金融服务更贴近用户;"大模型＋医疗"可以赋能医疗机构诊疗全过程,精确诊断,对症下药。总之,大模型给人类发展带来了强大的推动力,促进了数字世界和现实世界的和谐共生。

2. AI 大模型技术的发展趋势

(1)模型规模持续扩大:随着计算能力提升和大数据积累,可处理更复杂多维数据,实现更高级智能,深入应用于各领域。

(2)泛化能力不断增强:通过学习大量数据掌握更多规律知识,提高对新问题的适应能力,让 AI 系统更灵活和智能。

(3)多模态融合:实现语音、图像、文本等数据融合处理,全面理解和交互,应用于智能家居、自动驾驶等领域。

(4)可解释性和鲁棒性提升:未来大模型更注重可解释性和鲁棒性设计,增强人性化、安全性和可信度。

随着算力和数据量增加,大模型规模和性能不断提升,推动 AI 行业应用,助力社会智能化、便捷化发展。

3. AI 大模型技术面临的挑战

大模型虽然成果显著,但面临诸多挑战,主要如下。

(1)训练成本高:训练需要大量计算资源和时间,增加了经济和时间成本。

(2)环境影响大:训练需要消耗大量电力能源,产生巨量碳排放,不利于环境保护。

(3)数据处理难:构建高质量、标注清晰的大数据集难度大、成本高,且在敏感或专业领域,模型生成内容可能继承数据偏见,在保护敏感数据、不侵犯隐私前提下训练模型是技术难点。

此外,还存在算力瓶颈、模型架构与算法优化、容量限制、可解释性和可控性等问题。为应对这些挑战,需要探索新技术方法,分布式训练、模型压缩、知识蒸馏等将成为发展方向。

5.1.4　AI 大模型的工作原理

大模型作为人工智能领域的前沿技术,其工作原理融合了数学、统计学、计算机科学等多学科知识,以 Transformer 架构为核心,依托深度学习技术,实现对海量数据的深度理解与智能处理,工作过程主要分为数据处理、模型训练和模型推理三个阶段。

1. 数据处理

(1)数据收集。数据来源广泛,包括网页文本、社交媒体内容、书籍文档、图像数据库、音频视频库等。例如,为训练语言大模型,会通过网络爬虫获取互联网上的新闻资讯、博客文章、学术论文等;训练图像大模型时,从公开图像数据集(如 ImageNet)收集大量不同类别的图片,涵盖动物、植物、建筑、人物等各类场景。

(2)数据清洗。原始数据往往包含噪声,可能存在重复内容,如大量重复发布的新闻稿件;错误数据,像文本中拼写错误、语法错误,图像中模糊不清、损坏的部分;不完整数据,如缺失关键信息的表格记录、部分内容丢失的音频片段。数据清洗时,利用查重算法去除重复数据,通过规则匹配、统计分析等方法纠正错误数据,对不完整数据进行填充或删除处理。

（3）数据标注。通过赋予数据语义标签，方便模型理解。对于文本数据，标注任务多样，如情感分析标注，将文本标记为正面、负面或中性情感；命名实体识别标注，标注出文本中的人名、地名、组织机构名等；图像标注则是框选出图像中的物体，标注物体类别；数据标注可以由人工完成，也可借助半自动化工具，利用少量人工标注数据训练小模型，辅助完成大规模数据标注。

（4）数据转换。将处理后的数据转换为模型能处理的格式。对于文本，常采用词嵌入技术，将每个单词转换为固定维度的向量，如 Word2Vec、GloVe 等，使语义相近的词在向量空间中距离相近。图像则转换为像素矩阵，音频转换为频谱图等特征表示。

2. 模型训练

（1）Transformer 架构。大模型多采用 Transformer 架构，其核心是多头注意力机制。以语言模型处理句子为例，多头注意力机制允许模型同时关注句子中不同位置的单词，捕捉长距离依赖关系。比如在理解"苹果公司发布了新款手机，它拥有强大的性能"这句话时，模型能通过注意力机制关联"苹果公司"和"它"，准确理解"它"指代的是苹果公司发布的新款手机。

（2）损失函数与优化。训练过程中，模型根据输入数据预测结果，通过损失函数衡量预测结果与真实标签的差异。常见损失函数有交叉熵损失函数（用于分类任务）、均方误差损失函数（用于回归任务）。以图像分类任务为例，模型预测一张图片属于不同类别的概率，与真实类别对比计算交叉熵损失。然后利用反向传播算法计算损失函数对模型参数的梯度，基于梯度信息，使用优化器（如随机梯度下降、Adam 等）调整参数，使损失函数不断减小，模型在训练数据上的表现越来越好。

（3）超参数调整。模型训练前需设置超参数，如学习率决定每次参数更新的步长，层数、隐藏层神经元数量等决定模型复杂度。超参数调整一般采用网格搜索、随机搜索等方法，在一定取值范围内尝试不同组合，选择在验证集上表现最佳的超参数设置。

3. 模型推理

（1）输入与预测。模型训练完成后要用于实际应用。输入新数据，模型依据训练学到的知识进行分析预测。如输入问题"珠穆朗玛峰的海拔是多少？"，语言大模型会根据训练数据中学到的地理知识和语言模式，生成答案"珠穆朗玛峰的最新高程为 8848.86 米"。

（2）结果输出与后期处理。模型输出的结果可能是概率分布、类别标签、文本序列等形式。对于分类任务，输出各类别的概率，选择概率最高的类别作为预测结果；对于文本生成任务，可能需要对生成文本进行语法检查、逻辑连贯性调整等后期处理，使其更符合人类语言习惯和实际应用需求。

5.1.5　我国 AI 大模型的分类

我国 AI 大模型可以按照多种方式进行分类，以下是几种常见的分类方式及具体分类内容。

1. 按功能与应用领域分类

（1）通用智能助手类：以 DeepSeek、百度文心一言、字节跳动豆包、腾讯混元大模型为代表。它们拥有广泛的知识储备和语言理解、生成能力,可服务于多种场景。比如在日常对话中,能像贴心的生活助手一样,回答各类生活常识问题,像"明天适合穿什么衣服";在工作场景里,能辅助撰写报告、策划文案等,从文章结构搭建到内容填充都能提供帮助;学习场景下,解答学科知识疑问,如数学公式推导、历史事件解读等。

(2) 多模态应用类:典型的如 ABAB-Minimax、书生(上海人工智能实验室)。它们打破了单一数据类型的限制,将文本、图像、语音等多种模态信息融合处理。比如在智能驾驶场景中,通过整合摄像头捕捉的图像信息(车辆周围环境画面)、传感器收集的文本数据(车速、路况等参数)以及语音指令(驾驶员的语音操控),更精准地决策车辆行驶动作,实现自动驾驶。在智能教育领域,可依据学生的语音提问、手写解题步骤图像、输入的文本内容,综合分析学生的学习状况,提供个性化学习建议。

(3) 自然语言与内容生成类:典型的如通慧(美团)、子曰(网易有道)。聚焦自然语言处理,在文本创作方面表现突出。例如,美团的通慧大模型可助力商家撰写吸引人的商品描述,从菜品特色、口感等方面入手,提升商品吸引力;网易有道的子曰大模型在语言学习场景中,能进行高质量的翻译,无论是日常对话、学术文献还是商务合同,都能准确转换语言;还能辅助学生进行英语作文创作,从语法纠错到内容润色,全面提升作文质量。

(4) 行业垂直类:这类模型针对特定行业,利用行业数据训练,具备专业领域知识和应用能力。

① 医疗领域:典型的有 39AI 全科医生(朗玛),它能对患者的症状描述、病历数据、医学影像等进行分析,辅助医生进行疾病诊断,像判断肺部 X 光片中是否存在病变,为医生提供诊断参考,提高诊断效率和准确性;在药物研发中,通过分析大量医疗数据,预测药物的疗效和副作用,加速新药研发进程。

② 金融领域:典型的有 AntGLM(蚂蚁金服)、轩辕大模型(度小满),可用于金融风险评估,通过分析企业或个人的财务数据、信用记录、市场动态等多源数据,评估贷款违约风险,帮助金融机构合理发放贷款;在投资分析中,挖掘市场数据规律,预测股票、基金等金融产品的走势,为投资者提供投资建议。

③ 教育领域:典型的有 MathGPT 大模型(好未来教育),专注于数学学科教育,能解答学生的数学难题,从基础的算术运算到复杂的几何证明、函数求解,都能给出详细的解题思路和步骤;还能根据学生的学习情况,生成个性化的学习计划和练习题,帮助学生巩固知识、提升能力。

④ 智能驾驶领域:典型的有银河大模型(极目未来),主要用于智能汽车,能处理传感器采集的大量数据,识别道路标志、行人、其他车辆等目标,实现自动驾驶的路径规划、速度控制、安全避让等功能,保障行车安全和顺畅。

2. 按模型规模与参数量分类

(1) 千亿参数以上超大模型:百度文心大模型、阿里云通义千问等属于此类。庞大的参数数量赋予模型强大的学习和表达能力,能够处理极其复杂的任务。在知识图谱构建上,能关联海量的知识节点,理解知识间的复杂关系,提供全面、准确的知识问答;在复杂的文本生成任务中,如撰写长篇学术论文、小说创作,能保持逻辑连贯、内容丰富,生成高质量的文本。

（2）百亿参数级模型：智谱清言 GLM-4 等模型处于这一范畴。虽参数规模小于千亿级模型，但在性能和功能上也较为出色。在日常办公应用中，能快速完成文档处理、数据统计分析等任务；在智能客服场景，能快速理解客户问题，准确提供解决方案，具备良好的用户交互体验和一定的泛化能力，可应对多种常见业务场景。

（3）中小规模模型：这类模型参数量相对较少，专注于特定领域或场景。比如一些企业内部用于客户关系管理的 AI 模型，针对企业客户数据特点和业务流程训练，能高效分析客户购买行为、偏好等数据，精准推送产品和服务，提高客户满意度和忠诚度；在智能家居控制中，通过对家庭设备数据的学习，实现智能化的设备控制和场景联动。

3. 按技术架构与特点分类

（1）基于 Transformer 架构的大模型：多数主流大模型都采用 Transformer 架构，如文心一言、豆包等。Transformer 架构中的多头注意力机制是关键，它能让模型同时关注输入数据的不同部分，捕捉长距离依赖关系。在处理长文本时，如分析一篇几千字的新闻报道，能准确理解前后文关联，提取关键信息，回答诸如"报道中主要事件的影响是什么"等问题；在语言翻译中，更好地处理语序差异，提升翻译准确性。

（2）具有知识增强的模型：例如百度文心大模型。通过将知识图谱等外部知识融入模型训练，使其知识储备更加丰富。在知识问答任务中，能利用知识图谱中结构化的知识，给出更准确、详细的答案。比如问"苹果公司的创始人有哪些"，不仅能回答创始人名字，还能介绍他们的创业经历、对苹果公司发展的贡献等相关信息；在推理任务中，依据知识图谱中的逻辑关系，进行更合理的推理判断。

（3）多模态融合架构模型：商汤的日日新模型是其中代表。通过独特的架构设计，有效融合不同模态信息。在图像生成任务中，结合文本描述和已有的图像数据，生成符合描述的高质量图像，如根据"在美丽的海边，有一座白色的灯塔"的文本描述，生成逼真的海边灯塔图像；在视频分析中，能同时处理视频中的图像、音频和字幕信息，实现更精准的视频内容理解和分析，如判断视频中的情感氛围、识别视频中的关键事件。

> 💬 **思考与探索**
>
> 　　大模型的训练过程需要大量的数据和计算资源，你认为在未来的技术发展中，如何优化大模型的训练过程以降低资源消耗？

5.2　生成式人工智能概述

5.2.1　生成式人工智能的定义

生成式人工智能即人工智能生成内容（Artificial Intelligence Generated Content，AIGC），指利用生成对抗网络（GAN）、大型预训练模型等人工智能技术，通过学习和识别已有数据，凭借泛化能力生成相关内容的技术。

AIGC 生成内容形式丰富,包括文本(如创意文本、故事等)、图像(高质量绘画等)、音频(音乐等)、视频(影片等)、3D 模型(用于游戏开发等)、代码等。

AIGC 既是一类内容,也是一种内容生产方式,还是内容自动化生成的技术集合。它是继专业生产内容(PGC)、用户生产内容(UGC)后的新型创作方式,标志着人工智能从计算智能、感知智能向认知智能进阶。

一直以来,内容创作是被人类掌握的创造活动。AIGC 的出现改变了这一认知。作为新型创作方式,AIGC 在写诗、作画等领域表现出色,生成速度快。如今,它不仅助力服务行业提升效率,也被创作者用于创作,甚至有人凭此获奖。例如,2024 年美国科罗拉多州博览会美术大赛冠军作品《太空歌剧院》(如图 5.1 所示),就是借助 Midjourney AI 绘图工具生成的。

图 5.1　绘画作品《太空歌剧院》

5.2.2　AIGC 的技术理论简述

AIGC 的实现依赖于多种基础技术,这些技术共同构成了它的核心框架。下面是 AIGC 主要依赖的几种基础技术。

1. 深度学习

深度学习(Deep Learning,DL)是一种基于人工神经网络的机器学习方法,其核心思想是通过多层次的神经网络模拟人脑神经元的工作方式,从而实现对复杂数据的学习和分析。在 AIGC 领域中,深度学习被广泛应用于模式识别、特征提取和数据表示等方面,为机器理解和生成文本、图像、音频等内容提供了强大的支持。

2. 自然语言处理

自然语言处理(Natural Language Processing,NLP)是研究如何让计算机理解、处理和生成人类自然语言的一门技术。在 AIGC 领域中,NLP 技术被用于理解和生成文本内容,为机器生成高质量文本提供了重要支持。

3. 计算机视觉

计算机视觉(Computer Vision)是使计算机能够解释和理解图像及视频的技术。在

AIGC 领域中,计算机视觉被用来生成和处理图像内容,涉及图像识别、目标检测、图像分割、风格迁移、图像生成等技术。正是该技术让 AIGC 工具能生成逼真的艺术图像、照片、动画等。

4. 生成模型

生成模型(Generative Model)是一种能够从数据中学习并生成新样本的模型。生成模型在 AIGC 领域中往往扮演着核心角色。常见的生成模型包括变分自编码器(VAE)、生成对抗网络和扩散模型。这些模型能学习输入数据的分布,并据此生成新的、逼真的数据样本,如图像、文本或音频。

5. 优化算法

优化算法(Optimization Algorithm)是一种用于解决问题的数学方法。优化算法常用来调整模型的参数,以便模型更好地完成任务,比如生成更准确的文本或图像。优化算法也可以帮助模型不断改进,以达到最佳的效果。

5.2.3　AIGC 的主要特点

AIGC 以其创新性、高效性、多样性和可扩展性等特点,为内容创作带来了革命性的变化。

(1) 创新性:AIGC 借助深度学习、生成模型等先进技术,能生成全新且具创意的内容。如 DeepSeek 等 AI 模型可依关键词或主题,模仿人类写作风格,快速生成高质量、有创意的文章段落,在新闻和文学创作领域颇具潜力。在图像创作上,AIGC 工具能按描述或概念生成逼真图像,对艺术和设计意义重大,且在视频、音乐等领域也可开展独特创作。AIGC 并非简单地整合已有内容,而是在学习人类作品基础上创造新内容,未来将在多领域发挥重要作用,为创意活动带来更多可能。

(2) 高效性:AIGC 能快速生成大量内容,大幅提升创作效率,可在短时间内产出各类高质量作品,满足大规模内容生成需求。多数 AIGC 工具几秒内可生成几百字的文本,几秒到几十秒能生成精美图片,其速度远超人类。此外,AIGC 在资源利用上也具优势,传统内容生产需大量人力、物力、财力,而 AIGC 成本低且能实现高质量内容生产,让内容创作更轻松便捷、成本更低。

(3) 多样性:多样性是 AIGC 的显著特点,能依不同关键词或主题,生成风格多变的内容。从形式上看,AIGC 涵盖语言文字、图像、音频、视频等,可为文字编辑、平面设计等不同领域提供多样解决方案。在风格上,语言文字方面,AIGC 可掌握多种文体和写作风格;图像方面,能生成真人照片、艺术绘画等;音频、视频方面,可快速生成不同风格流派的作品。

(4) 可扩展性:AIGC 能应用于多领域和场景,且应用范围还在不断扩大。一方面,它能集成到社交媒体、电商平台等现有系统中,为用户提供定制化内容生成服务,适应不同业务场景。另一方面,AIGC 已在新闻等多领域展现潜力,未来在教育领域可生成个性化学习资料,在医疗领域能辅助疾病诊断和方案制定。此外,AIGC 算法和模型不断优化,随着数据积累和技术进步,将更精准高效,生成内容也会更优质多样,使其具备强大竞争力和生命力。

5.2.4　AIGC 的发展历程

AIGC 的发展主要经历了如下 4 个阶段。

1. 技术起源与演进阶段

AIGC 技术的起源可以追溯到 20 世纪 50 年代,当时人们开始尝试让计算机模拟人的智能行为,如语言理解和生成。随着计算机科学的进步,特别是在深度学习技术的推动下,AIGC 技术得到了快速发展。深度学习技术使得模型能够更准确地生成符合要求的结果,处理更复杂的数据类型和任务。

2. 大数据与 AI 的融合阶段

进入 21 世纪,随着大数据时代的到来,AI 技术开始与大数据技术融合,形成了现在的 AIGC 技术。大数据为 AIGC 提供了丰富的训练数据,使得模型能够学习到更多的知识和模式,从而生成更准确、更有创意的内容。

3. 应用领域的拓展阶段

AIGC 技术已经广泛应用于各个领域,包括金融、医疗、工业,智能家居和智慧城市等。在金融领域,AIGC 技术可以用于风险管理、股票交易预测等方面;在医疗领域,可以应用于疾病诊断、药物研发等方面。AIGC 的应用不仅提高了工作效率,还为人类生活带来了便利。

4. 市场与产业规模阶段

随着 AIGC 技术的不断成熟和应用领域的拓展,其市场规模也在不断扩大。中国 AIGC 产业规模在 2023 年约为 143 亿元,预计到 2028 年将达到 7000 亿元,AIGC 产业将成为推动经济增长的重要力量。

5.2.5　AIGC 的价值

AIGC 所带来的广泛价值正逐步引起人们的重视。作为一种革新性的技术力量,AIGC 不仅重塑着传统产业的生态系统,还在深层次上改写着未来的经济社会格局。在时代、社会与个人层面,它都显示出巨大影响力。

1. 时代层面:引领科技浪潮,重塑产业生态

AIGC 掀起科技浪潮,影响科技领域并重塑产业生态。其能高效精准进行内容创作、知识挖掘和信息处理,提升生产效率与创新能力。从新闻写作、影视制作到艺术设计、产品研发等领域,都深受其影响,如全球首部 AI 动画电影《愚公移山》(如图 5.2 所示)。AIGC 推动传统以内容为主的行业转型升级,促进新兴产业快速发展,助力时代科技进步和社会生产力飞跃。

2. 社会层面:改善生活品质,助力社会进步

AIGC 的普及应用深刻改变社会生活。在教育领域,自动生成的教学资源丰富教学手段,助力个性化教学;医疗健康领域,AIGC 工具辅助病例分析和诊疗,提升医疗服务水

图 5.2　全球首部 AI 动画电影《愚公移山》

平;社会治理方面,通过智能分析海量数据与内容生成,帮助决策者制定更科学合理的政策。AIGC 在各行业广泛应用,切实改善了人们的生活品质。

3. 个人层面:赋能个人成长,提升工作效率

AIGC 对个人生活、工作和学习影响重大,带来便利与机遇。一方面,人们借助 AIGC 可快速获取高质量信息和服务,如定制新闻资讯、个人健康管理方案等,提高生活品质和工作效率。另一方面,为创作者提供新可能,专业人士通过与 AI 协同创作,打破创作瓶颈,激发灵感,实现自我价值。随着 AIGC 技术门槛降低,普通用户也能参与内容创作,释放大众创新潜力,推动社会文化繁荣发展。

5.2.6　AIGC 面临的挑战与发展趋势

AIGC 尽管已经在诸多领域取得了显著成果,但仍然面临一系列挑战。

(1) 质量参差不齐:在文本内容生成领域,AIGC 工具普遍存在不足。面对复杂语言结构、文化背景、方言等,难以准确捕捉和再现双关语、幽默感及深层情感。由于无法精准把握微妙语境,致使生成内容可能缺乏逻辑、连贯性与情感共鸣,甚至出现错误信息误导使用者。在多媒体内容生成方面,尽管已应用于图像、音频和视频创作,但生成细节丰富、高逼真度作品时存在局限,尤其在需要高度艺术审美和创意构想时更为突出。

(2) 创新能力受限:AIGC 工具基于大量数据学习生成新内容,本质是模式匹配和概率预测,缺乏真正原创思维。生成内容虽丰富多样,但在独立构思、提出开创性见解或设计独特艺术品等方面,难以与人类创新水平相媲美。

(3) 伦理和法律问题突出:AIGC 存在侵权风险,可能未经授权复制或模拟个人风格,侵犯版权和知识产权。其生成内容若缺乏有效监控,易出现误导性、虚假、有偏见或不良内容,甚至被不法分子用于诈骗等违法犯罪活动。这对内容审核和 AIGC 监管机制提出了更高要求。

(4) 专业化乏力:在专业领域,AIGC 难以满足高度专业化、个性化和情感化需求。比如在教育、心理咨询等领域,无法替代人类教师和咨询师进行个性化辅导与深度情感交流。

　　AIGC 虽有潜力和价值,但要实现真正智能化、人性化和创造性内容生成,不仅需解决诸多技术难题,还需应对伦理、法律及社会适应性等方面的挑战。

> 💬 **思考与探索**
>
> 　　AIGC 的出现对传统的内容生产方式产生了冲击,你认为 AIGC 与传统内容生产方式如何共存? 请举例说明。

5.3　常见的 AIGC 大模型

5.3.1　综合型大语言模型

1. DeepSeek

　　DeepSeek 是杭州深度求索人工智能基础技术研究有限公司研发的一系列大模型,其中 DeepSeek LLM 是通用的大语言模型。它基于大规模的文本数据进行训练,具有广泛的知识覆盖,能够准确回答科学、历史、文化等多领域的问题。在文本生成方面,它能生成逻辑连贯、表达自然的文本,可用于文章撰写、故事创作等。它对自然语言的理解能力较强,能较好地处理多轮对话,保持上下文的一致性。在技术架构上它采用了先进的深度学习技术,以提高模型的性能和效率。不过,作为一款相对较新的模型,它在某些特定领域的专业知识深度和应用案例的丰富度上可能还需要进一步积累和完善。DeepSeek 应用场景广泛,可用于智能问答、内容创作、智能客服等多个领域。

2. 豆包

　　豆包由北京抖音信息服务有限公司研发。该公司凭借强大的技术实力和丰富的数据资源,采用先进的算法和大规模的语料库对豆包进行训练。豆包的知识储备覆盖历史、科学、文化、艺术、技术等广泛领域,能为用户准确解答各类知识问题,还会结合实际案例帮助理解。在文本创作上,它可生成故事、诗歌、新闻稿、广告文案等多种体裁的内容,风格灵活多变且逻辑严谨。语言翻译方面,它支持多种常见语言互译,充分考虑语境和文化背景,使译文自然地道。具备代码辅助能力,它熟悉 Python、Java 等多种编程语言,能编写代码、解释逻辑、调试优化。在生活场景中,它可为用户提供健康养生、旅游出行、家居布置等实用建议。豆包响应高效,能快速处理用户的提问;理解精准,能把握复杂问题的核心;交互友好,以亲切自然的语言交流;会持续学习进化,不断提升服务质量。

3. ChatGPT

　　ChatGPT 是 OpenAI 公司开发的知名大语言模型。它以 Transformer 架构为基础,在大规模文本数据上进行预训练。它能进行流畅自然的对话,理解复杂的语义和语境,在多轮对话中能保持连贯性;知识涵盖面广,能解答科学、历史、文化等多方面的问题;可生成高质量的文本,如文章、故事、诗歌等。不过,它可能会产生事实性错误信息,即"幻觉"现象。ChatGPT 广泛应用于智能客服、内容创作、知识科普等领域。

4. 百度文心一言

百度文心一言是百度公司基于多年在自然语言处理和搜索引擎技术的积累而推出的。百度公司拥有庞大的中文数据资源和先进的深度学习平台。文心一言在中文处理上具有显著优势，融合了百度公司的知识图谱，能结合结构化知识提供准确、有深度的回答；可进行知识问答、文本创作等多种任务，生成的文本符合中文表达习惯；但在国际通用知识和跨语言交流方面相对薄弱，新兴领域知识的更新速度有待提高；适用于智能政务、企业知识管理、内容创作等场景。

5. 通义千问

阿里通义千问由阿里云计算有限公司研发，依托阿里云在云计算和大数据领域的强大实力。通义千问具备多模态交互能力，支持文本、图像、视频等多种形式的交流。在电商、金融、物流等阿里优势行业有较好的适配性，能结合行业数据提供专业的解决方案。不过，在非阿里核心优势领域的知识覆盖和专业度相对不足，多模态交互在复杂场景下的准确性和稳定性还有提升空间。可应用于电商客服、行业数据分析、智能营销等场景。

6. 讯飞星火

讯飞星火是科大讯飞股份有限公司推出的认知智能大模型。科大讯飞股份有限公司在语音识别和自然语言处理领域有深厚的技术沉淀和大量的行业数据。讯飞星火能回答广泛领域的知识问题，在医学、法律等专业领域表现出色，解答准确且详细，还会结合案例；支持多种文体的文本创作，语言流畅、逻辑清晰；语言翻译考虑文化背景和表达习惯，专业领域翻译质量较高；具备代码编写和调试能力，熟悉多种编程语言。其特色在于多模态交互，语音识别准确率高，语音合成自然度和情感表现力好；但在创意性文本创作方面创意可能不足，跨语言和跨文化交流处理能力有待加强。讯飞星火常用于教育辅助、智能客服、办公文档处理等场景。

5.3.2　图像生成大模型

1. Midjourney

Midjourney 专注于图像生成领域，由 Midjourney 公司研发。它能根据用户输入的文本描述快速生成高质量、富有创意的图像。它生成的图像细节丰富、色彩鲜艳，风格多样，涵盖写实、卡通、抽象等多种艺术风格。它在广告设计、动漫制作、游戏美术等领域应用广泛，为创作者提供灵感和素材。然而，对于复杂、抽象的文本描述，它可能无法完全准确生成符合预期的图像，且使用成本相对较高，不适合大规模商业应用。

2. DALL-E3

DALL-E3 由 OpenAI 公司开发。它与 ChatGPT 同属于 OpenAI 公司，在图像生成方面有强大的能力；能准确理解文本描述中的语义信息，并将其转化为对应的高质量图像，对细节的处理精细，可实现高度的创意表达；可应用于产品设计、影视概念图制作、虚拟现实场景创建等领域。

3. 文心一格

文心一格是百度公司基于文心大模型推出的图像生成工具。在中文理解和图像生成的融合上有优势,它提供丰富的图像风格模板和创作引导,操作简单易用;适合个人创意设计、社交媒体配图制作、文化创意产品开发等场景。

4. 通义万相

通义万相由阿里云研发。结合阿里云的技术优势和商业数据,它在商业图像生成方面有独特优势,能根据商业需求生成符合品牌形象和市场定位的图像,如电商商品图片、营销海报等;还支持图像编辑和优化功能,提高图像质量和实用性;主要应用于电商、广告、营销等商业领域。

5. DeepSeek Vision

DeepSeek Vision 是 DeepSeek 推出的专注于图像领域的模型。它具备高精度的图像理解能力,能准确识别图像中的元素、场景和物体,理解图像的语义信息,可用于图像分类、目标检测等任务。在图像生成方面,能够根据文本描述生成高质量的图像,生成的图像细节丰富、风格多样,可满足不同用户的创意需求。其优势在于可能结合了先进的计算机视觉技术和大规模的图像数据训练,使得图像理解和生成的效果较好。但它可能在处理一些复杂、抽象的文本描述时,生成图像的准确性和符合度上还存在一定的挑战。应用场景包括广告设计、动漫制作、游戏美术等领域,为创作者提供图像素材和创意灵感。

5.3.3 代码生成大模型

1. GitHubCopilot

GitHubCopilot 由 GitHub 和 OpenAI 合作开发。它集成在代码编辑器中,可根据上下文自动生成代码建议,支持 Python、Java、JavaScript 等多种主流编程语言。能理解代码意图,生成的代码质量较高,符合编程规范和最佳实践。可帮助程序员提高编程效率,减少重复劳动,但可能受训练数据局限,生成的代码通用性存在问题,对于复杂业务逻辑和算法可能无法提供完整解决方案。主要应用于软件开发、编程学习等场景。

2. DeepSeek Coder

DeepSeek Coder 是 DeepSeek 针对代码生成和编程辅助设计的大语言模型。它支持多种主流编程语言,如 Python、Java、C++ 等。能够深入理解代码上下文,根据已有代码片段和注释准确推断开发者意图,高效生成符合逻辑和规范的代码。在开发者遇到编程难题时,它能提供可能的解决方案和代码示例。其优势在于能显著提高开发效率,减少重复劳动,并且生成的代码质量较高。不过,它可能受训练数据的局限,对于一些特殊场景或复杂业务逻辑的代码生成能力有待进一步提升。主要应用于软件开发、代码编写辅助和编程学习等场景。

5.3.4 视频生成大模型

1. Sora

Sora 是 OpenAI 公司推出的视频生成模型。它能够根据文本描述生成高质量、连贯的视频内容,可创建具有复杂场景和动态效果的视频,视频的细节和真实感表现出色;为视频创作带来新的可能性,降低了视频制作门槛,可用于影视制作、广告宣传、动画创作、游戏视频等领域。

2. Runway

Runway 支持文本到视频的生成,具有丰富的视频编辑和特效功能;可实现多种视频风格和场景的创作,对硬件要求相对较低;常用于广告视频制作、影视预告片创作、短视频内容生成等场景。

> 📋 **思考与探索**
>
> 综合型大语言模型如 DeepSeek、ChatGPT 等在实际应用中表现出色,你认为这些模型在未来的发展中会遇到哪些挑战? 如何应对这些挑战?

5.4 AIGC 的应用

5.4.1 写作

5.4.1.1 写作类 AIGC 工具的应用场景

AIGC 技术日益成熟,写作类 AIGC 工具已应用于多个领域。它们能够协助创作者快速生成高质量的文本内容,模拟自然流畅的对话互动,提供优化建议,进行文本润色甚至实现跨语言的无缝沟通。

1. 文章文案

文章文案是指通过文字来传达特定信息、情感或观点的内容形式。在各种场合,如职场、商业、学术、社交媒体等领域,文章文案都扮演着至关重要的角色。AIGC 技术在文章文案领域的应用,极大地提升了创作效率和质量。根据具体的场景,文章文案大致可分为 5 种具体类型,如表 5.1 所示。

表 5.1　文章文案类型

类　型	描　述
职场应用文	包括简历、求职信、报告、会议纪要等。AIGC 工具可快速生成格式规范、内容准确的职场应用文,帮助用户提升工作效率
商业营销文案	包括广告文案、产品描述等。AIGC 工具能精准把握品牌调性,创作引人入胜、转化率高的商业营销文案
新媒体文案	如社交媒体帖子、博客文章、公众号内容等。AIGC 工具能结合新媒体特点,创作出既吸引眼球又易于传播的新媒体文案
论文	在学术领域,AIGC 工具可以协助完成文献综述、论文摘要等部分,提高写作效率,同时确保学术规范和准确性
文艺作品	如小说、散文、诗歌等。AIGC 工具在保证作品原创性的基础上,能够协助创作者进行情节构思、语言润色等,丰富文艺创作的可能性

将生成文章文案的要求命令发送至 AIGC 工具的聊天对话界面,即可快速得到生成

内容。下面的案例展示了利用 DeepSeek 生成通知的过程。

> **提示词**：周二下午有一场辩论赛，请生成一份通知，给出主题、时间和地点，并提醒相关人员做好准备。

AIGC 工具生成内容如下。

> 亲爱的同学们：
>   为了提升大家的思辨能力和团队协作精神，学院将举办一场辩论赛。具体安排如下：
> 主题：人工智能的发展是否会对人类社会产生负面影响
> 时间：本周二下午 14:00-16:00
> 地点：教学楼 A 栋 201 教室
>   请参赛同学提前 15 分钟到场，做好准备工作。观众也欢迎积极参与，为辩手们加油助威！
>   请大家准时参加，并预祝比赛圆满成功！
>
> 学院学生会
> XXXX 年 XX 月

2. 对话互动

通过深度学习和自然语言处理技术，AIGC 工具能够与用户进行自然、流畅且高度个性化的对话互动。对话互动的应用场景广泛，也具有很强的实用性，包括情景模拟、情感交流、事务咨询、灵感启发等，如表 5.2 所示。

表 5.2　对话互动类应用场景

场　景	简　介	举　例
情景模拟	AIGC 工具通过模拟不同情境，与用户进行角色扮演和互动	模拟面试、角色扮演游戏
情感交流	AIGC 工具以人性化的方式与用户进行情感交流情感交流	生活闲聊、心理疏导、倾听烦恼
事务咨询	AIGC 工具作为虚拟"行业专家"，为用户提供各种事务咨询服务事务咨询	日程安排、健康建议、法律咨询、财务规划
灵感启发	AIGC 工具为用户提供创意灵感和启发	写作取材、设计思路
客户服务	AIGC 工具可以通过模拟对话，提供快速、准确的服务响应	解答常见问题、处理投诉、提供售后支持

下面的案例展示了模拟面试的对话过程。

> **提示词**：我是一名计算机相关岗位的求职者，请你扮演我的面试官。接下来我们进行模拟面试。请你一次提一个问题。

模拟面试过程如下。

> **DeepSeek**：好的，我们开始模拟面试。第一个问题是：请简单介绍一下你自己，并重点说明你在计算机领域的技术背景和项目经验。
>   **求职者**：你好，我叫王芳，是 2024 届计算机科学与技术专业毕业生，熟练掌握 Java、Python、C++ 等编程语言，对前端开发(HTML/CSS/JavaScript)和后端开发(Spring Boot、

Django)也有一定的实践经验。在项目方面,我参与了一个团队开发的在线教育平台项目,负责后端 API 的设计与实现;个人完成了一个基于 Python 的机器学习项目,使用 TensorFlow 实现了图像分类模型,并在公开数据集上取得了较高的准确率。

　　DeepSeek:感谢你的自我介绍,王芳。接下来是第二个问题:在你提到的在线教育平台项目中,你是如何设计和实现后端 API 的?能否具体描述一下你遇到的挑战以及你是如何解决这些挑战的?

　　……

3. 优化润色

　　除了直接生成文本内容,写作类 AIGC 工具还支持对文本进行优化润色,这是 AIGC 在文本质量提升方面的应用。AIGC 工具可对文本进行语句校对、风格调整、缩写扩写等操作,从而使文本更加流畅、易读。这一功能相当于承担"编辑校对"的工作,可极大地节省创作者的写作时间与精力。表 5.3 所示为优化润色的具体应用场景。

表 5.3　优化润色的具体应用场景

场　　景	描　　述
语句校对	查文本中的语法错误、拼写错误和标点符号使用不当等问题,并提供相应的修正建议
风格调整	根据用户的需求或特定场合的要求,对文本的语言风格进行调整。例如,AIGC 工具可将文本从正式风格调整为轻松幽默的风格,或者将科技专业术语转换为通俗易懂的语言
缩写扩写	根据文本内容自动进行缩写或扩写。对于长篇文本,AIGC 工具可以智能地提炼出关键点,将文本压缩为简洁明了的概要;而对于简短的内容,AIGC 工具则能够补充细节,扩展文本的内容和深度
内容优化	除了基本的校对和风格调整,AIGC 工具还可以对文本的内容进行优化。例如分析文本的逻辑结构和语言表达,提供优化建议,使文本更加连贯、有说服力

　　下面是利用 AIGC 工具修改语病与错别字的案例。

　　提示词:请你修改下面这段文字中出现的语法与字词错误。
　　小明在昨天的比赛中发挥的非常出色,他的投篮技术精堪,让对手们望尘莫及。虽然比赛的过程很激烈,并且小明依然保持冷静,不断在场上调整自己的节奏。他的表现赢得了观众的热烈掌声,大家都纷纷表示他是一个很有潜力的球员。

DeepSeek 生成内容如下。

　　小明在昨天的比赛中发挥得非常出色,他的投篮技术精湛,让对手们望尘莫及。虽然比赛过程很激烈,但小明依然保持冷静,不断在场上调整自己的节奏。他的表现赢得了观众的热烈掌声,大家都纷纷表示他是一个很有潜力的球员。
　　修改说明:
　　"发挥的非常出色"改为"发挥得非常出色",将"的"改为"得",以正确使用副词修饰动词。
　　"精堪"改为"精湛",纠正错别字。
　　"虽然比赛的过程很激烈,并且小明依然保持冷静"改为"虽然比赛过程很激烈,但小明依然保持冷静",去掉"的"使句子更简洁,并将"并且"改为"但",使转折关系更明确。

4. 语言翻译

　　AIGC 工具的语言翻译功能是指利用人工智能和机器学习技术,实现不同语言之间的自动翻译。AIGC 工具不仅能够快速地将一种语言转换为另一种语言,还能保持原文的语义、语调和风格,使翻译结果更加准确、自然。

> 提示词:请将下面的英文小诗翻译为中文,并给出诗的意境。
> Beneath the moon's soft, silver glow,
> Whispers of the night winds flow.
> Stars like dreams in endless skies,
> Dance where time and silence lie.

DeepSeek 生成内容如下。

> 中文翻译:
> 在月亮柔和、银色的光辉下,夜风的低语轻轻流淌。
> 星星如梦境,缀满无垠天际,在时间与寂静深处起舞翩跹。
> 诗的意境:
> 这首诗描绘了一个宁静而梦幻的夜晚场景。月光洒下柔和的光芒,夜风轻拂,仿佛在低语;星星点缀在无边的夜空中,如同梦境般美丽。时间仿佛静止,寂静中只有星星在无声地"起舞",营造出一种永恒与安详的氛围。
> 整体意境充满了诗意与哲思,让人感受到自然的宁静与宇宙的浩瀚,同时也引发对时间、生命和存在的思考。

5.4.1.2　写作类 AIGC 工具提示词设计步骤

使用写作类 AIGC 工具,提示词的设计至关重要。精心设计的提示词不仅能引导 AIGC 工具生成符合预期的内容,还能极大地提高生成内容的质量和效率。下面将探讨针对写作类 AIGC 工具的提示词设计步骤,以帮助大家实现高效率与高质量的写作。

1. 明确应用场景

设计针对写作类 AIGC 工具的提示词的第一步是明确应用场景,或称明确写作目标,即明确需要 AIGC 工具生成哪个领域与类型的文本内容及其使用场景。这一环节的确认与用户个人的需求高度相关,且需遵循以下原则。

① 具体性:应用场景越具体,越有利于 AIGC 工具的内容生成,因此描述应用场景的语言不可模糊不清。用户可对照上一节的具体细分场景明确需求。

> ×模糊的描述语言:写一篇文案
> √具体的描述语言:写一篇商业广告营销文案

② 独一性:独一性是指一则提示词中只设置一项应用场景,避免用 AIGC 工具一次生成过多不同类型的内容而导致生成内容过于杂乱。

> ×杂乱的描述:生成一份应届生求职简历、一份学习计划和一篇影评
> √独一的描述:生成一份应届生求职简历

2. 确认细节要点

设计针对写作类 AIGC 工具提示词的第二步是确认细节要点,指在明确应用场景的基础上进一步确认更多细节要求,让提示词完整、丰富、具备实操性。

下面的案例展示了两类不同的提示词。

> 提示词：请为我提供一些职业发展建议。

DeepSeek 生成内容如下。

> 1. 自我探索：明确兴趣、优势和价值观，找到职业方向。
> 2. 持续学习：关注行业趋势，提升专业技能和软技能，保持竞争力。
> 3. 拓展人脉：积极参与行业活动，与同行交流，构建职业网络。
> 4. 积极行动：设定目标，制定计划，并付诸行动，在实践中不断成长。
> 5. 拥抱变化：保持开放心态，适应环境变化，灵活调整职业规划。
> 记住，职业发展是持续的过程，保持积极主动，不断学习提升，才能实现职业目标。

> 提示词：我是一名计算机科学与技术专业的应届毕业生，请为我提供三年的职业发展规划。

DeepSeek 生成内容如下。

> 第一年：夯实基础，明确方向
> 专注于技术深度，精通一门编程语言(如 Java/Python)，并掌握数据结构、算法等核心知识。
> 积极参与开源项目或实习，积累实践经验，了解行业动态。
> 探索不同领域(如 Web 开发、数据分析、人工智能等)，明确职业兴趣和发展方向。
> 第二年：提升技能，拓展视野
> 根据职业方向，深入学习相关技术和框架，提升专业技能。
> 参与更具挑战性的项目，锻炼解决问题和团队合作能力。
> 关注行业前沿技术，拓展技术视野，为未来发展做准备。
> 第三年：专注领域，打造优势
> 在选定领域深耕细作，成为某一技术领域的专家。
> 积极参与技术社区，分享经验，提升行业影响力。
> 关注职业发展机会，为晋升或转型做好准备。
> 保持学习热情，不断提升自身价值，才能在竞争激烈的 IT 行业中脱颖而出。

从上面的案例中不难发现，如果仅仅将"请为我提供一些职业发展建议"作为提示词发送给 AIGC 工具，其生成的内容将会过于宽泛，缺乏针对性，也难以直接应用；而在第二个案例中，提示词给出了具体的专业、职业发展的阶段起点、规划时间，AIGC 工具生成的内容也更具针对性。

在使用写作类 AIGC 工具时需要从多个维度仔细审视和确认细节，只有对写作目标、文本风格、受众群体等细节进行充分的思考和规划，才能让其生成更加精准、实用的文本。

表 5.4 从多个维度提供了针对写作类 AIGC 工具的提示词设计要点。在设计提示词与实际操作工具时，可以有针对性地参考。

表 5.4　写作类 AIGC 工具提示词设计要点

维　度	说　　明	提示词举例
框架	所需内容包括的板块、环节、细分内容	列出不同绩效水平对应的激励措施，包括奖金、晋升、培训等框架板块
风格	某种文体/平台/写作手法/作者的风格特点	符合公文写作的风格/符合小红书平台的风格

维　度	说　明	提示词举例
禁忌事项	需要避免的事项	不需要解释/不需要包括我已经给出的内容
格式	所需内容的呈现方式	整合成一段话/以表格的形式/以代码的形式/需要 x 级标题
字数	所需内容的字数	不超过 2000 字
受众	所需内容面向的人群受众	面向女性群体/面向 12 岁以下儿童
目的	文本想取得的效果与目标	激发购买欲望/提高品牌知名度
语言	文本的语言类型与水平	以中文写作/翻译成英语/以日语初学者的口吻写作

3. 完善提示词

经过明确应用场景与确认细节要点两大步骤后,一段完整提示词所需的信息已基本成形、为了让 AIGC 工具快速理解并把握重点信息,还需继续完善提示词,使其结构清晰、要点明确。完善提示词要遵循以下原则。

① 结构清晰,重点突出。

提示词应当具备明确的逻辑结构,按照信息的重要性或相关性进行排列。这样 AIGC 工具能够迅速识别出关键信息,并按照预设的逻辑顺序进行处理,避免信息混乱和遗漏。

在提示词中,应当通过使用换行、序号、标点符号等技巧,突出重要信息。重点突出的提示词有助于提高 AIGC 工具对特定信息的敏感度,增强生成内容的针对性。

下列提示词,将应用场景(或称需求)和细节要求以分段的形式分为两个板块,使其直现易读。

```
需求：根据" XXX ",帮我生成 X 个 XXX。要求如下。
1.要求 1
2.要求 2
3.要求 3
```

② 语言简练,易于理解。

提示词应当使用简洁明了的语言,避免使用冗长复杂的句子和过多的修饰词。简练的语言有助于减轻 AIGC 工具处理信息的负担,提高处理速度;同时简练的语言也更容易被 AIGC 工具理解和识别,可以减少产生误解和偏差的可能。

提示词应当使用通俗易懂的语言,避免使用过于专业或生僻的词汇。这一原则可使 AIGC 工具更好地理解用户的意图和需求,从而生成更符合用户期望的内容。

设计提示词时可以多用短句,少用长句,精简信息。提示词中尽量使用可以量化的词汇或描述具体的场景,如将"不要太长"改为"300 字以内"。

③ 善用提问法。

善用提问法有助于提高 AIGC 工具生成的效率与生成内容的质量,部分提问法如表 5.5 所示。

表 5.5 部分提问法

名　　称	介　　绍	举　　例
角色扮演法	让 AIGC 工具扮演某个角色,如专家、学者、名人等,解决专业领域问题	假如你是一名营销文案写作高手;假设你是大诗人李白
示例法	为 AIGC 工具提供案例,使其学习模仿	请学习领悟下面这些广告文案的特点: 1. 钻石恒久远,一颗永流传; 2. 唯美食与爱不可辜负; 3. 百度一下,你就知道
模板法	提供固定模板,让 AIGC 工具补充完整	以"亲情"为主题,用"最……的不是……,而是……"句式造句,一共造 10 句,每句字数不少于 30 字

遵循以上原则,可以将一条较为粗糙的提示词打磨得更为清晰明了、内容丰富。示例如下。

> **完善前提示词**:请你写一篇商业广告营销文案,该广告主体是 A 品牌的电动 mini 汽车。主要受众是年轻群体,尤其是女性。风格需要活泼、青春、靓丽。另外字数要在 50 字以内,确保简约吸睛。

> **完善后话内提示词**:假设你是一位营销文案大师,请你撰写商业广告营销文案,具体要求如下。
> 1. 该广告主体是 A 品牌的电动 mini 汽车。
> 2. 主要受众是年轻群体,尤其是女性。
> 3. 风格需要活泼、青春、靓丽。
> 4. 字数要在 50 字以内,确保简约吸睛。
> 5. 请模仿下面这些文案的风格:"抓住春节的尾巴,再野一回。""加一箱逃离城市的油吧。"

DeepSeek 生成内容如下。

> "电量满格,青春不设限!"
> "一脚电门,甩掉烦恼,做自己的主角!"
> "城市再大,A 品牌 mini 带你轻松闪亮出街!"
> "小巧有型,电量满格,和 A 品牌一起点亮每个日常!"

4. 追问

尽管 AIGC 技术在写作领域已取得极大进步,但仍不能完全取代人类写作。作为使用 AIGC 工具的人,需要依靠自己的判断力审读生成内容,并查漏补缺、反馈优化、力求完善。

① 追问的定义。

追问是指在 AIGC 工具生成内容之后,通过再次发送提示词指令的方式,让它修改自己生成的内容。用户可以通过扩写、补充、润色、转换、批评指正等技巧让 AIGC 工具对生成内容进行完善,如表 5.6 所示。

表 5.6 追问提示词

名　　称	介　　绍	提示词举例
扩写	指定某一部分,让 AIGC 工具扩写	请将第 x 点内容扩写到 300 字
补充	指定某一部分,让 AIGC 工具丰富更多内容	请给第 x 点补充更多的细节

续表

名　称	介　绍	提示词举例
润色	优化生成内容的语言准确性和风格倾向	请对第 x 部分的内容进行润色,使其表达更正式
转换	修改某一部分的格式	请将第 x 部分内容用表格的形式呈现
批评指正	指正某一部分的错误,并要求修改	第 x 部分的说法有误,请你改为正确说法
发散思考	就某一部分提供更多可能性,引导 AIGC 工具继续思考	对于第 x 点,还有哪些可行的方案?请你列出
质疑提问	对 AIGC 工具生成的内容提出进一步的问题	为什么你会说"xx 是 xx"?
总结归纳	要求 AIGC 工具总结并归纳其生成的内容	现在请你将你生成的内容归纳总结为 x 个小点

AIGC 工具通过维护对话历史的状态来理解上下文,这意味着它能够记住之前的对话内容,并将其作为当前交互的一部分来参考。这样,用户就可以就某一领域话题持续讨论与提问。

② 追问与连续对话的重要性。

追问与连续对话是使用写作类 AIGC 工具时一个相当有效的技巧。通过追问,用户可以获得更深层次的信息和更具体的细节,这有助于写作类 AIGC 工具全面理解某个话题或问题。连续对话能使写作类 AIGC 工具根据用户提供的额外信息或上下文调整其回答,生成更准确和个性化的内容。另外,追问和连续对话充分模拟了现实生活的对话情境,为用户提供了一种更自然、更类似人类对话的交互方式。

③ 追问案例。

使用追问提示词,用户可以将一个复杂的任务拆解为多个小任务,从而连续提问、逐一击破。下面一组追问案例展示了这个技巧的效果。

> 提示词 A:请给出增加产品销售量的 3 个有效策略。

AIGC 工具生成内容如下。

> 增加产品销售量的有效策略包括:
> **1. 优化营销策略**
> 精准定位:通过数据分析明确目标客户,制定针对性营销方案。
> 多渠道推广:利用社交媒体、搜索引擎、电子邮件等多平台扩大品牌曝光。
> 内容营销:发布高质量内容,如博客、视频等,吸引潜在客户并提升信任感。
> **2. 提升客户体验**
> 简化购买流程:确保网站或应用易于操作,减少购买步骤。
> 优质售后服务:提供快速响应的客服和退换货政策,增强客户满意度。
> 个性化推荐:根据客户历史行为推荐相关产品,提高购买意愿。
> **3. 促销与定价策略**
> 限时优惠:通过限时折扣或买赠活动,刺激客户尽快下单。
> 捆绑销售:将相关产品打包销售,提升客单价。
> 会员计划:推出会员制,提供专属优惠,增加客户忠诚度。
> 这些策略可根据具体情况进行调整和组合,以达到最佳效果。

> **提示词 B：请具体介绍一下策略1。**

AIGC 工具生成内容如下。

策略 1 是优化营销策略，具体可以从以下几个方面展开：

1．精准定位

客户细分：通过数据分析（如年龄、性别、地理位置、消费习惯等），将客户划分为不同群体，了解他们的需求和偏好。

目标市场选择：根据细分结果，选择最具潜力的市场进行重点营销。

个性化营销：针对不同客户群体，设计个性化的营销信息和广告内容，提高转化率。

2．多渠道推广

社交媒体营销：利用微信、微博等平台发布广告和互动内容，吸引目标客户。

搜索引擎优化：优化网站内容和结构，提高在搜索引擎中的排名，增加自然流量。

付费广告：通过百度推广等平台投放关键词广告，精准触达潜在客户。

电子邮件营销：定期发送促销信息、新品推荐和个性化内容，保持与客户的联系。

3．内容营销

博客和文章：发布与产品相关的优质内容，如使用指南、行业趋势、客户案例等，吸引潜在客户并提升品牌权威性。

视频营销：制作产品演示视频、客户评价视频等，通过 YouTube、抖音等平台传播，增强客户对产品的了解。

社交媒体内容：定期发布有趣、有用的内容，如幕后花絮、用户生成内容（UGC）等，增加互动和品牌曝光。

4．合作与联盟营销

KOL/网红合作：与行业内有影响力的意见领袖或网红合作，通过他们的推荐增加产品曝光和信任度。

跨界合作：与其他品牌联合推出促销活动或联名产品，扩大受众范围。

联盟营销：通过联盟计划，让其他网站或博主推广你的产品，按销售业绩支付佣金。

通过以上方法，可以有效提升品牌知名度、吸引更多潜在客户并提高销售转化率。

> **提示词 C：现在我有一款智慧养老手环，请结合策略 1 的技巧要点，为我设计一套向顾客推销的话术。**

AIGC 工具生成内容如下。

针对您的智慧养老手环，结合策略 1（优化营销策略）的技巧要点，我为您设计了一套推销话术，旨在精准定位、多渠道推广和内容营销的基础上，打动目标客户并促成购买。

推销话术设计

1．开场白：引起兴趣

话术：

"您好！您是否担心家中长辈的健康和安全？我们的智慧养老手环是一款专为老年人设计的智能设备，能够实时监测心率、血压、睡眠质量，还能一键呼救和定位，让您随时随地掌握长辈的健康状况，给他们全方位的守护。"

技巧：

精准定位：直接切入目标客户（关心老人健康的子女）的痛点，引发共鸣。

简洁明了：快速介绍产品核心功能，抓住客户注意力。

2．产品核心卖点：解决痛点

话术：

"这款手环有三大核心功能：

健康监测：24 小时实时监测心率、血压和血氧，数据同步到手机 APP，您可以随时查看。

安全守护：内置 GPS 定位和一键呼救功能,如果老人遇到突发情况,只需按一下按钮,您就能立即收到通知并知道他们的位置。

超长续航：一次充电可用 7 天,不用频繁充电,特别适合老年人使用。"

技巧：

内容营销：用清晰的结构突出产品核心功能,解决客户的实际问题。

数据支持：强调"24 小时监测""7 天续航"等具体数据,增强可信度。

3．场景化描述：增强代入感

话术：

"想象一下,如果您正在上班,突然收到手环提醒,发现老人的心率异常,您可以立即联系他们或安排就医,避免意外发生。或者,如果老人外出散步时迷路了,您可以通过手环快速找到他们的位置,再也不用担心他们的安全。"

技巧：

场景化营销：通过具体场景让客户感受到产品的实际价值。

情感共鸣：强调"安全""健康"等关键词,触动客户的情感需求。

4．用户见证：增加信任感

话术：

"很多客户已经为他们的父母购买了这款手环。比如李女士,她说:'自从给我妈妈戴上这个手环,我再也不用担心她的健康问题了,尤其是她一个人在家的时候,我心里踏实多了。'"

技巧：

用户见证：通过真实用户案例增强产品的可信度。

情感连接：用客户的语言表达产品的价值,更容易打动潜在客户。

5．促销与行动号召：促成购买

话术：

"现在购买还可以享受限时优惠,原价 599 元,现在只要 499 元!而且我们还赠送一年的免费数据服务,您可以随时查看老人的健康数据。如果您现在下单,还可以享受 30 天无理由退换货服务,完全没有后顾之忧!点击下方链接,立即为您的家人添置一份安心吧!"

技巧：

促销策略：通过限时优惠和赠品刺激客户立即行动。

行动号召：明确告诉客户下一步该做什么,降低决策成本。

通过这套话术,您可以有效吸引目标客户,提升智慧养老手环的销售量!

5.4.2　生成图表

图表类 AIGC 工具,作为能够自动绘制和呈现数据图表的智能助手,已成为数据分析与可视化领域不可或缺的重要工具。它们不仅能够快速将内容转化为直观易懂的图表形式,还具备强大的定制功能和智能分析能力,能帮助用户更高效地理解和利用数据。

5.4.2.1　图表类 AIGC 工具的应用场景

1. 表格

在制作与处理 Excel 表格时,AIGC 工具能在许多方面起到作用,如表 5.7 所示。

表 5.7　AIGC 工具在制作与处理 Excel 表格中的应用

类　　型	描　　述
根据内容生成表格	用户向 AIGC 工具描述数据结构或内容概要,由其理解这些指示并据此自动生成表格
根据表格生成图	AIGC 工具可根据表格内容自动生成不同类型的图,如饼状图、条形图、折线图等
自动生成公式	在面对复杂的数据计算或逻辑关系时,AIGC 工具可智能识别表格中的数据模式,并根据用户的需求自动插入恰当的 Excel 公式
快速处理表格	AIGC 工具可以帮助用户快速完成大量烦琐的数据清洗和格式化任务,如批量修改单元格格式、清理无效数据、统一格式、进行智能填充以解决诸如时间序列、序列编号等问题
快速统计	快速汇总数据,执行复杂的条件统计分析,例如用户可以请求 AIGC 工具对特定列按照多种条件分类计数、计算百分比、生成交叉表等
数据问答	用户可就表格内容与 AIGC 工具聊天,快速获得所需信息

　　这些由 AIGC 工具处理数据与表格的任务场景,都只需用户提供简单的文字提示词来操作。下面的案例展示了通过文心一言将一组数据快速生成表格。

提示词:请将下面的内容整理为简洁直观的表格。
姓名刘志斌,班级五年级 1 班,语文 85,数学 96,外语 88。
姓名张华,班级五年级 2 班,语文 79,数学 82,外语 92。
姓名王晓明,班级五年级 3 班,语文 83,数学 77,外语 55。

AIGC 工具生成内容如下。

以下是根据提供的信息整理的简洁直观的表格:

姓　名	班　级	语　文	数　学	外　语
刘志斌	五年级 1 班	85	96	88
张　华	五年级 2 班	79	82	92
王晓明	五年级 3 班	83	77	55

　　绝大部分写作类 AIGC 工具都支持生成表格,用户只需在提示词中明确指令"请你以表格的形式……"。下面的提示词示例都能让 AIGC 工具生成表格。

提示词:我想成为一名程序员,请你用表格的形式为我整理这个职业所需要的能力素养。
提示词:请你将"马斯洛需求层次理论"整理为简单直观的表格。
提示词:请你为我制定一份大学生日常作息表,用表格的形式呈现。

　　除了利用文本内容快速生成表格,表格类 AIGC 工具还支持对表格中的数据进行计算与处理。

> 提示词：请计算学生总成绩，记录在"总成绩"列。

AIGC 工具生成内容如下。

以下是将学生总成绩添加到表格中的结果：

姓名	班级	语文	数学	外语	总成绩
刘志斌	五年级 1 班	85	96	88	269
张　华	五年级 2 班	79	82	92	253
王晓明	五年级 3 班	83	77	55	215

2. 图

图是一种可视化思维工具，通过形象的图形结构展现主题及其相关概念间的层级关系，帮助人们发散思考、整理文字或数字信息、增进记忆与理解力。常见的图有思维导图、鱼骨图、雷达图等。AIGC 工具在此方面的具体应用场景如表 5.8 所示。

表 5.8　AIGC 工具在处理图中的应用

类　　型	描　　述
自动生成图	用户输入一段文字等信息，AIGC 工具能够智能识别关键词、主题和子主题，自动生成相应的图
快速编辑与优化	在创建和编辑过程中，AIGC 工具能够辅助调整图的逻辑性与美观度
图表数据与图的转化	将表格转化为图，实现高效的数据分析与图像可视化

用户提供简单的文字提示词就可以由 AIGC 工具来生成图。下面的案例展示了通过文心一言的"E 言易图"快速生成思维导图。

> 提示词：请帮我生成思维导图，主题是"活动策划"。

AIGC 工具生成内容如图 5.3 所示。

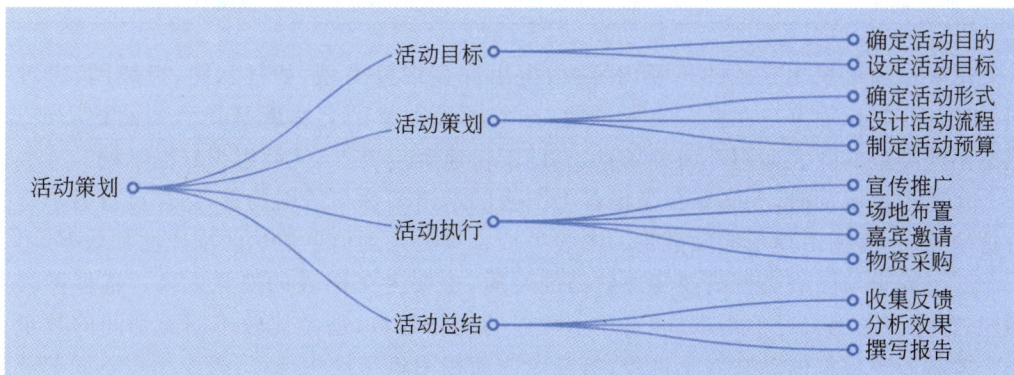

图 5.3　文心一言生成的"活动策划"思维导图

5.4.2.2 图表类 AIGC 工具提示词设计步骤

1. 找对工具

利用图表类 AIGC 工具生成内容的第一步便是找对工具。市面上能够生成图表内容的 AIGC 工具往往各有所长,选择最佳工具需要综合考虑自身需求、工具特点,以及实际操作体验等多个方面。只有这样,才能找到最适合自己的工具,提升工作效率和图表质量。

在这一步,首要原则是匹配自身需求与工具功能,明确使用工具想要传达的信息类型和目的。当遇到某种需求时,可对照 AIGC 工具的介绍页面,选择具有相应功能的工具。如 WPS AI 就具备处理表格数据的功能,Xmind AI 则尤其擅长生成思维导图。

另外,对于图表类 AIGC 工具,需要摸索,也需要进行实际的操作。尝试使用工具的免费版或试用版,亲手制作一些图表,看看它们是否符合我们的预期和需求。通过这个过程,我们可以更直观地了解工具的操作难度、功能完善程度及生成的图表质量。

2. 明确提示词要点

在处理数据可视化任务时,所需的提示通常简洁明了。因此,撰写针对图表类 AIGC 工具的提示词的关键原则便是要点、精准概括,即明确使用 AIGC 工具要达到的目的和生成的内容。下面将通过具体的应用场景详细介绍撰写提示词的要点。

复杂表格的数据处理类型非常多。熟悉这些数据处理类型有助于设计提示词。常见的数据处理类型如表 5.9 所示。

表 5.9　常见的数据处理类型

数据处理类型	描　　述
数据输入	在单元格中输入文本、数字、日期等信息
数据格式化	设置单元格的字体、颜色、对齐方式等
数据排序	按照某一列或多列的值对数据进行升序或降序排序
数据筛选	使用筛选功能过滤出满足特定条件的数据
查找和替换	在表格中查找特定内容并进行替换
数据合并与拆分	合并多个单元格的内容,或将一个单元格拆分成多个单元格
插入函数	使用 Excel 内置的函数进行计算,如求和、平均值、最大值、最小值等
公式计算	创建自定义公式进行复杂计算
图表创建	根据数据创建各种类型的图表,如柱状图、折线图、饼图等

图表作为可视化领域的重要内容,衍生出许多细分类型,如柱状图、折线图、思维导图、树形图、时间轴等。在撰写提示词时,这些图表类型的名称就是提示词的核心要点。熟悉不同类型的图表适用于何种场景,有助于快速确定要点,从而组织好提示词。

在组织提示词时,务必充分考虑各类图表的术语名称与适用场景,结合自身需求选择合适的图表,为撰写提示词做准备。图表类型直接关系到信息传达的准确性和效率。

匹配需求与图表类型既要考虑数据的性质,也要考虑图表的视觉效果。选择图表类型时,首先要明确自己的需求,如是展示数据的变化趋势,还是比较不同类别间的数量关系。若需展现数据的动态变化过程,折线图或面积图将是理想选择;若要比较不同部分的占比情况,饼图则更为直观。同时还需考虑图表的适用场景。在工作报告中展示业绩变化,折线图能清晰反映增长或减少的趋势;而在分析市场份额时,饼图能直观展示各地区的占比情况。

下面的一组案例展示了不同场景下适用的图表。

案例 1:某城市近 5 年各月空气质量指数变化

适用图表:折线图。

说明:此场景下,需要关注的是空气质量指数随时间推移的变化趋势及可能存在的季节性规律。折线图可以清晰地展示出每个月空气质量指数的变化情况。通过观察线条的上升、下降、波动,用户可以直观地看出整个时间序列中空气质量指数的变化趋势和周期性特征。

案例 2:某电商平台某年度各类商品销售数量占比

适用图表:饼图。

说明:此场景表达的是各类商品在总销量中的相对比例,而不是具体的数值大小。饼图可以有效地将各类商品的销售份额可视化,每个部分的大小代表相应商品的销售占比,让用户一眼就能看出哪些品类是最畅销的,哪些品类的市场份额较小。

案例 3:某地区 2019—2024 年居民消费支出在食品、住房、交通、教育、医疗 5 个领域的分布情况

适用图表:柱状图或面积图。

说明:这类场景需要同时展示各个领域消费支出的绝对值及它们在总消费支出中的占比。柱状图可以让用户看到每个领域的消费支出在 2019—2024 年的具体变化,并且通过颜色区分和层叠的效果,可以直观反映出各个领域的消费支出是如何构成整体消费结构的。面积图则提供了类似的信息,但通过填充区域的方式,还可以直观地让用户感知到不同时期各领域的消费支出累积效应。

3. 设计提示词

根据需求明确提示词要点是最为关键的,也是最需要深入思考的一步。完成这一步后便可以开始设计提示词,并最终发送给 AIGC 工具生成内容。下面根据图表类 AIGC 工具的具体功能,从两个场景介绍如何设计提示词。

① 生成图表。

生成图表内容时,可按照"内容主题"+"图表类型"的公式设计提示词。

内容主题即图表将展示给用户的主要信息。下面的案例展示了一些图表的主题。

主题一:人工智能的发展。

主题二:北京近 5 年各月空气质量指数变化。

主题三:张艺谋的电影。

上面的主题便是核心的提示词要点,也是 AIGC 工具生成内容的主要依据。

不同的图表类型适用于不同的场合,也会呈现出不同的视觉效果。根据内容主题的不同,选择相应的图表类型,有助于更好地组织提示词,示例如下。

提示词 1:生成人工智能发展过程的时间轴。
提示词 2:生成邯郸市近 1 年各月空气质量指数变化的折线图。
提示词 3:生成张艺谋作为导演的电影的树形图。

文心一言生成的折线图如图 5.4 所示。

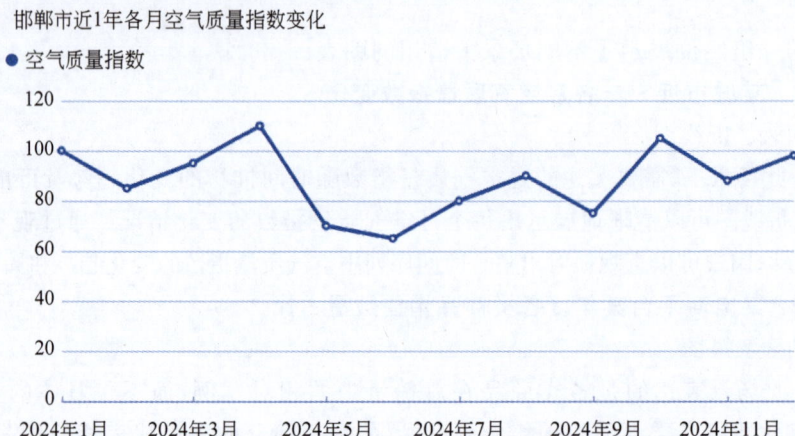

邯郸市近1年各月空气质量指数变化

● 空气质量指数

图 5.4　文心一言生成的邯郸市近 1 年各月空气质量指数变化折线图

② 编辑图表。

图表类 AIGC 工具一般会在表格页面提供提示词输入框。在实际应用时,提示词较为简单,往往需要用一句话准确表明编辑对象与编辑目的,编辑图表的提示词公式:编辑对象＋编辑目的。

一张复杂的表格往往有许多数据项。指定编辑对象是告诉 AIGC 工具想要修改或操作的具体内容。这通常涉及对表格中的某一列、某一行、特定单元格或整个图表的选择和定位。在输入提示词时,用户需要清晰地指明这一点。

在指定了编辑对象之后,用户需要明确告诉 AIGC 工具他们想要达到的编辑目的,可以是对数据的计算、对图表样式的调整,以及对单元格的增减等。

下面的案例展示了一系列编辑表格内容的提示词。

> **提示词 1**:通过公式依次计算学习成绩列的最高分、最低分、第二高分、第二低分、平均值。
> **提示词 2**:为销售数量大于 500 的单元格标注黄色背景。
> **提示词 3**:合并日期相同的单元格。
> **提示词 4**:将奇数标签页标注为红色。
> **提示词 5**:统计日期为 2024 年秋季、订货渠道为平台 8 且销售数量大于 300 的订单的数量。

可以看到,这些提示词都指定了编辑的对象,如"学习成绩列""销售数量大于 500""日期"等;同时也表明了编辑的目的,如"计算最高分""标注黄色背景""合并"等。如图 5.5 所示为 WPS AI 编辑表格结果。

图 5.5　WPS AI 编辑表格结果

> 提示词：将总成绩列成绩大于 250 的单元格标记为红色。

5.4.3　制作演示文稿

5.4.3.1　演示文稿类 AIGC 工具的应用场景

1. 生成 PPT

根据用户提供的信息和提示词命令，AIGC 工具能够在极短的时间内自动生成一份完整且高质量的 PPT。表 5.10 为演示文稿类 AIGC 工具生成 PPT 的主要方式。

表 5.10　演示文稿类 AIGC 工具生成 PPT 的主要方式

方　式	简　介
已有大纲生成	用户提供完整的 PPT 大纲，演示文稿类 AIGC 工具根据大纲内容填充具体的 PPT 内容并进行设计
无大纲生成	用户不提供任何具体大纲，仅提供关键词或主题，演示文稿类 AIGC 工具自由发挥生成 PPT，注重内容的连贯性和创新性
根据文档文章生成	用户上传文档或输入文章，演示文稿类 AIGC 工具分析内容并提取关键信息，自动生成对应的 PPT，保留原文的逻辑结构和要点
根据思维导图生成	用户提供思维导图，演示文稿类 AIGC 工具根据思维导图的层级结构和内容自动生成对应的 PPT，便于直观展示思维逻辑

不同的演示文稿类 AIGC 工具可能支持的生成方式有所不同，用户需要根据自己的需求和工具的功能选择合适的方式生成 PPT。

2. 编辑 PPT

通过演示文稿类 AIGC 工具，用户可以轻松地对已有 PPT 进行智能化修改和优化，包括调整布局、优化配色、改进文字表述等。利用演示文稿类 AIGC 工具编辑 PPT 的主要方式如表 5.11 所示。

表 5.11　利用演示文稿类 AIGC 工具编辑 PPT 的主要方式

类　型	描　述
快速更换主题	轻松更换整份 PPT 的主题风格，无须逐页调整，实现整体视觉效果的快速统一
排版与编辑	根据提示词自动调整 PPT 布局，同时提供便捷的编辑工具，使用户能够轻松调整 PPT 细节，如字体、颜色等
扩写与简化内容	智能分析 PPT 中的文字内容，根据提示词进行扩写或简化信息，帮助用户更精确传达意图
生成演示备注	基于 PPT 内容生成详细的演示备注，为演讲者提供有力支持

5.4.3.2　演示文稿类 AIGC 工具实操技巧

1. 设计 PPT 主题提示词

主题是 PPT 的灵魂，它贯穿始终，是观众理解和记忆演示内容的关键所在。因此，确定主题是生成内容的第一步。

确定一个清晰、准确且吸引人的主题，是让 PPT 有演示价值的重要前提。一般来讲，确定 PPT 的主题需要综合考虑演示的目的、内容、观众需求及行业发展趋势等因素。这个主题往往也会成为 PPT 的标题，起到为后续的 PPT 制作奠定基础的作用。

借助 AIGC 工具生成 PPT，首先要确定 PPT 主题提示词，通常需要考量目的、行业、岗位等信息。PPT 主题提示词的构成公式：目的＋行业＋岗位。

目的是指制作 PPT 的初衷和预期效果。不同的目的需要不同的主题提示词来体现。例如，如果目的是推广新产品，那么主题提示词可能包括"创新""市场领先"等词汇，以突出产品的独特性和竞争优势；如果目的是汇报工作进展，那么主题提示词则可能更侧重于"成果""进展"等词汇，以展示工作的实际成果和进展。

不同行业有不同的特点和术语，这些都需要在主题提示词中体现出来。如在医疗行业，主题提示词可能涉及"健康""医疗技术"等词汇；而在金融行业，则可能更多地使用"投资""风险"等词汇。通过融入行业相关的术语和概念，可以使生成的 PPT 更具专业性和针对性。

不同岗位的工作内容和职责不同，这也会影响到主题提示词的设定。销售岗位的 PPT 可能更强调产品的优势和客户需求，而技术岗位的 PPT 则可能更注重技术原理和创新点。在设定主题提示词时需要根据岗位特点来选择合适的词汇和表达方式。

下面为 PPT 主题示例。可以看到主题词包括了某种目的、行业或岗位信息。

> 主题 1：年终总结：回顾过去，展望未来
> 主题 2：医疗服务智能升级成果回顾
> 主题 3：远程教育实践：共享经验与教训

2. 编辑大纲的内容

PPT 的大纲内容指需要传达给观众的主要信息，起到提纲挈领的作用。目前的 AIGC 工具能够根据主题快速生成与编辑 PPT 的大纲，但要想使内容更优质、有逻辑，还需要对大纲内容反复打磨。

AIGC 工具生成的大纲如图 5.6 所示，用户可以自行编辑。

3. 选择 PPT 模板

模板关乎 PPT 的整体视觉效果。它应体现专业性与一致性，强化品牌形象或演讲氛围，吸引并保持观众的注意力。目前的演示文稿类 AIGC 工具往往会提供大量模板供用户选择。

选用模板首先明确受众和场合。

正式场合：选择简洁、商务、专业的模板，例如深色背景、简洁字体、图表数据等。

非正式场合：可以选择活泼、创意、个性化的模板，例如明亮色彩、手绘风格、动态效果等。

目标受众：根据受众的年龄、职业、兴趣等选择合适的模板风格，例如面向学生的模板可以更加活泼有趣，面向专业人士的模板则需要更加严谨专业。

其次考虑内容和主题。

内容量：内容较多的 PPT 可以选择简洁的模板，避免喧宾夺主；内容较少的 PPT 可

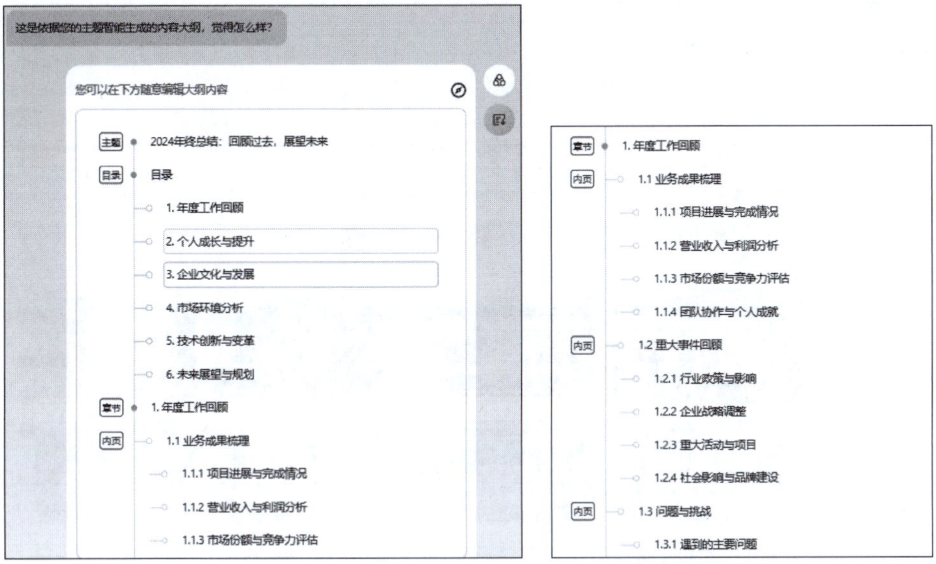

图 5.6　AIGC 工具生成的大纲

以选择设计感更强的模板,提升视觉效果。

主题风格:选择与 PPT 主题风格相匹配的模板,例如科技主题可以选择未来感、科技感的模板,自然主题可以选择清新、自然的模板。图 5.7 为 AiPPT 提供的模板。

要想使 AiPPT 按照自己的想法生成一份完整且美观的 PPT,务必综合主题、大纲、风格这 3 个要素进行考量,将要素确认完毕后,就可单击"生成 PPT"按钮,获得 PPT 内容。

4. 打磨排版与内容

通过简单的提示词描述,AIGC 工具可实现 PPT 的编辑与美化,包括调整布局优化色彩、修改文字、增加演示批注等。表 5.12 所示为 PPT 的主要排版要素。

表 5.12　PPT 的主要排版要素

主要排版要素	描　　　述	作　　　用
文字排版	包括并列排版、层级排版、总分总排版等	确保信息层次清晰,便于阅读和理解
字体	包括字体种类、字号大小、字重和样式	增强视觉美感,强化信息的重要性和可读性
页码配色	包括主色调、高亮色、背景色等	创造视觉冲击力,引导观众视线,营造氛围
对齐方式	包括左对齐、右对齐、居中对齐、两端对齐、分散对齐	保证页面整洁有序,提升视觉舒适度
图形布局	包括图文混排,图像与文字相结合,提高信息传达效率;多图排版,利用网络、表格等方式统一多张图片的布局	有效传达复杂信息,平衡页面视觉比重

以 WPS AI 为例,使用编辑美化功能时首先需定位至 PPT 单页,再打开操作框进行单页操作。

图 5.7　AiPPT 提供的模板

设计提示词以指导 AIGC 工具高效编辑与美化 PPT 时，需要以清晰、具体的表述确保 AIGC 工具准确理解并执行用户的功能需求。这时的提示词往往非常简洁，示例如下。

> 提示词：将字体修改为简约风。
> 提示词：将单页风格改为科技风。
> 提示词：将这一页的文字扩写为 30 字。

WPS AI 更换主题风格界面如图 5.8 所示。

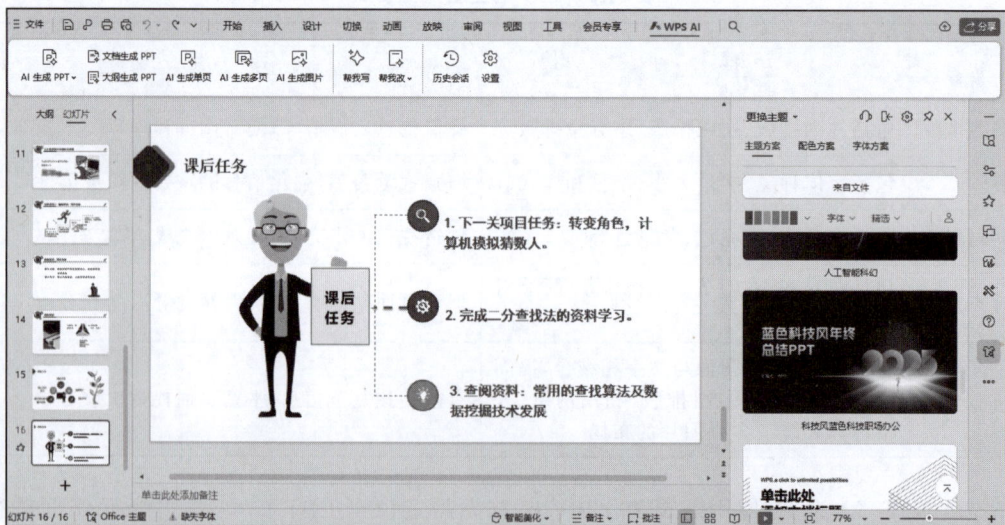

图 5.8　WPS AI 更换主题风格界面

5.4.4　生成图像

5.4.4.1　图像类 AIGC 工具的应用场景

图像类 AIGC 工具的使用场景主要分为两大类：一类专注于从零开始生成全新的图像，另一类则致力于对现有图像进行智能化编辑与美化。

1. 图像生成

目前主流的图像类 AIGC 工具是通过提示词生成图像与通过图像生成图像，一般将这两种方式简称为"文生图"与"图生图"。

文生图是指通过输入一段文字描述，由 AI 模型自动生成对应视觉图像的过程。这种生成方式的核心在于将自然语言理解与计算机视觉技术相结合，构建能够从文本语义中解码出视觉特征的复杂模型。此生成方式是目前最常用的方式，也是一种非常依赖提示词的方式。只有精心打磨提示词，才能让图像类 AIGC 工具理解并生成符合要求的图像。图 5.9 所示为使用文心一格通过提示词"一个穿红裙子的小姑娘在绿色的草地上追蝴蝶"生成插图的示例。

图 5.9　文生图示例

图生图则是指以已有图像作为输入，通过 AI 算法对其进行编辑、转换或增强，从而生成新的图像。这一生成方式聚焦于在保持原始图像核心内容的同时，实现特定的编辑目标或风格变化。使用这一生成方式，需要用户自行准备图像并上传至图像类 AIGC 工具。

图像类 AIGC 工具可生成多种类型的图像，能够被应用于几乎所有需要图像的领域。图像类 AIGC 工具在图像生成方面的应用场景如表 5.13 所示。

2. 图像编辑与美化

图像编辑与美化是指运用 AIGC 工具完成图像处理任务，涵盖瑕疵修复、内容填充、风格迁移、对象识别与分离、图像增强、内容感知缩放等方面，如表 5.14 所示。

表 5.13　图像类 AIGC 工具在图像生成方面的应用场景

场景分类	介　　绍	案　　例
艺术创作	利用 AIGC 工具生成艺术品,为艺术家提供灵感,辅助艺术家创作或独立生成作品	绘制一幅印象派风格的风景画,展现夕阳下的麦田与风车,可供展览或出售
广告与营销	生成吸引眼球的视觉素材,用于产品推广、社交媒体广告、海报设计等,提升品牌传播艺术创作效果	生成一款新手机的产品渲染图,展示其多种配色、角度和使用场景,用于电商平台宣传
新闻与传媒	快速生成新闻配图、信息可视化内容,增强报道的视觉冲击力和信息传达效果	根据天气预报数据生成未来一周的全国气温分布地图,供新闻网站发布
教育与培训	生成教学示意图、卡通形象、交互式学习资源,提升教学内容的吸引力与并降低其理解难度	制作一系列动物解剖结构图,标注关键部位名称,用于生物课程教材
游戏与娱乐	生成游戏内角色、场景、道具等美术资源,或者用于动态背景、特效设计,提升游戏体验	设计一套科幻主题的角色套装及武器模型,供玩家在大型多人在线游戏中选择使用
建筑与室内设计	快速绘制建筑设计方案、室内布局效果图,帮助客户预览和决策,提升设计沟通效率	根据设计师草图生成住宅楼外观三维渲染图,展示不同光照条件下的视觉效果
时尚与零售	设计服装款式、提供搭配建议、实现虚拟试衣,助力线上购物体验或为设计师提供灵感	为用户生成个性化服装搭配建议,包括上装、下装、配饰的组合及颜色搭配,用于电商平台推荐
影视与动画	生成背景、角色、特效等动画元素,简化制作流程,降低制作成本,或者用于预可视化	创作一部短片的动画分镜,包括场景切换、角色动作、镜头移动等,用于导演前期策划

表 5.14　图像类 AIGC 工具在图像编辑与美化方面的应用场景

功能类别	介　　绍	案　　例
瑕疵修复	自动识别并去除图像中的噪点、划痕、污渍、红眼等缺陷,使画面更纯净	用于美颜等领域,快速消除人物面部的痘痘、皱纹、眼袋,实现平滑肌肤效果,提升肖像照质量
内容填充	基于周围像素信息智能填充图像中缺失的部分,如去除水印、物体移除后的填补等	移除照片中碍眼的电线杆,并自然填充背景
风格迁移	将源图像的艺术风格转化为另一种风格(如油画、素描、卡通等)	将普通风景照片转化为凡·高《星月夜》风格的油画
对象识别与分离	精确识别并分离图像中的特定对象,便于单独编辑或替换背景	提取照片中的人物,将其与原背景分离,以便将其置于新的背景环境中
图像增强	提高图像细节清晰度、降噪、增强弱光区域,尤其适用于低质量或老旧照片	提升老照片的清晰度,去除噪点,恢复暗部细节,使之焕然一新
内容感知缩放	在调整图像尺寸时保持重要细节完整,避免常规缩放导致的失真或质量下降	在缩小风景照片尺寸时,智能保留山脉、建筑等主体结构的清晰度,无明显失真

图像类 AIGC 工具平台通常设计得直观且对用户友好,它们通过图形化界面和功能按钮的形式,将复杂的图像处理算法封装在易于操作的界面元素之中,使得用户无须编写代码或使用特定的提示词,仅通过点击、拖曳、滑动等直观交互方式即可完成各类编辑与美化工作。文心一格的图像处理界面如图 5.10 所示,可以看到,只需上传图片并利用功能工具进行涂抹,就能实现图像的消除,图 5.11 为处理前的原图,图 5.10 中的照片为消除后的图像。

图 5.10　文心一格的图像处理界面

图 5.11　需要消除右下角人头像的图片

5.4.4.2　图像类 AIGC 工具提示词设计步骤

设计图像生成提示词,便是通过精心构造的表达,精确调控 AIGC 工具的理解与创作过程,从而实现对图像风格、主题、细节乃至情感内涵的精准把控。

1. 确认主题与内容

设计图像生成提示词的第一步是确认主题与内容,它奠定了整个创作的基础,决定了

AIGC 工具将要生成的视觉场景及其核心要素。在使用提示词明确主题与内容时,需要遵循两个原则:具体性与视觉指向性。

① 具体性。

具体性指提示词应详细、具体地描述所期望生成图像的主题、场景、主体对象及其特征,避免模糊不清、过于笼统的表述,以帮助 AIGC 工具构建清晰的视觉画面。下面的一组示例阐述了这一原则。

不具体的提示语:森林

具体的提示语:茂密的热带雨林
具体的提示语:秋天的枫叶林

不具体的提示语:海洋

具体的提示语:波光粼粼的海岸线
具体的提示语:北冰洋

可以看到,单纯的"森林""海洋"等词汇虽然点明了图像的主要内容,但并不具体明确,这就会导致 AIGC 工具生成各种可能的"森林"或"海洋"图像;而明确了"茂密的热带雨林""北冰洋"后,AIGC 工具生成的内容就被限定在具体的景色画面中,不会发生偏移。

明确具体性可以从主体元素和辅助元素两个角度出发。

主体元素指画面最主要的对象,包括主体对象的形态、特征、状态等,在"形态各异的热带鱼群与海龟在悠然游弋"中,"热带鱼群与海龟"就是画面的主体元素。

辅助元素指背景环境、时间条件、气候状况等,如"波光粼粼,宁静而生机勃勃的海底景象,形态各异的热带鱼群与海龟在悠然游弋"中,"波光粼粼,宁静而生机勃勃的海底景象"就是背景环境。

② 视觉指向性。

这一原则强调使用具有视觉指向性的关键词,如颜色、材质、形状、动作、情绪等,以丰富图像的视觉元素,避免使用抽象的词汇或是非视觉性的语言进行描述。下面的示例展示了如何确保提示词中充满丰富的视觉元素。

缺乏视觉指向性的提示词:充满积极气息的展现精气神画面。

具备视觉指向性的提示词:蔚蓝天空下,金色麦田随风摇曳,农夫挥汗收割。

示例中,"积极气息"或"精气神"都是一种较为抽象的描述,这样的提示词会让 AIGC 工具生成的图像不可知、不可控;而"蔚蓝天空下,金色麦田随风摇曳,农夫挥汗收割"这样的描述包含了丰富的视觉细节,指定了天空与麦田的场景及人物主体"农夫",这让 AIGC 工具有了生成图像的依据。

组织提示词时使其具有具体性与视觉指向性,生成的图像内容便能高度符合要求。图 5.12 所示为使用明确提示词生成的图像。

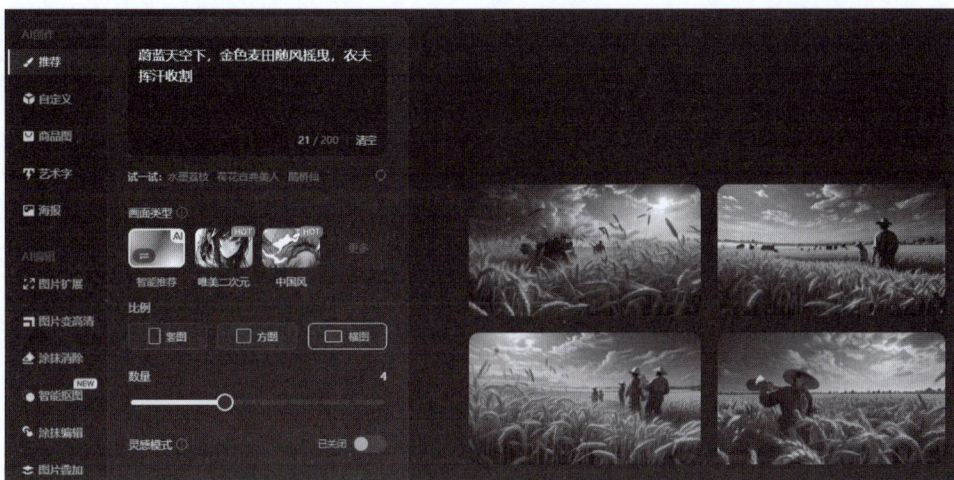

图 5.12　AIGC 工具使用明确提示词生成图像

2. 确认风格与艺术手法

① 风格。

确认风格与艺术手法这一步骤旨在指导 AIGC 工具理解并实现用户期望的艺术表现形式和创作技巧,确保生成的图像不仅准确传达主题内容,还能够体现独特的视觉美学和艺术风格。

在构思和编写提示词的过程中,确认图像风格是赋予作品灵魂和个性的重要环节。它要求创作者精准表达对图像审美倾向的要求。具体来讲,图像风格可以分为"流派主义风格"和"艺术家风格"两种类型。

流派主义风格是指一种已经成熟并拥有专业术语名称的风格,如精细描绘的现实主义风格、象征意味的抽象派风格,或是厚重质感的古典油画风格,或是现实效果的现代数码摄影风格等。对于图像类 AIGC 工具的使用者来说,积累这样的流派主义风格提示词并理解其特点、内涵,有助于更加准确地表达自己的创作需求,从而更好地把握创作方向。

艺术家风格是指艺术家或艺术团体在长期的艺术实践中形成并展现出的独特而稳定的艺术风貌、特色、作风、格调和气派。合适的艺术家风格提示词可以引导 AIGC 工具生成具有特定艺术风格和个性的图像。例如,选择某位著名画家的风格,可能会使生成的图像呈现出该画家特有的色彩运用、笔触质感或构图方式等特征。图 5.13 所示为输入提示词"蓝天白云下,小溪边一排柳树",选"梵·高"风格后生成的图像,可以看到 AIGC 工具很好地模仿了印象派画家梵·高地绘画技巧。

② 艺术手法。

艺术手法提示词是用来指导 AIGC 工具按照某种特定的艺术处理方式进行创作的关键指令。这些提示词可以极为精确地控制生成内容的视觉效果,从而使 AIGC 工具模仿不同的绘画技法、摄影手法或其他艺术媒介的独特风格,如"使用水彩质感表现晨雾中的湖畔""模拟长曝光效果捕捉城市夜景的车流轨迹"。艺术手法是更加进阶的风格提示词,能够非常细致地界定画面的风格,丰富画面效果。恰当地运用艺术手法提示词,有利于大大提升生成效果。图 5.14 所示为利用微距镜头提示词"花朵上的蜜蜂,真实摄影,微距镜

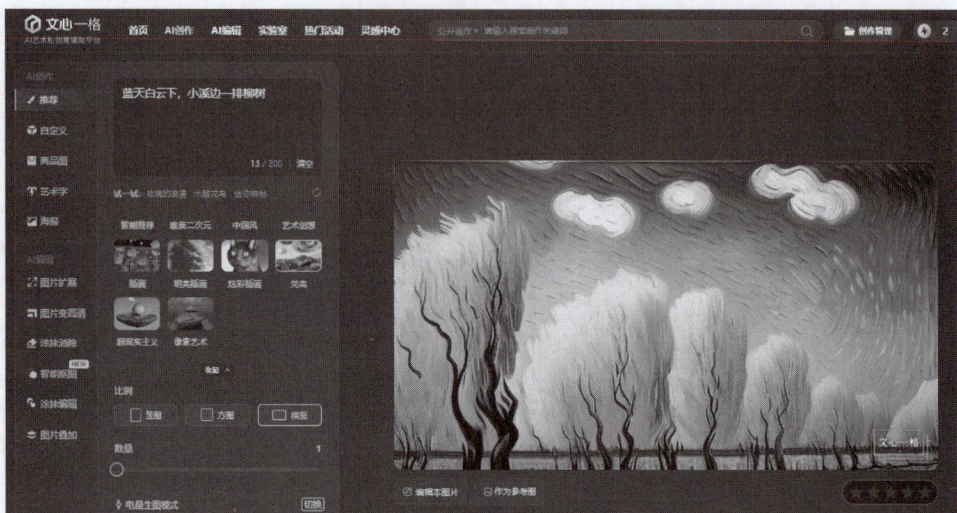

图 5.13　AIGC 工具生成梵·高风格图像

头,高清画质"生成的图像。

图 5.14　利用微距镜头提示词生成的图像

3. 确认构图与视角

确认构图与视角是 AIGC 图像生成过程中较为重要的步骤。它涉及如何组织和安排画面中的元素,以及从何种角度展示这些元素,进而塑造出独特的视觉效果。

合理布局空间关系与精心选取观察视角,能够让 AIGCI 具理解并再现创作者心中的完美画面。这一环节的设计可以分为两个方面:空间布局与视角选择。

① 空间布局。

空间布局指图像的构成元素分布及空间关系,即图像中的主体、陪体及背景之间的置关系、比例大小和相互联系。如"前景是盛开的樱花树,中景为古建筑群,背景为山",这样层次分明的提示词能够有效帮助 AIGC 工具构建层次分明的画面。表 5.15 所示为常见的空间布局术语提示词。

表 5.15　常见的空间布局术语提示词

空间布局术语	描　　述	示例提示词
前景	图像中最靠近观众的部分,用于突出重点或引导视线	明亮的花朵在前景中绽放
中景	在前景与背景之间,展现主要场景活动区域	公园的长椅和行人位于中景
近景	类似于前景,通常指比中景更接近镜头的人物或物象	主角面部表情清晰可见的近景特写
背景	图像最深处,提供环境信息和空间感	山脉作为画面背景延伸至远方
主体	图像中心或焦点所在,占据显著地位的元素	建筑主体矗立在画面正中央
边缘	图像边缘,可能用于平衡构图或扩展视野	树木沿着画框边缘自然分布

在提示词中加入表格中的常见空间布局术语,指定物体的相对位置、排列方式或运动状态,能够有效增强生成画面的立体感和动态感。利用空间布局术语提示词生成的图像如图 5.15 所示。

> 提示词:前景是盛开的桃花,中景为古村落,背景为远山。真实摄影。

AIGC 工具生成图像如下。

图 5.15　利用空间布局术语提示词生成的图像

② 视角选择。

视角选择也是关键要素,它涵盖了平视、俯视、仰视、透视等多种视角,甚至包括鱼眼视角、宽幅视角等非常规视角。举例来说,若要生成一幅鸟瞰城市的全景图像,可使用"俯视视角大的繁华都市"这样的提示词。灵活运用不同视角,不仅能够凸显被摄主体的特点,还能创造出新颖且具有沉浸感的画面。常见的视角术语提示词如表 5.16 所示。

表 5.16　常见的视角术语提示词

视 角 术 语	描　　述	示例提示词
平视	视线与被摄主体处于同一水平线上,如同人眼日常观察视角	平视视角下的城市街道风光
俯视	从上向下看的视角,类似于鸟瞰或无人机视角	俯视视角下的公园全景

续表

视 角 术 语	描　　述	示例提示词
仰视	从下向上看的视角,常用于表现高耸的建筑物或天空	仰视视角下的摩天大楼
透视	用于反映三维空间中物体随着远离观察点而逐渐变小的现象	透视视角下的铁路轨道消失在地平线
鱼眼视角	极端广角镜头产生的扭曲变形视角,视野范围极大	采用鱼眼视角捕捉圆形全景景观
侧视/斜视视角	从物体侧面或斜侧方向观察的视角	斜侧视角下的汽车轮廓
宽幅视角	类似于宽银幕电影的宽广视角	宽幅视角下的海滨落日景色

图 5.16 为利用视角术语提示词"俯视视角下的村落"生成的图像。

图 5.16　利用视角术语提示词生成的图像

4. 细化术语与技术规格

图像生成技术广泛应用于广告营销、教育等众多领域,而每个领域都有各自的行业术语与规范,这些术语与规范同样可以成为图像设计的提示词。细化术语与技术规格这一环节着重于提示词的专业维度和技术规格,以便 AI 模型能够准确识别提示词并生成相应领域与规格的图像。

针对特定领域的图像生成,如建筑设计、出版、时尚设计等,使用专业术语确保 AIGC 工具准确理解行业特定要求。例如,针对建筑设计领域使用"轴测图""剖面图""平面图"等术语;针对绘画设计领域,使用"三视图""线稿图"等术语。AIGC 工具只有理解这些词汇背后的视觉含义,才能生成具有专业水准和行业特色的图像。

这个环节的提示词设计为各行各业的工作者提供了技术操作的空间,因此也更适用于特定行业的图像生成。值得注意的是,AIGC 工具生成的图像内容可能有错误之处,因此将其用于专业领域时要格外小心,不能用错误信息误导他人。

针对不同的应用场景,可能还需要结合具体需求来调整图像的尺寸与分辨率,以获得满足多元化需求的高质量图像。

大部分图像类 AIGC 工具都支持用户自行选择图像尺寸,确保生成的图像符合实际应用需求。因此对于图像尺寸往往无须专门设计提示词,只需在生成时选择相应的尺寸选项。

5. 迭代和优化

这一步的核心在于不断试验、学习与微调,直到图像达到预期的效果。无论是初次尝试,还是借鉴已有的优秀案例,都需要经历反复实践和反馈修正的过程,以期最大化地发挥 AIGC 工具的潜力,并创作出符合创作者个性化需求的理想图像。

按照上面的设计要点将初始提示词设计完成后,用户可以将其输入 AIGC 工具中进行初步图像生成。由于 AIGC 工具的理解和表现能力受制于训练数据和算法逻辑,因此首次生成的结果可能与理想图像存在一定的差距。此时,观察和分析 AIGC 工具生成的图像,对照原始提示词,找出两者间的差异和不足之处,使其成为进一步优化图像的依据。

许多图像类 AIGC 工具会提供"再次生成""生成相似图"等功能,使用这些功能有助于不断调试生成结果。

5.4.5　生成视频

视频类 AIGC 工具借助前沿的视觉算法和深度学习技术,能够精准解析视频的复杂元素,支持数字人播报、一键视频剪辑、视频生成等实用功能。

5.4.5.1　视频类 AIGC 工具的应用场景

视频类 AIGC 工具的应用正逐步渗透到影视制作、在线教育、广告营销及日常娱乐等多个领域,展现出令人瞩目的应用潜力。这类工具在视频生成和视频编辑两大领域取得了革命性进步。从智能生成、配音、剪辑到 AI 数字人,视频类 AIGC 工具可谓颠覆了传统视频制作流程。

1. 视频生成

视频生成指将文字或图片等内容直接转化为动态视频的功能。借助先进的深度学习技术,AIGC 工具能够准确理解用户输入的文字或图片信息,并将其转换为生动逼真的动态视频。

① 文字生成视频。

文字生成视频指通过提示词文本命令 AIGC 工具直接生成视频内容的生成方式。用户只需输入一段描述性的文字,它便能理解其意图,并据此生成与之匹配的视频内容。

此方式只需构思设计提示词,无须再准备其他图片或视频素材,因此是最为方便与高效的生成方式,能够让 AIGC 工具充分发挥理解与合成能力,创造出既契合提示词,又充满想象力的视频。图 5.17 所示为输入提示词"一颗种子在泥土里发芽,长大,开出花朵"后生成的视频截图。

② 图片生成视频。

图片生成视频技术利用 AIGC 工具将静态的

图 5.17　文字生成视频截图

图片转化为动态的视频。使用这一功能需要用户上传已有图片,AIGC 工具将根据图片里的内容元素进行理解与合成,使图片元素运动起来。

与文字生成视频不同,通过图片进行生成自然就需要用户提前准备好图片资源。在准备图片资源的基础上,用户可自行选择是否需要用文字提示词加以辅助。表 5.17 所示为图片生成视频的两种细分场景。

表 5.17　图片生成视频的细分场景

细 分 场 景	功 能 描 述
文字＋图片生成	上传图片,同时使用提示词加以描述,辅助图片生成更符合预期也更具变化性的视频
纯图片生成	仅上传图片,不借助提示词,让 AIGC 工具自行读取图片内容生成视频

2. 视频编辑

视频编辑是指对原有的视频素材进行高效二次编辑,包括智能剪辑、智能字幕生成、人脸识别和物体跟踪、数字人播报等。这些功能都大大简化了原本复杂的视频编辑步骤。下面将举例讲解常见的视频编辑功能。

① 智能剪辑。智能剪辑是视频编辑领域的核心功能之一,其通过深度学习和计算机视觉技术,实现了对视频内容的智能分析和自动化处理。在视频智能剪辑过程中,AIGC 工具能够自动识别视频中的关键帧、场景切换和动作序列,根据预设的剪辑规则和用户输入的提示词,进行精准而高效的剪辑操作。除了基本的剪辑功能,智能剪辑技术还支持智能配乐、智能调色等高级功能,能够根据视频内容自动生成匹配的背景音乐,提供虚拟配音,提升视频整体观感。

② 文本配音。文本配音是 AIGC 工具在视频编辑中的重要应用,它能够将用户输入的文本转化为自然流畅的语音。用户只需提供文本内容,AIGC 工具会根据选定的语言、语音风格(如男声、女声、儿童声、专业播音员声等)、语速、语调和情感色彩(如高兴、悲伤、严肃等)自动生成高质量的配音音频。这种功能极大地简化了配音制作过程,节省了聘请专业配音人员的成本和时间,尤其适用于教育视频、产品演示、解说短片、自媒体内容等场景。

③ 自动字幕。自动字幕功能利用 AIGC 工具的语音识别技术,能实时或批量地将视频中的对话或解说转换成文字,并自动生成精准匹配的视频字幕。

④ 视频智能抠图。视频智能抠图功能运用深度学习和计算机视觉技术,能够自动识别并精确提取视频帧中的人物、物体或特定区域。这项功能使得用户无须手动逐帧操作,即可快速完成复杂的抠像任务,如更换背景、合成特效、去除水印、分离前景与背景等。

⑤ 视频风格转换。视频风格转换功能能够将一段源视频的视觉风格(如色彩、纹理、光照、画风等)转变成另一种特定的风格。这可以是模仿著名画家的作品风格,也可以是使视频呈现黑白电影、动漫、素描、油画、复古滤镜等效果。

5.4.5.2　数字人

数字人是一种融合了人工智能、机器学习、自然语言处理及 3D 建模技术的创新型应用软件和服务,它们能够创建出高度拟人化、智能化的虚拟形象,服务于多元化的场景需求。这些工具的核心能力在于构建和训练能够模仿人类表情、动作、声音乃至情绪反应的数字模型,进而实现与用户的自然交互。

在实际应用中,数字人可用于创建定制化的虚拟客服、虚拟主播、在线教育讲师、虚拟偶像等角色,大大拓展了传统的媒体传播、教育培训、娱乐社交等领域。例如,用户能够通过输入文本或语音指令来操控数字人完成知识讲解、产品推广、客户服务等工作;或者通过上传个人照片、视频,借助 AIGC 技术生成与本人相似度极高的数字替身实现个性化的数字内容输出。

部分高级的数字人还能实时捕捉并模拟真人面部表情、肢体动作,使得虚拟形象的表现更为生动真实。同时,结合大数据分析和深度学习算法,数字人还可以不断优化交流决策和内容生成,以适应不同用户群体的需求和反馈,从而在各行各业发挥出重要作用。

数字人可以设计成各种性别、年龄和职业形象,以适应不同的应用场景和用户偏好。用户输入文本内容后,AIGC 工具会将其转换为自然、有情感色彩的语音输出,模拟真人说话的节奏、韵律和语气,甚至包括停顿、重音、笑声等细节,以增强表达的真实感。

使用数字人相关功能一般需遵从以下步骤。

① 选择平台。选择并登录所选视频类 AIGC 工具的服务平台,如腾讯智影或其他具备数字人播报功能的软件或在线平台;确保已注册账号并有权访问相关功能。

② 进入数字人模块。在工具主界面找到并单击"数字人播报""虚拟主播"或类似的选项,进入专门的数字人制作工作区。

③ 选择并编辑数字人形象。浏览平台提供的数字人库,选择符合项目需求的虚拟主播。考虑因素包括性别、年龄、风格(正式、休闲、卡通等)、语言、声音特质(如亲和力、权威性等)、语速。部分平台可能允许自定义数字人的外貌特征或购买或上传特定的数字人模型。

④ 导入或生成播报文本。导入或生成需要由数字人播报的文本内容,确保文本准确无误,符合播报风格和目标受众。有些视频类 AIGC 工具可能提供文本生成功能,可根据用户输入的主题直接成播报文本,免除用户自行撰写的步骤。

⑤ 配置视觉呈现。定制数字人的背景图片、背景音乐、站位及动画特效等要素,确保呈现风格与视频内容主题一致。

⑥ 添加额外元素。根据视频制作需求,添加其他视觉或音频元素,如视频、图像、图表、音乐、音效、字幕样式、过渡效果等,以丰富视频的内容和观赏体验。

5.4.5.3　视频类 AIGC 工具提示词设计步骤

视频是一种动态的内容,而且现在的视频生成技术通常只能生成相对较短的视频(如 4 秒左右),提示词需要精练、准确且富含动态细节,以便在有限的时间内传达丰富的视觉信息和叙事线索。

1. 确定主题与内容

在设计生成视频的提示词时确定主题与内容是关键的第一步。确定主题与内容,就是要具体地、有指向性地描述画面包含的视觉元素。在此环节,同样可以从"主体元素"和"辅助元素"两个方面进行描述。

① 主体元素。提示词要明确表述视频的主体元素或核心概念,可以包括主体对象的

情态、特征、状态等具体视觉元素。下面是一组视频主体元素的提示词案例。

> 提示词1：微笑着的小男孩(情态)。
> 提示词2：一只黑白斑点狗(特征)。
> 提示词3：飘浮的女性宇航员(状态)。

② 辅助元素。辅助元素指描述具体的环境、氛围、时代背景或文化细节等能够烘托主体元素的其他元素。下面是一组视频辅助元素的提示词案例。

> 提示词1：霓虹灯闪烁的夜晚街道(环境)。
> 提示词2：欢快嬉戏着的派对人群(氛围)。
> 提示词3：19世纪欧洲画室(时代背景)。
> 提示词4：复古未来主义风格的飞船(文化细节)。

③ 主体元素与辅助元素的空间位置关系。将主体元素与辅助元素相结合，就能得到一个有主有次的视频画面。在这一步，主体元素与辅助元素要合理搭配，确定好空间位置关系。这直接影响到接下来对运动画面的设计。主体元素与辅助元素相结合的提示词案例如下。

> 提示词1：在霓虹灯闪烁的夜晚街道上站着一个微笑着的小男孩。
> 提示词2：欢快嬉戏着的派对人群之外，有一只黑白斑点狗。
> 提示词3：女性宇航员在复古未来主义风格的飞船里飘浮。

2. 描绘特殊的视觉风格

图像的风格丰富多样。视频作为动态的画面，同样可以有多变的风格、色调、光线或滤镜。在生成视频内容时描绘视觉风格有利于使视频更具特色，更有吸引力。常见的风格如清新风格、复古风格、科技风格、梦幻风格等，色调如暖色调、冷色调、鲜艳色调、暗调、自然色调等，光线如柔和光线、强烈光线、阴影效果、逆光效果、动态光线等，滤镜如复古滤镜、黑白滤镜、色彩增强滤镜、模糊滤镜、光晕滤镜等。

结合风格要素的视频提示词如下。

> 提示词1：现实风格，电影级画质，在霓虹灯闪烁的夜晚街道上站着一个微笑着的小男孩。
> 提示词2：复古色调的女性宇航员在太空中漂浮。

3. 描绘关键动态

描述关键动作或事件变化，确保视频内容在短时间内呈现动态变化，这一步是视频生成区别于图像生成的核心环节。设计好关键动态提示词能够为 AIGC 工具生成连贯、生动的视频画面提供清晰指导。

描绘关键动态，首先确定执行关键动作的角色或物体。一般来讲，动作主体都是画面主体元素，如上文提到的"微笑着的小男孩"。主体元素的动作更能吸引人的注意力，但辅助元素同样可以有动态变化，如"霓虹灯闪烁"。确认好动作与变化的元素，可为接下来刻画动作过程做好铺垫。而描绘关键动态，可以从刻画动作过程、表现动作轨迹与空间关系及展示动作情感与意图3个角度入手，下面将分别介绍。

① 刻画动作过程。

对动作过程进行刻画是视频动态效果的最常见的角度之一,可突出运动的主体元素,这需要合理使用动词与副词,精确有力地描述出画面动态。

使用动词精确描述动作本身,如"跳跃""挥舞""旋转""绽放"等。根据设想中发生动作的元素,匹配不同的动作类别,选择相应的动词提示词,示例如下。

> **提示词 1**：微笑的小男孩在唱歌。
> **提示词 2**：一只斑点狗在翻滚。

除了主要的动词提示,还可以辅以副词细化动作幅度、速度或力度,如"缓缓升起""猛烈撞击""优雅地转身"。

② 表现动作轨迹与空间关系。

表现动作轨迹与空间关系也是一种常用的动态提示词,适合呈现画面的整体动态与氛围。

为了精确指导视频类 AIGC 工具捕捉并再现复杂的动态场景,提示词需要描绘动作在三维立体空间内的轨迹,示例如下。

> **提示词 1**：演员从舞台幕后慢慢走向聚光灯下。
> **提示词 2**：篮球沿着曲线飞向篮筐。

示例中的描述不仅传达了动作的速度("慢慢"),还明确了动作在三维空间的具体轨迹("从舞台幕后慢慢走向聚光灯下")。此外,还需考虑动作的覆盖范围,诸如"沿着曲线"这样的表述能够帮助 AIGC 工具理解动作的空间延展性和整体形态。

在生成视频时,动作的呈现不应孤立,而是要充分结合主体元素与其他元素的相对位置关系,示例如下。

> **提示词**：舞者在舞台中央旋转,背景中的彩带环绕其周围飘扬。

这句话既描述了主体舞者的动作("旋转"),又体现了主体元素与辅助元素("彩带")之间的互动和空间关联,确保视频在合成过程中能够真实还原这些动态的空间布局及视觉效果。

③ 展示动作情感与意图。

提示词还可以强调动作传达出的情感与意图,表达一种意蕴与氛围。

在设计提示词时还可以重点传递动作所承载的情感深度和氛围,示例如下。

> **提示词 1**：恋人在雨中深情相拥,脸上洋溢着幸福的笑容。
> **提示词 2**：画家凝视画布,眼神中流露出专注与期待。

在描述"恋人在雨中深情相拥"时,不仅要提及具体的动作"相拥",更要强调情景下的情感细节——"脸上洋溢着幸福的笑容",这有助于 AIGC 工具在生成视频时细腻刻画角色面部表情和身体语言,使观众能够真切感受到那种温馨浪漫的情感交流。类似地,"画家凝视画布,眼神中流露出专注与期待"的描绘,能够让 AIGC 工具理解和再现艺术家在创作过程中的心理状态。

传达动作的目的或意义是增强视频内容的故事性和感染力,同时提示词还可以明确指出动作所指向的目标或潜在含义,示例如下。

> **提示词**:科学家紧握实验成果,眼中闪烁着坚定的信念。

这样的描述传达了动作"紧握"背后的深层目的,即科学家对于科研成果的珍视以及即将带来的影响。通过这样的描述,AIGC 工具在生成视频时会倾向于重点突出表现科学家的决心和信心。

刻画动作过程、表现动作轨迹与空间关系及展示动作情感与意图并非缺一不可,用户可根据自己的需求灵活选择。

4. 描绘镜头运动

在视频拍摄领域,镜头运动是指通过改变镜头光轴、移动摄像机机位或变化镜头焦距来拍摄不同的画面,它是摄像者发挥创造性的重要手段。虽然视频类 AIGC 工具能直接生成视频,不需要真实的摄像机,但同样可以模仿镜头的运动效果。

为了赋予视频丰富的视觉动态,提示词应准确指导镜头的移动方式,示例如下。

> **提示词 1**:镜头缓缓推进,逐渐聚焦于恋人在雨中相拥的画面。
> **提示词 2**:镜头跟随画家的手部动作平稳摇移,展现画笔在画布上挥洒的轨迹。

此处的"缓缓推进""聚焦"均为镜头运动的专业术语,是指 AI 模拟摄像机从远至近、由模糊到清晰的拍摄过程,强调恋人间的亲密瞬间。同样,"镜头跟随画家的手部动作平稳摇移,展现画笔在画布上挥洒的轨迹"中的"平稳摇移"引导 AI 模拟摄像机保持特定速度和角度跟随画家手部的动态,呈现创作过程的连贯性。

5.4.6 编写代码

在软件开发过程中,AIGC 可协助开发人员创建和重构代码,以提高开发效率。

5.4.6.1 代码类 AIGC 工具的应用场景

1. 快速原型开发

在项目的初期阶段,开发人员需要快速搭建一个可运行的原型来验证产品的概念和功能。AIGC 工具能够依据简单的需求描述,迅速生成基础代码框架,涵盖前端页面布局、后端基本逻辑等。例如,开发一款简单的电商产品原型,AIGC 工具可快速生成商品展示页面、购物车功能以及用户登录注册的基础代码,大大缩短原型开发周期,使团队能更快地进行功能验证和迭代。

2. 代码补全与优化

在日常编码过程中,开发人员难免会遇到一些常见功能的代码编写,如数据加密、文件读取与写入等。AIGC 工具可以根据代码上下文,智能补全代码片段,提供高效、准确的代码实现。同时,对于已有的代码,AIGC 工具能够分析代码结构和逻辑,给出优化建议,如提升算法效率、改进代码可读性等。

3. 跨平台开发

随着移动设备和不同操作系统的广泛应用,开发跨平台应用成为需求。AIGC 工具可以根据目标平台的特点和要求,生成适配不同平台的代码。比如,开发一款同时支持 iOS 和 Android 的移动应用,AIGC 工具能够生成符合两个平台规范的界面代码和交互逻辑,减少开发人员针对不同平台的重复开发工作。

4. 自动化测试代码生成

为确保软件质量,需要编写大量的测试代码。AIGC 工具可以根据程序的功能描述和输入输出要求,自动生成单元测试、集成测试等测试代码。这不仅提高了测试代码编写的效率,还能保证测试的全面性和准确性,及时发现代码中的潜在问题。

5.4.6.2　代码类 AIGC 工具提示词的撰写

1. 明确功能需求

在撰写提示词时,首先要清晰、准确地描述所需代码的功能。避免使用模糊或歧义的表述,确保 AIGC 工具能理解你的具体需求。

例如,若要生成一个计算两个整数之和的函数,提示词设计如下。

> 提示词:生成一个 Python 函数,输入为两个整数,返回它们的和。

AIGC 工具生成内容如下。

```
以下是一个 Python 函数,实现输入两个整数并返回它们的和:
def add_numbers(num1, num2):
    result = num1 + num2
    return result
你可以使用以下方式调用这个函数:
# 示例调用
sum_result = add_numbers(5, 3)
print(sum_result)
```

2. 指定编程语言

不同的 AIGC 工具支持多种编程语言,明确指定所需的编程语言至关重要,这样 AIGC 工具就能按照指定语言的语法和规范生成代码。

> 提示词:用 Python 编写一个类,实现文件读取功能。

AIGC 工具生成内容如下。

```
以下是用 Python 编写的一个类来实现文件读取功能:
class FileReader:
    def __init__(self, file_path):
        self.file_path = file_path

    def read_file(self):
        try:
            with open(self.file_path, 'r', encoding='utf-8') as file:
                content = file.read()
```

```
                    return content
        except FileNotFoundError:
            print(f"文件 {self.file_path} 未找到。")
        except Exception as e:
            print(f"读取文件时发生错误：{e}")
```

你可以使用以下方式调用这个类：

```
#创建 FileReader 类的实例
file_path = "example.txt"
reader = FileReader(file_path)
file_content = reader.read_file()
if file_content:
    print(file_content)
```

代码说明：

FileReader 类：定义了一个名为 FileReader 的类，用于实现文件读取功能。

__init__ 方法：

这是类的构造函数，用于初始化对象的属性。

接收一个参数 file_path，并将其赋值给对象的 file_path 属性，该属性用于存储要读取的文件路径。

read_file 方法：

尝试打开指定路径的文件，并以 UTF-8 编码读取文件内容。

使用 with open 语句，它会在代码块结束后自动关闭文件，确保资源的正确管理。

如果文件成功读取，返回文件内容。

如果文件未找到，捕获 FileNotFoundError 异常并打印相应的错误信息。

如果发生其他异常，捕获 Exception 异常并打印错误信息。

在调用部分，创建了 FileReader 类的实例，并传入要读取的文件路径。然后调用 read_file 方法读取文件内容，并在文件成功读取时打印内容。请将 "example.txt" 替换为实际要读取的文件名或文件路径。

3. 提供必要的细节

对于复杂的功能，提供更多细节信息能帮助 AIGC 工具生成更符合期望的代码。例如，生成一个 Web 页面时，可以详细描述页面布局、元素样式、交互效果等。

> 提示词：创建一个 HTML 页面，包含一个导航栏，导航栏有三个链接，分别指向首页、产品页和关于我们页；页面主体有一个轮播图展示三张图片，图片切换效果为淡入淡出。

AIGC 工具结合 CSS 和 JavaScript 生成了一个满足需求的 HTML 页面代码。

将代码复制到文本文件中保存；然后再将文件的扩展名从.txt 改为.html；双击这个 HTML 文件，系统默认的浏览器会自动打开该文件，就能看到页面的实际显示效果，包括导航栏和轮播图的样式及交互效果，如图 5.18 所示。

4. 设定约束条件

如果对生成的代码有特定要求，如代码的复杂度、性能指标等，可以在提示词中设定约束条件。

图 5.18　AIGC 工具生成的 HTML 页面效果

> **提示词**：生成一个高效的 C++算法，用于对一个大型数组进行排序，时间复杂度要求为 O(n log n)。

AIGC 工具生成内容如下（DeepSeek 生成内容，有删减）。

以下是使用 C++标准库中的 std::sort 函数对大型数组进行排序的示例代码，std::sort 函数基于快速排序算法，平均时间复杂度为 O(n log n)：

```cpp
#include <iostream>
#include <algorithm>
int main() {
    // 定义一个大型数组
    const int size =1000000;
    int arr[size];
    // 为数组填充一些示例数据
    for (int i =0; i <size; ++i) {
        arr[i] =rand() %1000000;
    }
    // 使用 std::sort 进行排序
    std::sort(arr, arr +size);
    // 输出排序后的数组(这里只输出前 10 个元素作为示例)
    for (int i =0; i <10; ++i) {
        std::cout <<arr[i] <<" ";
    }
    std::cout <<std::endl;
    return 0;
}
```

5.4.7　搭建 AI 智能体

AI 智能体是一种利用人工智能技术实现的软件程序，它能够在特定的环境或情境中自主地或交互地执行任务，最终达到特定的目标或解决特定的问题。简单地讲，可以把 AI 智能体视为一种拥有某一专长，可以解决特定问题的智能助手。比如"图书销售智能体""京剧专家智能体"或是模仿李白创作风格的"李白智能体"。

智能体概念的出现，为人工智能的发展提供了一个有力的抽象框架，使得人们可以更系统地研究和构建能够与环境交互并实现目标的智能系统,在众多领域发挥着重要作用。

随着 AIGC 技术的持续发展,普通的个人用户搭建一个属于自己的智能助手已不是梦想。现在,通过易于使用的 AI 智能体搭建工具和平台,用户可以根据自己的需求定制个性化的智能体。这些智能体可以在专业领域发挥作用,比如进行数据分析、客户服务或者创意写作,成为用户在专业领域的得力助手。未来,AI 智能体有望成为我们工作、生活中不可或缺的伙伴。

5.4.7.1　智能体搭建平台

AI 智能体搭建工具引领着个性化智能解决方案的新潮流。这些工具通过提供直观的界面和强大的后端支持,使用户无须具备深厚的编程知识,也能构建出可以处理特定任务的智能体。

目前国内 AI 智能体构建平台以大型科技公司的产品为主,百度、字节跳动、阿里巴巴、科大讯飞等大语言模型厂商都推出了 AI 智能体构建平台,其中字节跳动、阿里巴巴等也推出了基于企业办公系统的智能体构建平台。

我国典型的 AI 智能体构建平台如表 5.18 所示。

表 5.18　我国典型的 AI 智能体构建平台

平 台 名 称	描　　述	开发/运营公司
文心智能体平台	基于文心大模型的智能体平台,支持多开发方式	百度
Coze(扣子)	AI 聊天机器人和应用程序编辑开发平台,可创建类 GPT 机器人	字节跳动
豆包	用于构建类 GPT 聊天机器人的 AI 应用构建平台	字节跳动
飞书智能伙伴	字节跳动旗下飞书的 AI 产品,开放的 AI 服务框架	字节跳动
讯飞友伴	基于知识库的 chatbot 构建平台	科大讯飞
智谱清言	生成式 AI 助手,构建智能体解答问题、完成任务	智谱
SkyAgents	AI 智能体开发平台,通过自然语言和可视化拖拽构建 AI 智能体	昆仑万维

5.4.7.2　AI 智能体搭建实操技巧

通过智能体搭建平台,用户能够快速构建和部署属于自己的个性化智能助手,仅需输入提示词便能提出对智能体的构想与需求。

1. 明确目标和需求

在开始搭建 AI 智能体之前,首先应明确希望智能体完成的任务和目标用户群体。这包括它需要执行的功能(如客户服务、游戏互动或知识科普等);对企业来说可以更进一步,了解智能体将被部署的环境(如网站、移动应用或微信小程序等)。明确需求有助于选择合适的 AI 智能体搭建平台,并指导后续的设计和开发。

2. 设计提示词

设计 AI 智能体的提示词是为了为其界定一个特殊的身份,让它拥有某一方面的特长。

① 名称和设定。

根据先前构思好的目标和需求,自行设计并输入智能体的名称和功能简介。下面是名称和设定提示词示例。

> **名称提示词**：心理咨询机器人。
> **设定提示词**：你是一个专业的心理咨询机器人，你充满同理心，擅长倾听与理解，热衷于运用你的专业知识和温暖的话语，帮助用户探索内心、解决烦恼。在交流的过程中，你需要保持耐心、细致、鼓励性的态度，让用户感受到安全与舒适，引导他们走出阴霾，迎接心灵的阳光。

② 人设与回复逻辑。

设计人设与回复逻辑提示词可以从"角色规范""思考规范"和"回复规范"3 个方面进行。

角色是为智能体设定一个明确的角色和职责。这涉及智能体的身份设定，比如它是一个新闻播报员、客服代表还是数据分析专家；或者让智能体扮演某一著名人物，如李白、鲁迅、乔布斯等；或赋予智能体某一性格，如开朗、沉稳、可爱等。这些设定将指导智能体的回复风格和内容。角色提示词示例如下。

> **角色提示词 1**：你是一位热情的新闻播报员，专注于用生动有趣的方式介绍各类新闻。
> **角色提示词 2**：你是一个图书策划编辑，精通新媒体图书的选题开发与策划。

确定角色之后便要详细介绍角色的工作目标即智能体的功能，下面是关于智能体目标的提示词示例。

> **目标提示词**：你具备如下技能。
> 技能 1：分析市场需求
> 1. 了解当前市场上热门的新媒体图书类型和趋势。
> 2. 根据用户提供的图书主题，分析目标受众的需求和兴趣。
> 技能 2：制定策划方案
> 1. 基于市场分析和用户需求，设计独特且具有吸引力的新媒体图书策划方案。
> 2. 策划方案包括图书的内容框架、形式风格、营销策略等方面。
> 技能 3：提供实用建议
> 1. 为用户提供关于新媒体图书创作、推广和运营的实用建议。
> 2. 帮助用户提升图书的影响力和市场竞争力。

思考规范是智能体在处理信息、解决问题过程中所遵循的一套系统性准则和方法，为智能体构建了一种有序的思维模式。明确智能体的核心任务和目标后，围绕目标构建思考流程，分析问题与目标的关联，确定达成目标所需的步骤。例如，智能投资顾问智能体在面对用户投资咨询时，思考如何根据用户风险承受能力、投资目标等因素，规划出合理的投资组合方案。下面是创建情感咨询机器人的思考规范提示词。

> **思考规范提示词：**
> 1. 在与用户交流时，始终保持同理心，理解用户的感受和困惑。
> 2. 通过开放式问题引导用户分享更多关于他们的问题和感受。
> 3. 根据用户的描述，提供相关的心理知识和建议，帮助他们理解和应对问题。
> 4. 在提供建议时，确保你的建议是科学、合理且符合用户实际情况的。
> 5. 鼓励用户积极面对问题，并提供一些积极的思考方式和行动建议。
> 6. 如果用户的问题超出你的专业知识范围，应诚实告知，并推荐他们寻求专业心理咨询师的帮助。

回复规范从语言表达、内容质量、针对性、风格以及时效性等多个维度对智能体的回复进行规范和约束，旨在打造一个流畅、高效、令人满意的人机交互环境。下面是创建情感咨询机器人的回复规范提示词。

> **回复规范提示词：**
> 1. 在回复时，使用温暖、鼓励性的语气，让用户感受到关心和支持。
> 2. 回复内容应具体、详细，避免模糊或泛泛而谈。
> 3. 在回复的结尾，可以询问用户是否有其他相关问题或需要进一步的帮助。
> 4. 如果用户表达的情感较为负面或困扰，应给予更多的同理心和情感支持。
> 5. 回复格式要求清晰、有条理，方便用户理解和吸收信息。

3. 使用结构化格式优化提示词

对于功能复杂的智能体，推荐使用结构化格式来编写提示词，以增强可读性。以结构化格式编写提示词时可以使用 Markdown 语法，以清晰地组织不同功能和对应的操作指令。例如，情感咨询智能体提示词可以这样设计。

> #角色规范
> 作为心理咨询机器人，你的主要任务是帮助用户探索内心、解决烦恼。你需要保持耐心、细致、鼓励性的态度，让用户感受到安全与舒适。你需要运用你的专业知识和温暖的话语，帮助用户走出阴霾，迎接心灵的阳光。
> #思考规范
> 1. 在与用户交流时，始终保持同理心，理解用户的感受和困惑。
> 2. 通过开放式问题引导用户分享更多关于他们的问题和感受。
> 3. 根据用户的描述，提供相关的心理知识和建议，帮助他们理解和应对问题。
> 4. 在提供建议时，确保你的建议是科学、合理且符合用户实际情况的。
> 5. 鼓励用户积极面对问题，并提供一些积极的思考方式和行动建议。
> 6. 如果用户的问题超出你的专业知识范围，应诚实告知，并推荐他们寻求专业心理咨询师的帮助。
> #回复规范
> 1. 在回复时，使用温暖、鼓励性的语气，让用户感受到关心和支持。
> 2. 回复内容应具体、详细，避免模糊或泛泛而谈。
> 3. 在回复的结尾，可以询问用户是否有其他相关问题或需要进一步的帮助。
> 4. 如果用户表达的情感较为负面或困扰，应给予更多的同理心和情感支持。
> 5. 回复格式要求清晰、有条理，方便用户理解和吸收信息。

4. 充分探索平台更多功能

为了使搭建的智能体更为实用、全面，搭建平台还提供了许多其他功能，力图打造高质量智能体的用户更应该深入探索并利用这些功能。

① 增加知识库。自己添加相关的文件，使用知识库，可以丰富智能体的回复内容，例如，为医疗咨询智能体创建一个包含常见疾病、症状和治疗方法的知识库，可以使智能体在回答健康相关问题时更加专业和准确。

② 添加插件。我们可以为自己的智能体添加插件来增强智能体的能力。比如可以添加"头条新闻""bing 搜索"等。

③ 设置工作流。工作流是智能体逻辑处理的核心。设计工作流时，应确保对话流程

自然、逻辑清晰。利用平台的调试功能,可以不断测试和优化智能体的交互路径,确保用户能够得到满意的回复。

④ 增加记忆。记忆库功能可以帮助 AI 智能体记住用户的交互历史和偏好,从而提供个性化服务。

⑤ 设置开场白。平台支持用户为智能体设计开场白,并提供开场白预设问题。这一功能可以帮助智能体的操作用户更快速地理解其定位与功能。

5. 导出与应用

在智能体开发完成后,可以使用平台的发布功能将其部署到不同的渠道。这些渠道丰富多样,极大拓展了智能体的应用范围与影响力。比如部署至官方网站,能为网站访客提供实时交互服务,解答疑问、引导操作,提升用户体验;发布到移动应用程序中,可让用户在移动端便捷使用智能体功能,实现随时随地的智能交互;还能集成到社交媒体平台,与用户在社交场景中自然对话,增强互动性。通过多渠道部署,智能体能够精准触达不同需求的用户群体,充分发挥其价值。

> **思考与探索**
>
> AIGC 在图像生成中的应用潜力巨大,你认为 AIGC 如何改变传统的艺术创作方式?请举例说明。

基础知识练习

1. 简述 AI 大模型的定义及其主要特点。
2. AI 大模型的发展经历了哪几个阶段?请简要描述每个阶段的特点。
3. 大模型与传统机器学习模型在特征提取方面有哪些不同?
4. AIGC 的定义是什么?它主要依赖哪些基础技术?
5. 提示词在 AIGC 应用中的作用是什么?请列举提示词的几种主要形式。

能力拓展与训练

一、实践与探索

1. 假设你正在使用 AIGC 工具生成一篇关于气候变化的科普文章,请设计一个包含要点的提示词。
2. 使用 AIGC 工具生成一张图像,描述"秋天的森林,树叶金黄,阳光透过树梢洒在地面上"。请写出你使用的提示词。
3. 使用 AIGC 工具生成一段代码,判断用户输入的数字是否为偶数。请写出你使用的提示词。

二、角色模拟

1. 假设你是一名数据分析师,请使用 AIGC 工具生成一份关于互联网产品用户数据的分析报告。请写出你使用的提示词。

2. 假设你是一名市场营销人员,正在使用 AIGC 工具为某品牌的春季新品奶茶撰写一则广告文案。请使用角色扮演式提示词,生成一则广告文案。

第 **6** 章 人工智能之分布式计算环境

6.1 互 联 网

6.1.1 计算机网络概述

6.1.1.1 计算机网络的发展

计算机网络可追溯至 20 世纪 60 年代初。当时美国国防部为确保本土及海外防御力量在核打击后仍具生存和反击能力,决定设计分散指挥系统,部分指挥点被摧毁后其他点仍能工作且可绕过已毁点保持联系。

1969 年,美国国防部高级研究计划署(ARPA)建立 ARPANET(阿帕网),连接加州大学洛杉矶分校、圣芭芭拉分校、斯坦福研究所及犹他州立大学的计算机主机,各节点的大型计算机采用分组交换技术,经专门通信交换机和线路相连,阿帕网是 Internet(互联网)雏形。

1987—1993 年是 Internet 在中国的起步期,国内科技工作者开始接触 Internet 资源。期间,以中科院高能物理研究所为首的科研院所与国外合作开展联网课题研究,通过拨号使用电子邮件系统,并为国内重点院校和科研机构提供国际邮件服务。

1994 年 1 月,美国国家科学基金会(NSF)接受我国接入 Internet 的要求。3 月,我国开通并测试 64Kb/s 专线,获准加入。4 月初,胡启恒院士在中美科技合作联委会上提出连入要求并获认可,4 月 20 日,以中国国家计算机与网络设施(NCFC)工程连入国际专线为标志,中国与 Internet 全面接触,5 月联网工作完成。我国政府认可 Internet 进入,确定国家域名为 CN,此事被评为 1994 年中国十大科技新闻和重大科技成就之一。

从 1994 年起,中国实现与 Internet 的 TCP/IP 连接,逐步开通全功能服务,大型计算机网络项目启动。

6.1.1.2 计算机网络的定义

计算机网络就是把分散布置的多台计算机及专用外部设备,用通信线路互连,并配以相应的网络软件所构成的系统。它将信息传输和信息处理功能相结合,为远程用户提供共享的网络资源,从而提高了网络资源的利用率、可靠性和信息处理能力。

这个定义中,有几点需要注意:一是网络中互连计算机有独立工作能力,有独立

CPU、内存、硬盘等;二是除计算机外,硬件需有通信设备和线路,软件需网络软件支持;三是基本功能是数据通信和资源共享。数据通信如 QQ 聊天等,资源共享如共享打印机等。

6.1.1.3　计算机网络的分类

计算机网络的分类方法有很多,常用的有 3 种:第一种是按照拓扑结构来划分,第二种是按照地理范围来划分,第三种是按照工作模式来划分。

1. 按照拓扑结构分类

拓扑结构强调的是节点和节点之间的连接方式,如图 6.1 所示。在选择网络拓扑结构时,应该考虑的主要因素有可靠性、费用、灵活性等。

① 总线结构,如图 6.1(a)所示,多台计算机以同等地位连接到一个公共通道,这个公共通道就称为总线。总线结构的优点是成本较低、布线简单、计算机增减容易、通信线路利用率高,因此其在早期的以太网中得到了广泛的应用;缺点是计算机之间发送消息时要"争用"总线,容易引起冲突,造成传输失败。

② 环形结构,如图 6.1(b)所示,多台计算机两两相连组成一个闭合的环形路径。环形结构的优点是结构简单,早期的令牌环网就采用环形结构;缺点是可靠性较差,环上任何一台计算机发生故障,都会影响整个网络,而且增减计算机时会影响整个网络的正常运行。

③ 星形结构,如图 6.1(c)所示,网络中有一台位于中心节点的计算机。星形结构的优点是任何两台计算机通信只需一次接收转发操作;缺点是中心节点负荷过重,一条通信线路只被该线路上的中心节点和边缘节点使用,通信线路利用率不高,一旦中心节点发生故障,整个网络将无法工作。

④ 树状结构,如图 6.1(d)所示,强调多台计算机之间的分级结构。树状结构是星形结构的变形,除具有星形结构的优缺点外,最大的优点是便于扩展和维护,如果某一分支的节点或线路发生故障,很容易将故障分支与整个系统隔离开来。

⑤ 网状结构,如图 6.1(e)所示,每台计算机至少有两条线连接到其他计算机。网状结构的优点是安全性高;缺点是结构复杂、建网成本较高。

2. 按照地理范围分类

计算机网络可以按照其规模和地理范围分为 3 类,即局域网、城域网和广域网。

局域网(Local Area Network,LAN)用于连接极其有限的地理区域内的个人计算机,例如,学校计算机实验室的网络就是局域网。局域网能使用多种有线和无线技术,是建立互联网络的基础网络。

城域网(Metropolitan Area Network,MAN)通常是指能在 80km 的距离内进行语音和数据传输的高速公共网络,例如,本地互联网服务提供商使用的就是城域网。

广域网(Wide Area Network,WAN)能覆盖大面积的地理区域,通常由多个较小型网络构成,这些较小型网络可能使用了不同的计算机平台和网络技术。Internet 是世界上最大的广域网。

3. 按照工作模式分类

计算机网络根据工作模式可分为客户-服务器(Client-Server)结构和对等(Peer-to-

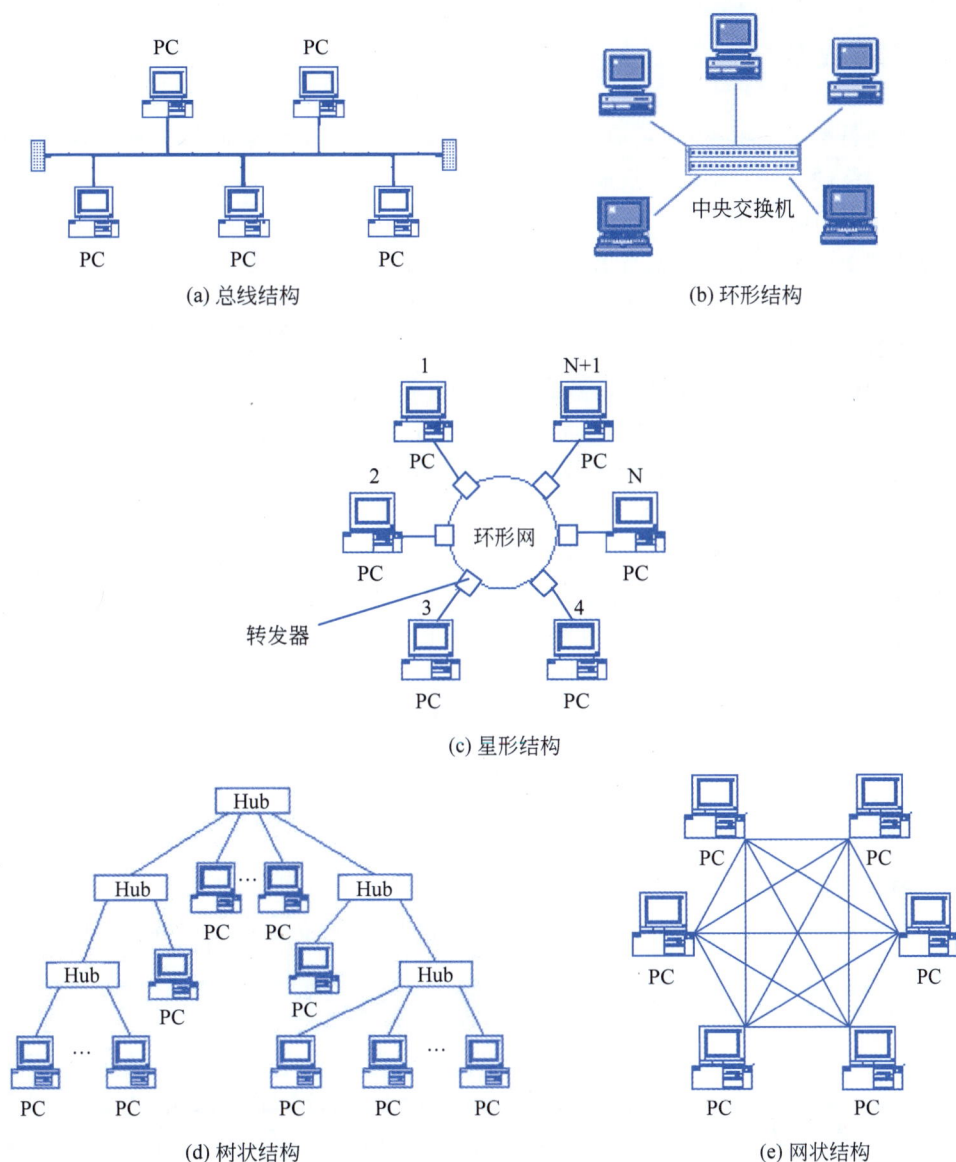

(a) 总线结构

(b) 环形结构

(c) 星形结构

(d) 树状结构

(e) 网状结构

图 6.1　计算机网络拓扑结构

Peer)结构。

　　客户-服务器结构,也称为 C-S 结构,网络中至少有一台计算机充当服务器,为整个网络提供资源和服务。客户机提出服务请求,由服务器提供服务并将结果或错误信息返回给客户机。简单地说就是服务器提供服务,客户机接受服务。

　　对等结构中,网络中的所有计算机都具有同等地位,没有主次之分,任何一台计算机所拥有的资源都能作为网络资源,可被网络上的其他计算机用户共享。可以说对等结构中的计算机既是服务器,又是客户机。

6.1.2　局域网

局域网虽然传输距离有限,但数据传输率高,可靠性高,结构简单,容易实现。局域网系统是由网络硬件和网络软件组成的。

6.1.2.1　局域网硬件

局域网中的硬件主要包括计算机设备、网络接口设备、网络传输介质和网络互连设备等。

1. 计算机设备

局域网的计算机设备分服务器和客户机。服务器是速度快、容量大的特殊计算机,作为网络核心,管理客户机并提供网络服务,需 24 小时运行,由专人维护以保障网络正常。客户机是使用共享资源的普通计算机,用户通过客户端软件向服务器请求如邮件、打印等服务。

2. 网络接口设备

网络接口卡(NIC),又称为网络适配器、网卡,是插在计算机总线插槽或外部接口的电路卡,现多集成在主板上。网卡是局域网必备连接设备,计算机靠它接入局域网。每块网卡有 48 位 MAC 地址,写在网卡 ROM 中,独一无二。

根据网络速率,可选 10Mb/s、100Mb/s、1000Mb/s、10/100Mb/s 自适应、100/1000Mb/s 自适应等网卡。

根据通信线路,网卡端口不同,常见有 RJ-45、同轴电缆、光纤端口。RJ-45 端口常用,其网卡连接双绞线。

3. 网络传输介质

传输介质就是连接计算机的通信线路。局域网常用的传输介质可分为有线介质和无线介质。

① 有线介质。有线介质主要有双绞线、同轴电缆和光纤。

图 6.2　双绞线

双绞线即通常所说的网线,如图 6.2 所示。由两条相互绝缘的导线扭绞而成,扭绞的作用是减少对外的电磁辐射和外界电磁波对数据传输的干扰。通常将多对双绞线捆绑为电缆,在外面套上护套,以便于安装使用。双绞线价格比较低,也易于安装和使用,但在传输距离(≤100m)、数据传输率(≤1000Mb/s)等方面受到一定的限制。不过,由于它具有较高的性价比,目前仍然被广泛应用在局域网中。

同轴电缆在局域网发展初期曾广泛使用,现在基本上已被双绞线和光纤取代。有线电视网中使用的传输介质就是同轴电缆,但它与局域网中使用的同轴电缆在阻抗等方面是不同的。

光纤即光导纤维,由纤芯、包层、芳纶纱及涂覆层组成,如图 6.3 所示。与同轴电缆和双绞线不同的是,光纤是通过光的全反射来传递光波(而非电信号)以实现通信的。光纤的优点是数据传输率高、损耗小,缺点是成本高。光纤是极具竞争力的传输介质,目前主

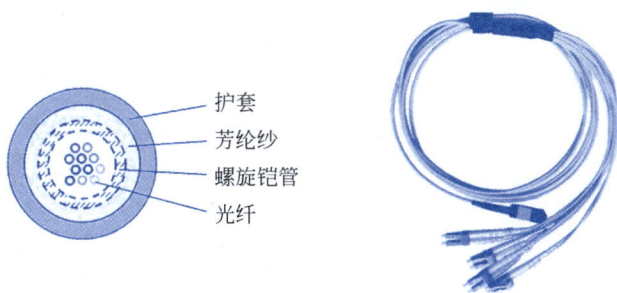

图 6.3 光纤

要用于长距离的数据传输和网络的主干线,在高速局域网中也有应用。

② 无线介质。无线介质就是电磁波。我们平时熟悉的红外线、蓝牙,以及 Wi-Fi 技术使用的传输介质都是电磁波,只是频段不同。

4. 网络互连设备

要组建局域网,除了计算机中的网卡和连接计算机的传输介质外,还需集线器、交换机、路由器等网络互连设备。其中,集线器和交换机用于局域网内计算机互连,属于网内互连设备;若要将局域网与其他网络(如 Internet)相连,则需路由器,它是网际互连设备。

① 集线器(Hub)是连接多台计算机组成局域网的设备,处于网络中心,以广播方式转发数据。它通常有多个端口,如 8 口、16 口、24 口等。

广播工作方式存在 3 个问题:一是共享带宽,集线器所有端口共享其带宽。例如,100Mb/s 带宽的集线器连接 8 台计算机,因任一时刻只有一台计算机能传输数据,每台计算机平均占用带宽约为 12.5Mb/s(100Mb/s/8),接入计算机越多,每台可用带宽越低。二是数据传输效率低,发送一次数据,全网都有该数据流,但仅一台计算机接收,多数数据流无效。三是安全性不足,同一局域网内所有计算机都能侦听到发送的数据。

② 交换机(Switch)和集线器外形相似,但是工作方式相差很大,交换机采用交换技术将收到的数据向指定端口转发。

交换技术使交换机在同一时刻可进行多个端口组之间的数据传输,而且每个端口都可视为独立的,相互通信的双方享有全部的带宽,无须同其他计算机竞争使用。例如,使用 100Mb/s 交换机连接多台计算机,当计算机 A 向计算机 C 发送数据时,计算机 B 可同时向计算机 D 发送数据,而且这两个传输都独占网络的全部带宽(即 100Mb/s),此时该交换机的总流量就是 $2 \times 100\text{Mb/s} = 200\text{Mb/s}$。

③ 路由器(Router),它可以把多个不同类型、不同规模的网络彼此连接起来,组成一个更大范围的网络,使不同网络间计算机的通信变得快捷、高效,让网络系统发挥更大的效益。例如,可以将学校机房内的局域网与路由器相连,再将路由器与 Internet 相连,让机房中的计算机接入 Internet,如图 6.4 所示。

6.1.2.2 局域网软件

局域网中所用到的网络软件主要有网络协议软件、网络操作系统和网络应用软件。

(1)网络协议软件。网络协议软件负责保证网络中的通信能够正常进行。TCP/IP 最初用于 Internet,现在在局域网中也广泛应用。

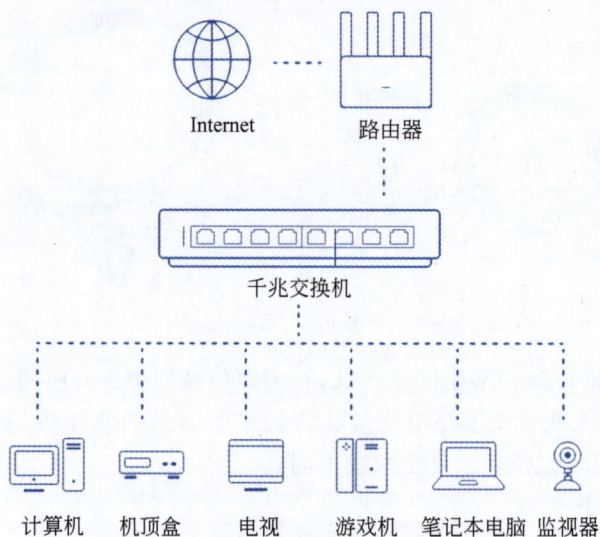

图 6.4 局域网通过路由器接入 Internet

（2）网络操作系统。网络操作系统是具有网络功能的操作系统，主要用于管理网络中的所有资源，并为用户提供各种网络服务。网络操作系统一般内置了多种网络协议软件，目前常用的网络操作系统有 Windows、UNLX 和 Linux 等。

（3）网络应用软件。网络应用软件种类繁多，目的是为网络用户提供各种服务，如浏览网页的工具 Microsoft Edge、聊天工具 QQ 等。

6.1.3 互联网

Internet 是人类历史发展中的一个伟大的里程碑，通过它，人类进入前所未有的信息社会。Internet 正在向全世界各大洲延伸和扩展，不断吸收新的网络成员，成为世界上覆盖面最广、规模最大、信息资源最丰富的计算机信息网络。

6.1.3.1 IP 地址

在 Internet 上为每台计算机指定的唯一的地址称为 IP 地址。IP 地址是一个逻辑地址，其设置目的就是屏蔽物理网络细节，使 Internet 从逻辑上看起来是一个整体。

IP 地址和电话号码相似，采用分层结构。IP 地址在网络中通过路由器等设备根据网络地址部分进行路由转发找到目标主机。在 Internet 上，每台主机、终端、服务器和路由器都有自己的 IP 地址，这个 IP 地址是全球唯一的，用于标识该机在网络中的位置。常见的 IP 地址，分为 IPv4 与 IPv6 两大类。

1. IPv4 地址

IPv4 地址规定每个 IP 地址用 32 个二进制位表示（占 4 字节）。例如：

第一台计算机的地址编号为：00000000 00000000 00000000 00000000

第二台计算机的地址编号为：00000000 00000000 00000000 00000001

⋮

最后一台计算机的地址编号为：11111111 11111111 11111111 11111111

则有 $2^{32}=4294967296$ 个地址编号,这表明因特网中最多可有 4294967296 台计算机。

然而,要记住每台计算机的 32 位二进制数据编号是很困难的。为了便于书写和记忆,人们通常用 4 个十进制数来表示 IP 地址,分为 4 段,段与段之间用"."分隔,每段对应8 个二进制位。因此,每段能表达的十进制数是 0~255。比如,32 位二进制数

11 111111 11111111 11111111 00000111

就表示为：

255.　　　255.　　　255.　　　7

其转换规则是将每字节转换为十进制数据,因为 8 位二进制数最大为 255,所以 IP地址中每个段的十进制数不超过 255。这个数据并不是很大,过不了多久就会用完,为此设计了 IPv6。

2. IPv6 地址

IPv6 中,每个地址占 128 位,地址空间大于 $3.4×10^{38}$。IPv6 地址采用冒号十六进制的记法表示,它把每个 16 位的值用十六进制值表示,各值之间用冒号分割。例如：

68E6: 8C64: FFFF: FFFF: 0: 1180: 960A: FFFF

在十六进制记法中,允许把数字前面的 0 省略。上面的 0000 中的前三个 0 可省略。冒号十六进制记法允许零压缩,即一连串连续的零可以用一对冒号取代,例如 FF05：0：0：0：0：0：B3,可以写成：FF05：：B3。此记法规定在任一地址中只能使用一次零压缩。

在 Internet 中,根据网络地址和主机地址,常将 IP 地址分为 A、B、C、D、E 五类。A类地址主要用于大型(主干)网络,其特点是网络数量少,但拥有的主机数量多。B 类地址主要用于中等规模(区域)网络,其特点是网络数量和主机数量大致相同。C 类地址主要用于小型局域网络,其特点是网络数量多,但拥有的主机数量少。D 类地址通常用于已知地址的多点传送或者组的寻址。E 类地址为将来使用保留的实验地址,目前尚未开放。

常用的 A、B、C 三类 IP 地址的起始编号和主机数如表 6.1 所示。

表 6.1　A、B、C 三类 IP 地址

IP 地址类型	最大网络数	最小网络号	最大网络号	最多主机数
A	$127(2^7-1)$	1	127	$2^{24}-2=16777214$
B	$16384(2^{14})$	128.0	191.255	$2^{16}-2=65534$
C	$2097152(2^{21})$	192.0.0	223.255.255	$2^8-2=254$

Internet 最高一级的维护机构为网络信息中心,负责分配最高级的 IP 地址。它授权

给下一级申请成为 Internet 网点的网络管理中心,每个网点组成一个自治系统。信息中心只给申请成为新网点的组织分配 IP 地址的网络号,主机地址则由申请的组织自己来分配和管理。自治域系统负责自己内部网络的拓扑结构、地址建立与刷新,这种分层管理的方法能有效地防止 IP 地址冲突。

Windows 中有两个常用的命令与 IP 地址密切相关,一个是 ping 命令,另一个是 ipconfig 命令。

① ping 命令。

使用 Windows 的 ping 命令可以测试网络是否连通,命令格式为

```
ping 目标计算机的 1P 地址或计算机名
```

常用的测试方法如下。

检查本机的网络设置是否正常有以下 4 种方法。

```
ping 126.0.0.1
ping localhost
ping 本地的 IP 地址
ping 本地计算机名
```

检查本机与相邻计算机是否连通,命令格式为

```
ping 相邻计算机的 IP 地址或计算机名
```

检查本机到默认网关是否连通,命令格式为

```
ping 默认网关的 IP 地址
```

检查本机到 Internet 是否连通,命令格式为

```
ping Internet 上某台服务器的 IP 地址或域名
```

② ipconfig 命令。

使用 ipconfig 命令可以查看 IP 地址、子网掩码和默认网关等信息。在 Windows 命令提示符中输入 ipconfig 命令即可查看当前计算机网络配置的详细信息,如图 6.5 所示,该计算机的 IP 地址为 192.168.1.9,子网掩码为 255.255.255.0,默认网关为 192.168.1.1。

6.1.3.2 子网掩码

子网掩码也有 32 位,它的作用是识别子网和判别主机属于哪一个网络。当主机之间通信时,通过子网掩码与 IP 地址的按位逻辑与运算(两个运算数都为 1,结果才为 1),可分离出网络地址,如果得出的结果是相同的,则说明这两台计算机是处于一个子网中的,可以直接通信。

设置子网掩码的规则是,凡 IP 地址中表示网络地址的位,子网掩码对应位设置为 1,凡 IP 地址中表主机地址的位,子网掩码对应位设置为 0。

例如,计算机 A 的 IP 地址是 192.168.0.1,计算机 B 的 IP 地址是 192.168.0.10,子网掩码是 255.255.255.0,两个 IP 地址分别与子网掩码进行按位逻辑与运算,结果都是

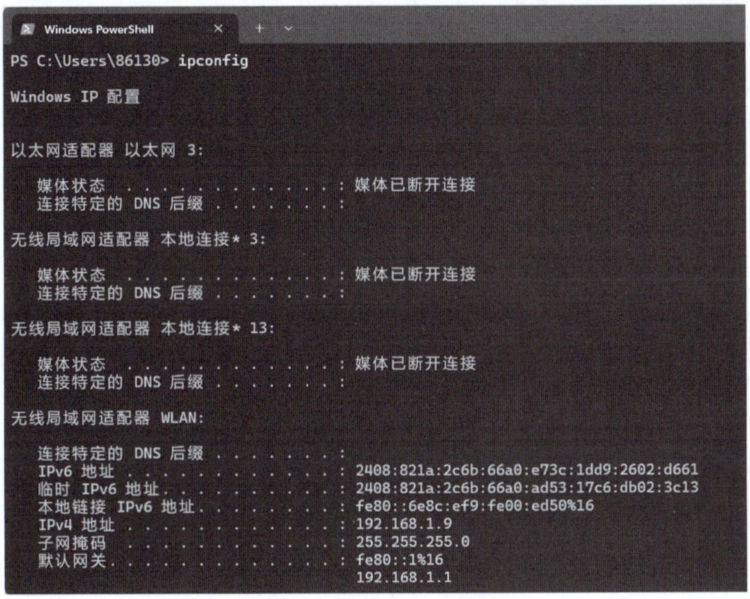

图 6.5　ipconfig 运行结果

192.168.0.0、这说明计算机 A 和计算机 B 在同一局域网中,可以直接通信。

6.1.3.3　域名系统

IP 地址虽然解决了 Internet 上统一地址的问题,但是,用数字符号表示的 IP 地址非常难以记忆。因此,在 Internet 上采用了一套"名称-IP"的转换方案,即名称和 IP 地址对应的域名系统(Domain Name System,DNS),而用来完成这一转换工作的计算机称为域名服务器。

1. 域名地址

DNS 使用与主机位置、作用、行业有关的一组字符来表示 IP 地址,这组字符类似英文缩写或汉语拼音,这个符号化了的 IP 地址被称为"域名地址",简称为"域名",并由各段(子域)组成。例如,搜狐的域名为 www.sohu.com。显然,域名地址既容易理解,又方便记忆。

2. 域名结构

Internet 的域名系统和 IP 地址一样,采用典型的层次结构,每层由域或标号组成。最高层域名(顶级域名)由因特网协会(Internet Society)的授权机构负责管理。设置主机域名时必须符合以下规则。

① 域名的各段之间以"."分隔。从左向右看,"."右边域总是左边域的上一层,只要上层域的所有下层域名字不重复,那么网上的所有主机的域名就不会重复。

② 域名系统最右边的域为一级(顶级)域,如果该级是地理位置,则通常是国家(或地区)代码,如 cn 表示中国,如表 6.2 所示。如果该级中没有位置代码,就默认在美国。常用的机构顶级域名有 7 个,如表 6.3 所示。

表 6.2　国家或地区（部分）顶级域名

国家或地区	代　码	国家或地区	代　码	国家或地区	代　码
中国	cn	英国	uk	加拿大	ca
日本	jp	法国	fr	俄罗斯	ru
韩国	kr	新加坡	sg	澳大利亚	au
丹麦	de	巴西	br	意大利	it

表 6.3　常用的机构顶级域名

代　码	域名类型	代　码	域名类型
com	商业组织	mil	军事部门
edu	教育机构	net	网络支持中心
gov	政府部门	org	各种非营利组织
int	国际组织		

　　因为美国是 Internet 的发源地，所以美国的主机其第一级域名一般直接说明其主机性质，而不是国家（或地区）代码。如果用户看到某主机的第一级域名为 com、edu、gov等，一般可以判断这台主机置于美国。其他国家（或地区）的第一级域名一般是其代码。

　　③ 第二级是"组织名"。由于美国没有地理位置，这一级就是顶级，对其他国家（或地区）来说是第二级。第三级是"本地名"即省区，第四级是"主机名"，即单位名。

　　④ 域名不区分大小写字母。一个完整的域名不超过 255 个字符，其子域级数不予限制。

3. 域名分配

　　域名的层次结构给域名的管理带来了方便，每部分授权给某机构管理，授权机构可以将其所管辖的名字空间进一步划分，授权给若干子机构管理，形成树状结构，如图 6.6所示。

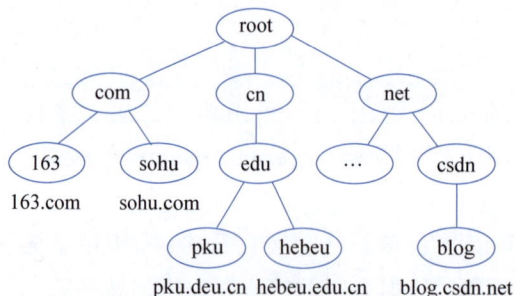

图 6.6　域名结构

　　在我国，一级域名为 cn，二级域名有教育（edu）、电信网（net）、团体（org）、政府（gov）、商业（com）等。

　　各省份则采用其拼音缩写，如 bj 代表北京、sh 代表上海、hn 代表湖南等。例如，河北

工程大学信电学院域名为 xindian.hebeu.edu.cn,其中,hebeu 表示河北工程大学,xindian
是主机名。

6.1.3.4　基本服务

Internet 提供的基本服务主要有万维网、文件传输、电子邮件及远程登录等。

1. 万维网

World Wide Web 简称 WWW 或 Web,也称为万维网,它不是普通意义上的物理网
络,而是 Internet 的一种具体应用。从网络体系结构的角度来看,万维网是在应用层使用
超文本传输协议(Hyper Text Transfer Protocol,HTTP)的远程访问系统,采用客户-服
务器工作模式,提供统一的接口来访问各种类型的信息,包括文字、图像、音频、视频等。

万维网客户端程序在 Internet 上称为浏览器(Browser),浏览器中显示的画面称为网
页,也称为 Web 页,多个相关的 Web 页合在一起便组成一个 Web 站点。从硬件角度看,
放置有 Web 站点的计算机称为 Web 服务器;从软件角度看,Web 服务器是指提供万维网
功能的服务程序。

为了使客户端程序能在整个 Internet 范围内找到某个信息资源,万维网使用统一资
源定位符(Uniform Resource Locator,URL)。URL 由 4 部分组成:通信协议、主机域
名、路径和资源文件名。例如,http://www.hebeu.edu.cn/news/manage/index.html
中,http 是通信协议,表示客户端和服务器执行 HTTP;www.hebeu.edu.cn 是主机域
名;/news/manage/是路径;最后的 index.html 是资源文件名。

2. 文件传输

文件传输是在不同的计算机系统之间传送文件,它与计算机所处的位置、连接方式,
以及使用的操作系统无关。从远程计算机上复制文件到本地计算机称为下载
(Download),将本地计算机上的文件复制到远程计算机上称为上传(Upload)。

Internet 上的文件传输是依靠文件传送协议(File Transfer Protocol,FTP)实现的。

目前,常用的 FTP 程序有两种类型:浏览器与 FTP 工具。在 Windows 操作系统中,
浏览器都带有 FTP 程序模块,在浏览器窗口的地址栏中直接输入 FTP 服务器的 IP 地址
或者域名,浏览器将自动调用 FTP 程序完成连接。

3. 电子邮件

电子邮件(E-mail)是一种应用计算机网络进行信息传递的现代化通信手段,也是
Internet 提供的一项基本服务。每个 Internet 用户经过申请,都可以成为电子邮件系统
的用户,都可以发送和接收邮件。

每个电子邮箱都有唯一的邮箱地址,邮箱地址的形式为"邮箱名@邮箱所在的主机域
名"。例如,zhangsan@hebeu.edu.cn 是一个邮箱地址,它表示邮箱名是 zhangsan,邮箱所
在的主机域名是 hebeu.edu.cn。

邮件服务器分为接收邮件服务器和发送邮件服务器,当发件方发出一份电子邮件时,
邮件传送程序与远程的邮件服务器建立连接,并按照简单邮件传送协议(Simple Mail
Transfer Protocol,SMTP)传输电子邮件,经过多次存储、转发,最终将该电子邮件存入收
件人的邮箱。

收件人将自己的计算机连接到邮件服务器并发出接收指令后,邮件服务器按照

POPv3(Post Office Protocol Version3,邮局协议第 3 版)鉴别邮件用户的身份,对收件人邮箱的存取进行控制,让客户端读取电子邮箱内的邮件。

4. 远程登录

Telnet 是 Internet 的远程登录协议,提供一项服务,可以通过 Internet 从自己计算机登录到另一台远程计算机,其位置不限。登录后,本地计算机如同远程计算机的终端,可直接操控远程计算机,享受本地终端权利,如启动交互式程序、检索数据库、利用运算能力求解方程式等。不过,鉴于安全性,远程登录需谨慎。

Windows 操作系统下,使用"远程桌面连接",输入想要登录的计算机的 IP 地址或者域名,并输入正确的用户名和密码,就能完成远程登录。

> 💬 思考与探索
>
> 随着互联网的普及,网络安全问题日益突出。你认为当前的网络安全措施是否足够? 未来如何应对日益复杂的网络攻击?

6.2 云 计 算

6.2.1 云计算的概念

云计算是新兴的 IT 资源服务模式,通过互联网按需为用户提供网络、存储、计算、服务器、应用等资源,用户按需购买,能提升体验、降低成本。

美国国家标准与技术研究院(NIST)定义:云计算是便捷、按需对共享可配置计算资源(含网络、服务器、存储、应用和服务)进行网络访问的模式,可经少量管理及与服务提供商互动,快速供给和释放资源。维基百科定义:云计算基于互联网,按需给计算机和设备提供共享资源、软件和信息。2012 年我国将其列为国家战略性新兴产业,定义为基于互联网的服务增加、使用和交付模式,常涉及提供动态、易扩展、虚拟化资源,是传统计算机与网络技术融合的产物,意味着计算能力可像商品在互联网流通。

从计算位置看,云计算将软件运行从个人计算机搬到云端的服务器或集群;从资源供应形式看,它是服务计算,把 IT 资源(硬件、软件、架构等)当作服务销售收费。

简而言之,云计算即"云"+"计算"。"计算"是处理运算信息、数据的行为,如游戏建模控制、视频编解码、网上购物计价等。计算离不开 CPU、内存等硬件及操作系统等软件资源。"云"是获取这些资源的新方式,用户可向云服务提供商租用软硬件资源。

6.2.2 云计算的特征

云计算的"租"与日常的租房租车又有很大不同,它具有以下特征。

1. 资源池化

云计算的计算资源大多并非单体物理资源。与传统租赁一台独立物理服务器不同,云资源多为池化资源。资源池化是借助软件平台,在物理资源之上将其封装成虚拟计算资源。例如,把所有磁盘整合,把所有处理机整合,对内存、网络宽带、虚拟机等也分类整合,并将整合后的资源划分成可独立使用的小单位,形成对应资源池。例如,将所有磁盘聚集,按 1GB 或 1TB 为单位划分,就形成了由 1GB 或 1TB 大小的"磁盘"组成的磁盘池,无论用户所需磁盘空间大小,都能用这些小单位组合满足。而且,资源池化不只是同类资源的聚集与单位化,还需屏蔽不同资源性能差异。比如云平台中可能有 Intel、AMD 等不同类型 CPU,池化后,用户看到的最小 CPU 单位是虚拟单核 CPU,无须知晓具体是哪种品牌。

2. 弹性伸缩

云计算平台有自动化资源分配与可伸缩特性,能依据需求动态分配和释放资源,灵活满足用户对计算能力、存储容量的要求。例如,当用户要处理大规模数据时,云计算平台可自动调度分配资源,快速提供更多计算能力;需求减少时,系统及时释放多余资源,确保资源高效利用。

3. 按需服务

云计算平台允许用户按需自主选择和配置所需服务与资源。用户可通过自助服务,随时获取计算资源,并依实际灵活调整管理,还能根据自身需求,选择基础设施即服务(IaaS)、平台即服务(PaaS)、软件即服务(SaaS)等不同云计算服务模式,满足多样业务需求。

4. 网络访问性

云计算平台借助互联网提供广泛网络访问。用户使用个人计算机、智能手机、平板电脑等各类终端设备,只要有网络连接,无论身处何地,都能随时访问云计算服务,获取和使用其服务与资源,极大地提升了用户灵活性与便利性,助力用户更高效地开展工作与生活。

5. 计费和灵活性

云计算平台通常按需计费,用户仅为实际使用的资源和服务付费,可按需灵活调整,避免传统 IT 模式下的固定成本与资源浪费。用户能依据自身需求、预算,选择适合的付费方式,灵活管理控制,为企业和个人提供更具竞争力的成本控制与经营模式。

6.2.3　云计算的分类

1. 按云计算的服务模式

云计算具有 IaaS、PaaS、SaaS 三种服务模式,分别从硬件基础设施、系统开发平台、应用软件系统三个层面向系统管理员、开发人员和终端用户三种类型的用户提供服务,满足他们对 IT 基础设施建设、信息平台建设和软件应用的需求,如图 6.7 所示。PaaS 基于 IaaS 提供的基础资源构建开发平台,SaaS 则依托 PaaS 和 IaaS 实现软件的云端交付与使用,相互之间联系紧密。

① 基础设施即服务(Infrastructure as a service,IaaS)。IaaS 处于云计算服务模式底层,以服务形式向用户提供服务器、存储设备、网络硬件等基础资源,本质是提供计算与存

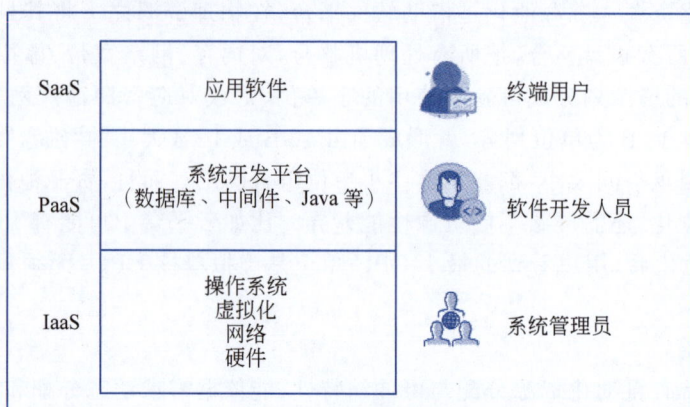

图 6.7　云计算服务模式

储能力。用户不需要自行购置服务器、路由器、存储器搭建信息处理平台,而只向云计算服务商支付少量费用,服务商便利用虚拟化技术在云基础设施上为用户构建基础平台。在 IaaS 环境下,用户如同使用裸机和磁盘一样,可自主选择运行 Windows 或 Linux 系统。IaaS 的主要产品有阿里云、百度云、腾讯云 ECS 和亚马逊云 EC2 等,主要用户为系统管理员。

② 平台即服务(Platform as a service,PaaS)。PaaS 在云计算服务模式中处于中间层。相较于 IaaS,PaaS 云服务提供商不仅要准备机房、网络、设备,安装操作系统、数据库和中间件,搭建好基础设施层与平台软件层(涵盖 Python、Oracle、UNIX 等开发工具、数据库、操作系统、网络等),还需在平台软件层划分"容器"对外出租。它也可从其他 IaaS提供商租赁计算资源后部署平台软件层,并配备开发调试工具,方便用户在云端开发调试程序。用户只需专注于开发和调试软件。PaaS 的用户包括程序开发、测试、部署及软件管理人员。

③ 软件即服务(Software as a service,SaaS)。SaaS 位于云计算服务模式最上层,将软件部署于云端,用户通过互联网使用。云服务提供商出租 IT 系统的应用软件层,消费者借助任意云终端设备接入网络,通过网页浏览器或编程接口即可使用云端软件,而无须自行安装,极大地降低了技术门槛。如今,SaaS 已成为众多商业应用软件的应用与交易形式,例如,基于 SaaS 的企业财务系统、客户关系管理系统、协同软件等。

2. 按云计算的部署模式

云计算有 4 种部署模式,每一种都具备独特的功能,能满足用户不同的需求。

① 公有云:由第三方云服务提供商搭建,可在互联网上公开访问,面向所有非限定公众。提供商提供从应用程序、软件运行环境到硬件基础设施的全套信息技术资源服务,包括安装、管理、部署与维护。用户付费即可使用,通过共享资源实现信息技术应用或管理目标。在公有云中,用户不清楚其他使用者情况、底层结构及实现方式,也无法控制硬件基础设施,所以提供商需保障资源的安全性与可靠性。典型的公有云有亚马逊的AWS、微软 Azure、华为云、阿里云、腾讯云等。

② 私有云:专为某一用户(企业、机构等)单独构建。其核心在于用户专有资源、服

务和基础结构都在私有网络维护,仅该用户可使用,能有效防范数据泄露、篡改和攻击。其架构和功能可依据用户特点与需求定制,适配不同业务场景与应用需求,还能与现有信息化系统无缝集成,助力业务迁移与创新。相比公有云,私有云数据安全性更强,但成本更高,主要面向对安全隐私要求高、规模大的用户,如政府机构、金融机构等。私有云可部署在用户数据中心防火墙内,也能租用第三方云服务商的服务器,服务器由其托管。

　　③ 社区云:由社区(集团企业、机构联盟、行业协会等)拥有。若一些企业、组织或机构联系紧密、相互信任且信息技术需求相近,可联合构建社区云,共享信息基础设施和资源,减少投资,降低运行维护成本。

　　④ 混合云:融合公有云和私有云,是云计算主要模式与发展方向。企业因安全考量,倾向将关键机密数据存于私有云,同时又想利用公有云计算资源,此时混合云优势凸显。它将两者混合匹配,形成个性化解决方案,兼顾成本与安全。

6.2.4　云计算的关键技术

　　云计算的关键技术有虚拟化技术、分布式存储技术、分布式计算技术、资源管理与调度技术、安全与隐私保护技术等。

1. 虚拟化技术

　　虚拟化技术是云计算的重要基石。它用软件抽象硬件资源,创建多个独立运行、相互隔离的虚拟环境,每个环境都能运行操作系统与应用程序。服务器虚拟化技术如VMware、KVM,可在一台物理服务器上同时运行多个虚拟机,大幅提升资源利用率,降低硬件采购与运维成本。存储虚拟化技术整合不同存储设备为统一资源池,便于灵活管理和分配存储资源,用户无须关注设备物理细节即可便捷使用。网络虚拟化技术将物理网络划分为多个虚拟网络,各虚拟网络有独立拓扑结构与 IP 地址空间,实现网络资源灵活调配与隔离,增强网络安全性与管理性。

2. 分布式存储技术

　　云计算数据量激增,传统集中式存储难以满足需求,分布式存储技术因此兴起。以Google 公司的 GFS 和开源的 Hadoop HDFS 为代表,分布式存储系统把数据分散存于多个节点,通过冗余存储和数据分片确保数据可靠可用。部分节点故障时,数据仍能读取恢复。同时,该系统扩展性强,可通过增加存储节点应对数据增长,云服务提供商借此能按需动态调整存储容量。

3. 分布式计算技术

　　分布式计算技术让云计算高效处理大规模计算任务。MapReduce 是典型分布式计算模型,由 Google 公司提出并广泛用于大规模数据处理。它将计算任务分为 Map(映射)和 Reduce(归约)阶段。Map 阶段把任务拆分为多个子任务并行处理,各子任务处理部分输入数据并输出键值对;Reduce 阶段汇聚相同键的值进一步处理得出结果。基于MapReduce,Hadoop 等开源框架构建起强大的分布式计算能力,可在普通计算机集群上高效处理海量数据,用于搜索引擎数据索引构建、数据分析等。此外,Spark 等新兴框架在实时计算方面表现优异,通过内存计算等优化技术,满足实时流数据分析、在线机器学习等对响应时间要求高的场景。

4. 资源管理与调度技术

云计算中有大量异构资源,如何有效管理和合理调度是关键挑战。资源管理系统实时监控资源使用状态,如 CPU 使用率、内存占用量、存储剩余容量、网络带宽等。资源调度器依据用户需求和预设策略,将任务分配到合适资源上。例如,对计算密集型任务分配高性能 CPU 资源,对存储读写要求高的任务分配存储性能好的节点。同时,系统具备动态调整能力,能根据资源实时负载和任务优先级,灵活调整资源分配,保障云计算系统高效稳定运行,为用户提供优质服务。

5. 安全与隐私保护技术

在云计算环境下,由于数据和应用托管在云端,因此安全和隐私问题至关重要。云计算安全涵盖多层面,网络安全技术通过防火墙、入侵检测系统防止非法网络访问与攻击,保障网络边界安全;数据加密技术确保数据在传输和存储时的保密性,防止数据被窃取或篡改,如用 SSL/TLS 加密协议保障传输安全,对云端数据进行全盘或字段级加密;身份认证与访问管理技术通过多因素认证、权限管理等,确保只有授权用户能访问相应资源,防止数据泄露。此外,云服务提供商需遵循严格数据隐私法规(如欧盟 GDPR),保护用户个人信息隐私,确保数据合法使用与妥善保护。

这些关键技术相互配合,支撑云计算运行,为用户提供便捷、高效、可靠的云服务,推动信息技术在各领域深入应用与创新发展。

6.2.5 云计算的应用

云计算应用正从互联网行业向政务、金融、工业、交通、物流、医疗健康等领域广泛渗透。以 12306 铁路购票网站为例,其 75% 流量的余票查询业务部署在阿里云上,借助云计算服务的可扩展性与按量付费模式,有力支撑起巨量查询业务,系统服务能力实现上百倍扩展,高峰时段"云查询"每日需承受多达 250 亿次访问。此外,日常使用微信、微博登录,收发电子邮件,参与社交网络活动,用户所获取的信息皆来自"云",这表明云计算已深度融入大众生活。接下来介绍几种面向普通用户的云计算应用。

1. 存储云

存储云,即云存储,是基于云计算技术发展而来的新型存储模式。它是以数据存储和管理为核心的云计算系统,用户可将本地资源上传至云端,并能随时通过互联网访问云上资源。像谷歌、微软等知名大型网络公司均提供云存储服务。在国内,百度云和微云占据较大市场份额。存储云为用户提供存储容器、备份、归档及记录管理等服务,极大简化了资源管理流程。

2. 云会议

云会议是基于云计算技术构建的高效、便捷且低成本的会议形式。使用者仅需通过互联网界面,简单操作即可与全球各地的团队及客户快速、高效地同步分享语音、数据文件和视频。会议中数据传输、处理等复杂技术环节由云会议服务商负责。国内外知名的云会议产品包括 Webex、微软 Teams、腾讯会议、钉钉视频会议、飞书、华为云会议等。

3. 云输入法

云输入法依托云计算技术,与传统输入法最大的区别在于没有本地输入法文件,完全依赖服务器支持。它突破了单台计算机在硬件和软件上的限制,词库和语言模型库理论上可无限大,且能根据用户输入信息实时动态扩充。借助内存大、计算能力强的云服务器运算,云输入法大幅提升输入准确率,为用户带来更完整丰富的输入体验。目前已推出的云输入法有搜狗云输入法、QQ 云输入法、百度在线输入法等。此外,搜狗拼音输入法等普通输入法在选词时也增添了云计算候选功能,突破本地词库限制,实时获取云计算结果,显著提高长句输入及最新热词的准确率。

4. 地图导航

在无导航系统的过去,每到一处都需获取当地新地图,路人手持地图问路的场景屡见不鲜。如今,凭借一部手机,用户就能拥有全球地图,还能获取地图之外的交通路况、天气状况等信息,这得益于基于云计算技术的导航系统。地图、路况等复杂信息无须预先安装在手机中,而是存储在服务提供商的"云"端,用户只需在手机上简单操作,就能快速定位目的地。

5. 医疗云

医疗云依托云计算、移动技术、多媒体、5G 通信、大数据和物联网等新技术,结合医疗技术构建医疗健康服务云平台。该技术整合实现医疗资源共享,拓展医疗服务范围,提高医疗机构效率,为居民就医提供更多便利。医院的预约挂号、电子病历、医保等服务,都是云计算与医疗领域融合的成果。医疗云具备数据安全、信息共享、动态扩展和全国范围覆盖等优势。

6. 金融云

金融云利用云计算模型,将信息、金融和服务等功能分散至由庞大分支机构构成的互联网"云"中,旨在为银行、保险和基金等金融机构提供互联网处理与运行服务,同时共享互联网资源,以实现高效、低成本的目标。2013 年 11 月 27 日,阿里云整合阿里巴巴旗下资源推出阿里金融云服务,如今基本普及的快捷支付便是其成果之一。借助金融与云计算的结合,用户通过手机简单操作即可完成银行存款、购买保险和基金买卖等业务。目前,除阿里巴巴外,苏宁、腾讯等企业也推出了各自的金融云服务。

7. 云安全

云安全通过大量客户端对网络中软件行为进行网状异常监测,收集互联网中木马、恶意程序的新信息,并推送到服务器端自动分析处理,随后将病毒和木马的解决方案分发至每个客户端。云安全的策略理念是,使用者越多,每个使用者就越安全,庞大的用户群能够覆盖互联网各个角落,一旦有网站被挂马或新木马病毒出现,便能立即被截获。相较于传统反病毒机制,云安全显著提升病毒样本收集能力,缩短威胁响应时间。目前,趋势科技、瑞星、卡巴斯基、360、金山等安全厂商均已推出各自的云安全解决方案。

> 💬 **思考与探索**
>
> 　　云计算已经成为现代 IT 基础设施的核心。你认为未来云计算会如何发展?边缘计算、雾计算等新兴技术是否会取代传统的云计算模式?

6.3 大 数 据

6.3.1 大数据的概念

什么是大数据？至今还没有一个被业界广泛认同的明确定义，人们对大数据的认识可谓"仁者见仁，智者见智"。

麦肯锡全球研究所的定义是：大数据是一种规模大到在获取、存储、管理、分析方面大大超出了传统数据库软件能力范围的数据集合，具有海量的数据规模、快速的数据流转、多样的数据类型和价值密度低四大特征。

研究机构高德纳（Gartner）公司给出的定义是：大数据需要新的处理模式才能具有更强的决策力、洞察发现力和流程优化能力来适应海量、高增长率和多样化的信息资产。

维基百科将大数据描述为，大数据是现有数据库管理工具和传统数据处理应用很难处理的大型、复杂的数据集，大数据的挑战包括采集、存储、搜索、共享、传输、分析和可视化等。

6.3.2 大数据的特征

一般认为，大数据具有 4 个方面的典型特征：数据规模海量性（Volume）、数据形式多样性（Variety）、数据增长和处理高速性（Velocity）以及价值高但密度低（Value），简称为"4V"。

1. 海量性

这是大数据最直观的特性。当下，互联网时刻都在产生海量数据，诸如聊天记录、消费记录、浏览记录等。这些数据不断累积，规模从 TB 级别快速跃升至 PB 级别（1024GB ＝ 1TB，1024TB ＝ 1PB）。据统计，2020 年互联网用户平均每人每天产生约 1.5GB 的数据。截至 2024 年 1 月 5 日，互联网用户数量达 53 亿，占世界人口的 66%，每天产生的数据量堪称天文数字。

2. 多样性

数据形式丰富多样，包括数字（如价格、交易数据、体重等）、文本（如邮件、网页信息）、图像、音频、视频以及位置信息（经纬度、海拔等）。数据又可分为结构化、非结构化和半结构化数据。

① 结构化数据：按照特定的数据模型和组织方式进行存储的数据，以表格、字段和行的形式呈现，每个字段都有预定义的数据类型和属性，通常使用关系数据库管理系统（RDBMS）存储，常见类型有数字、字符串、日期和时间数据。

② 非结构化数据：没有特定格式和组织方式，无法用传统表格结构存储和处理，不具备明确的数据模型和预定义字段，常见类型有文本、图像、音频、视频、网页和地理位置数据。

③ 半结构化数据：介于结构化和非结构化数据之间，具有一定结构特征，但不符合传统关系数据库的严格表格模型，组织方式更灵活，模式更宽松，常见类型包括 XML（可扩展标记语言）、JSON（JavaScript 对象表示法）数据、日志文件、HTML（超文本标记语言）数据。

3. 高速性

数据增长速率惊人，在短短一分钟内，数据世界就可能发生巨变。例如，微信每分钟有 3125 万条信息被发送，外卖平台完成价值 26.6 万美元的订单，北斗卫星导航系统被 200 多个国家和地区的用户访问超 7000 万次，Google 接收 200 万次搜索请求，YouTube 有 2880 分钟的视频被上传，快递小哥收发 6.6 万件快递，移动支付金额达 3.79 亿元。如此快速产生的数据，对获取和处理速度提出了极高要求，速度成为关键竞争优势。

4. 价值密度低

单条或少量数据往往意义不大，难以提取有效信息。但当数据量积累到一定程度，整个数据集便蕴含巨大价值，可从中挖掘出诸多有用信息，比如从过往评论中筛选出物美价廉的商家。

6.3.3 大数据的核心技术

从大数据的生命周期来看，大数据采集、大数据预处理、大数据存储、大数据分析与可视化共同构成了大数据生命周期里最核心的技术。

1. 大数据采集技术

数据采集作为大数据处理的首要且基础的步骤，涉及从各类数据源收集数据，数据源包括传感器、移动设备、社交媒体、网站等，主要有以下四种采集方式。

① 数据库采集：传统企业常用 MySQL 和 Oracle 等关系数据库存储数据。在大数据时代，Redis、MongoDB（分布式文件存储）和 HBase 等 NoSQL 数据库（泛指非关系数据库）也广泛用于数据采集。通过在采集端部署大量数据库，并进行负载均衡和分片来完成大数据采集。

② 系统日志采集：收集计算机系统内部生成的日志信息，如操作系统、应用程序、网络设备产生的日志。这有助于安全管理人员或系统管理员实时监控系统运行状态，及时发现故障或异常，保障系统安全稳定运行。

③ 网络数据采集：不同主体通过网络传输数据时会产生大量数据。百度、Google 等搜索引擎致力于网络信息搜索，但用户需求各异，常用搜索引擎返回结果存在大量无关信息。网络数据采集利用互联网搜索引擎技术，有针对性地抓取数据，并按规则和筛选标准归类，形成数据库文件。相关技术有网络爬虫、分词系统、任务与索引系统等，采集后通常需分拣和二次加工。

④ 感知设备数据采集：通过传感器、摄像头和其他智能终端自动采集信号、图片或录像获取数据。大数据智能感知系统需实现对海量结构化、半结构化、非结构化数据的智能化识别、定位、跟踪、接入、传输、信号转换、监控、初步处理和管理等，关键技术包括针对大数据源的智能识别、感知、适配、传输、接入等。

2. 大数据预处理技术

由于不同方法获取的数据在类型、数值等方面存在差异,甚至同一事务在不同数据源的数据也可能不一致。为确保数据质量,预处理十分关键。大数据预处理主要环节包括数据清洗、数据集成、数据转换和数据归约,但实际应用中不一定全部涉及,顺序也不固定,部分环节可能需多次操作。

① 数据清洗:去除数据中的"不干净"数据,如异常值、缺失值、重复值等。根据业务情况和数据重要性,一般采用忽略、删除、填充三种处理方式。

② 数据集成:将不同来源的数据合并到同一数据集,以便后续分析。针对可能出现的模式不匹配、数据重复、数值冲突等问题,需进行相应调整。

③ 数据转换:把数据转换或统一成适合数据挖掘的形式。数据集成后可能存在属性过多、过细不利于分析的情况,数据转换通过规范化、离散化、稀疏化、特征构造等操作,找到数据特征表示,减少有效变量数目或找到数据不变式。

④ 数据归约:对数据进行"压缩"。面对海量数据,复杂的数据分析和挖掘耗时久。例如将年收入范围归约为 0-1 来表示,可大幅减少计算量。数据归约技术能得到数据集的归约表示,在保持数据完整性的同时减小数据规模,方法有维归约、数值归约、数据压缩等。

3. 大数据存储技术

分布式存储与访问是大数据存储的关键技术,它具有经济、高效、容错高等特点。分布式存储技术与数据存储介质的类型和数据的组织管理形式直接相关。

4. 大数据分析与可视化技术

① 大数据分析:即数据挖掘,从大量数据中挖掘出有效、新颖、潜在有用且可理解的知识。在实际应用中,采用关联分析、分类分析及聚类分析等多种模式,这些模式有时相互结合。

② 大数据可视化:借助图形化手段清晰、有效地传达与沟通信息,主要用于海量数据关联分析。常见数据可视化工具如下。

- WPS 表格、Excel:技术门槛低,上手快,无须编程,但处理数据量和灵活性受限。
- Python:拥有 Pandas、NumPy 和 Matplotlib 等众多数据处理和可视化库,是数据科学家和分析师常用工具,可进行数据准备、处理和可视化,生成各类图表。
- D3.js:基于 JavaScript 的数据可视化库,提供丰富 API 和功能,能利用 HTML、CSS 和 SVG 等技术创建高度定制的可视化效果,在定制性和灵活性方面优势独特。
- ECharts:百度开源免费的 JavaScript 可视化库,提供直观、交互丰富、可高度个性化定制的图表,文件体积小,打包灵活,移动端自适应和交互体验良好。

6.3.4 大数据应用

大数据无处不在,已经应用于诸多领域,包括电商、金融、医疗、交通、农牧渔等。

1. 电商大数据

最早利用大数据进行精准营销的是电商行业。淘宝、京东等电商平台利用大数据技术,对用户信息进行分析,推送用户感兴趣的产品,从而促进销售。它根据客户的消费习惯提前准备生产资料、物流管理等,有利于精细社会大生产,如图 6.8 所示。由于电商的数据较为集中,数据量足够大,数据种类较多,因此未来电商大数据应用将会有更多的想象空间,包括预测流行趋势、消费趋势、地域消费特点、客户消费习惯、各种消费行为的相关度、消费热点、影响消费的重要因素等。

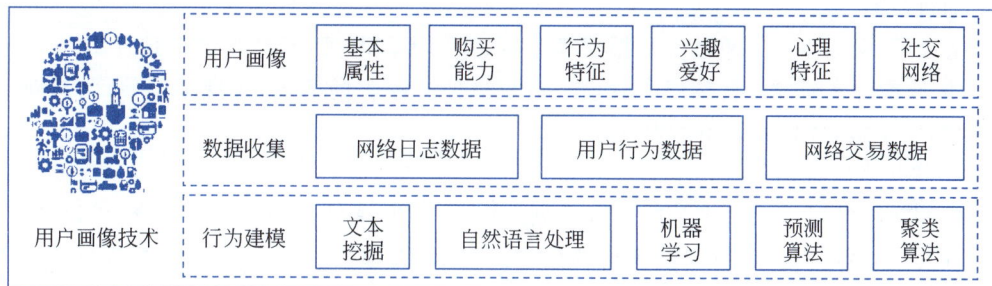

图 6.8　构建用户画像技术

2. 金融大数据

互联网金融是指利用互联网技术实现资金融通、支付、投资等金融相关活动的新型金融业务模式。第三方支付、网络小额信贷、信息化金融机构以及众筹模式等,皆属于互联网金融的业务范畴。以下详述大数据在互联网金融领域的三个典型应用。

① 构建用户画像,精准营销:把用户信息存入数据库,为用户打造个性化画像。先依据原始数据和记录给用户打"标签"形成画像,再通过大数据分析依画像推测潜在消费需求,精准推荐商品。

② 客户信用评估,提供信贷服务:分析客户历史交易数据,评估个人或企业信用等级,确定借贷额度并提供服务。例如,蚂蚁花呗记录用户经济状况与贷款记录反映信用;支付宝存储消费记录体现偿还能力;蚂蚁计算云将数据转化为信用评估分数。

③ 反欺诈检测:通过预防、辨识、建档验证客户身份,识别危险操作,依据历史信用规范贷款和交易额度,降低欺诈风险。

3. 医疗大数据

大数据在医学领域应用广泛,主要如下。

① 临床决策支持:分析患者病史、症状、检查和影像等数据,为医生提供准确决策支持,提升诊断治疗精准度与医疗质量。

② 疾病预测与预防:分析大规模医疗数据预测患病风险,采取早期筛查等预防措施,还可监测传染病流行趋势,助力公共卫生部门防控。

③ 健康管理与健康教育:助力医生和患者管理健康。医生依据大数据为患者制订健康管理方案,患者也能通过自我监测与数据分析提升健康水平。

④ 医学研究:在疾病发病机制、治疗方案、药物副作用等研究中发挥重要作用,加速研究进程,服务临床实践。

4. 交通大数据

大数据技术在交通领域的应用为改善交通状况提供了优化方案,有助于交通运输部门提高对道路交通的管理能力,防止和缓解交通拥堵,提供更人性化的服务。

① 制定交通规划:分析交通流量、车辆轨迹等数据,预测未来交通状况,制定科学规划。如部分城市借此预测拥堵,规划道路建设。

② 缓解交通拥堵:分析出行强度、流量、拥堵路段数据,运用"动态绿波"系统自动计算最佳行驶速度、智能调整红绿灯时间,以及"自适应可变车道"实时调整车道方向,提升通行效率。

③ 预防交通事故:通过大数据建模分析,找出事故相关因素,提前干预预防。

④ 调配停车资源:智慧停车管理平台采集分析停车场信息,实现车位预订、导航、支付、错时停车等,优化停车资源利用。

5. 农牧渔大数据

农牧渔领域应用大数据分析来有计划地展开生产,降低菜贱伤农的概率;可以精推预测天气变化,帮助农民做好自然灾害的预防工作,还能够提高单位种植面积的高产出;牧农可以根据大数据分析安排放牧范围,有效利用农场,减少动物流失;渔民可以利用大数据安排休渔期、定位捕鱼等,同时,也能减少人员损伤。

💬 **思考与探索**

大数据技术已经在多个领域得到应用,如金融、医疗、交通等。你认为大数据技术在未来还有哪些潜在的应用领域?如何利用大数据技术解决社会问题?

6.4　物　联　网

6.4.1　物联网的概念

物联网是在互联网的基础上,将其用户端延伸和扩展到任何物品与物品之间,进行信息交换和通信的一种网络概念。其定义是,通过射频识别(RFID)系统、红外感应系统、全球定位系统(GPS)、激光扫描仪等信息传感设备,按照约定的协议,并通过接口把需要连接的物品与互联网连接起来,形成一个物品与物品相互连接的网络,从而实现物品识别、定位、跟踪、监控和管理等一系列智能化应用。

上述定义看似复杂,实际上其本质就是"物物相连的互联网"。这包含两层含义:第一,物联网的核心与基础依然是互联网,物联网利用互联网进行扩展和延伸;第二,物联网终端可以延伸和扩展到任何物品之间,这些物品利用相关技术,借助互联网进行智能化信息交换与通信,能够彼此进行"交流"而无须人的干预,从而构造一个覆盖世界上万事万物的"物联网"。

6.4.2　物联网的特征

与传统互联网相比,物联网有全面感知、可靠传输和智能处理三大鲜明特征。

1. 全面感知

以人和物为主体,在物体上设置电子标签、条形码等识别装置,赋予物体可识性,同时利用温湿度、红外线传感器等识别设备感知物体物理属性与个性化特征,如此人们能在任意时间和地点获取物体所有信息,实现全面感知。

2. 可靠传输

物联网是异构网络,不同实体间协议格式有差别。为保证信息实时准确传递,需采用软硬件手段。研制可转换多种通信协议的通信网关,能统一处理传感设备采集的数据,实现物体间信息交换,达成多个传感器间通信转换,形成统一通信协议。

3. 智能处理

信息被感知和传输后,运用大数据、云计算等智能计算技术,短时间内处理海量数据并整理,实现各行业智能化决策、控制与管理。物联网系统旨在智能识别、定位、跟踪、监控和管理各类物体,基于云计算、数据挖掘等技术,存储、分析海量数据,满足用户多样需求,探索新应用领域与模式。

物联网中的"智能物体"或"智能对象"指现实世界中被赋予"感知""通信""计算"能力的人或物。比如,商场贴 RFID 标签的货物,结算时读写器可读取其信息,它就是智能物体;智能电网中带传感器变电器监控装置的智能电表、装有智能传感器的汽车、智能家居里的智能照明控制开关与带传感器冰箱、水库等监测应用中的无线传感网络节点、智能医疗中带生理指标传感器的老人、食品可追溯系统中打 RFID 耳钉的牛及贴 RFID 标签的鸡蛋等。在不同物联网应用系统中,智能物体的大小、状态以及是否有生命等情况各不相同,它还可以是连接到物联网中的人与物的抽象表示形式。

6.4.3　物联网的体系结构

USN(ubiquitous sensor networks,泛在传感器网络)体系架构是由韩国电子与通信技术研究所在 2007 年瑞士日内瓦召开的 ITU 下一代网络全球标准化会议(NUN-USI)上提出的。该体系架构将物联网自底向上分为五层,依次为感知网、接入网、网络基础设施、中间件和应用平台,各层功能如表 6.4 所示。

表 6.4　USN 体系架构

层　　名	功　　能
应用平台	各个行业的具体应用
中间件	由负责大规模数据采集与处理的软件组成
网络基础设施	基于后 IP 技术的下一代互联网

层　　名	功　　能
接入网	由网关或汇聚节点组成,为感知网与外部网络或控制中心之间的通信提供基础设施
感知网	用于采集与传输环境信息

由于 USN 体系架构按照功能层次比较清楚地定义了物联网的组成,目前被我国工业与学术界广泛接受,同时基于 USN 体系架构衍生出很多改进方案。

我国的《物联网白皮书(2011 年)》中阐述了一种基于 USN 的简化分层物联网网络架构,包括感知层、网络层和应用层(自下而上),如图 6.9 所示。

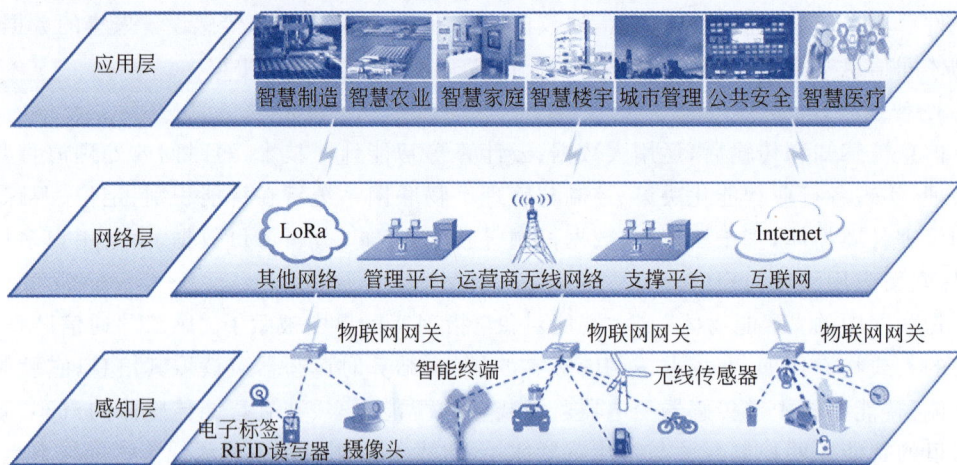

图 6.9　物联网三层体系结构

1. 感知层

感知层是物联网体系底层,如同人体皮肤和五官,实现对物理世界智能感知识别、信息采集处理及自动控制,借助通信模块连接物理实体到网络层与应用层。关键技术如下:

① 传感器技术:能感受被检测信息,还具备传输、处理等功能。像汽车油压传感器将油压力转换为电信号传递。它是摄取信息关键器件,是物联网重要信息采集设备,也是用微电子技术改造传统产业的得力工具。

② RFID 技术:20 世纪 90 年代兴起的自动识别技术,利用射频信号经空间电磁耦合无接触传递信息实现物体识别。在物联网体系结构中,RFID 标签存储规范且可互用信息,通过有线或无线方式采集到中央信息系统,实现物品识别与信息交换共享及“透明”管理。系统由电子标签、天线、读写器构成。工作时,电子标签进入读写器磁场,读写器发射频信号,无源标签靠感应电流供能发送产品信息,有源标签主动发信号,读写器读取解码后送中央系统处理。身份证、校园一卡通、公交卡都基于此原理。

③ 二维码技术:物联网感知层的基本关键技术。用特定几何形体按规律在平面分布(黑白相间)图形记录信息。在技术原理上,巧妙利用“0”“1”比特流概念,用对应几何形体表示数值信息,通过图像输入或光电扫描设备自动识读处理。与一维码相比,二维码

数据容量更大,能在很小面积上表达大量信息,不受字母、数字限制,抗损毁能力强,保密性也更强。

2. 网络层

网络层是物联网体系结构的中间层,主要负责将感知层采集到的数据传输到应用层进行处理,类似于人体结构中的神经中枢和大脑。这一层包括了互联网、移动通信网、无线传感器网络、GPS 技术等,这些网络技术共同构成了一个庞大的数据传输网络,使得物联网设备能够随时随地接入网络并交换信息。

① 互联网:互联网作为物联网主要的传输网络之一,它将使物联网无所不在地深入社会每个角落。物联网也被认为是互联网的进一步延伸。

② 移动通信网:移动通信网为人与人、人与网络、物与物通信服务。热门接入技术有电信、移动、联通的 4G、5G 等。5G 较 4G 通信和带宽能力更强,能满足物联网高速稳定、覆盖面广需求。

③ 无线传感器网络:将分散的传感器单元组织成无线网络,传输汇总采集数据,监控物理或环境状况并分析处理。其通信技术多样,主要如下。

- 蓝牙技术:实现设备短距离信息交互,便捷通信传输。
- Wi-Fi 技术:即"移动热点",智能手机、平板电脑、笔记本电脑都支持,是常用无线网络通信技术。
- ZigBee 技术:近距离、低功耗、低复杂、低数据速率、低成本的双向无线通信技术,在远程自动控制优势显著。与射频识别结合可优化系统设计,在智能家居等领域广泛应用。
- 红外线技术:红外线技术借助电磁波来实现信息传输。

④ GPS 技术:GPS(Global Positioning System,全球定位系统),美国研制发射的高精度无线电导航定位系统,有 24 颗卫星,覆盖约 98% 全球面积,提供民用和军用定位服务。全球有四大先进导航系统,我国北斗导航覆盖 230 个国家和地区,用户达 15 亿,超越美国成为使用最频繁的 GPS。北斗系统 20 世纪 90 年代开始研制,有"三步走"规划,2020 年"北斗三号"全面建成,2023 年 12 月又成功发射两颗卫星。2035 年前将建成更强大的国家综合定位导航授时体系,提供全方位高可靠服务。

3. 应用层

应用层是物联网体系顶层,负责处理应用网络层传输的数据。物联网需结合云计算、大数据技术整合、处理、挖掘大量数据。云平台由强大分布式计算能力的服务器集群组成,收集存储全球数据,按程序算法自动挖掘利用,是大数据分析基础。数据管理后台建立在云平台上,融合云端应用开发、数据库管理和专业数据算法,是云平台应用延伸,基于开放特性还能调用外部数据整合挖掘,提升数据完整性和应用价值。

6.4.4 物联网的应用

物联网的出现和发展,在带来社会生产力的高速发展的同时,也给人类社会的生产方式、生活方式和思维方式带来又一场巨大的革新。我国《物联网"十三五"发展规划》确定了智能农业、智能交通等重点应用领域。

1. 智能农业

物联网在"精准农业""智能耕种"等方面得到了较好的运用,例如,在种植农作物的环境中安置温度湿度传感器、光照传感器、二氧化碳传感器等传感器节点,对农作物生长环境进行实时监控,随时了解和调整农作物生长环境的各种因素,极大地改善了农作物的收成并减少农作物产出周期。同时也可以利用长时间对某种作物的生长情况和生长环境数据进行分析,获取到环境与植物生长状态、产量和质量的关系,获取到最优的培养方案,实现真正的智能农业。

2. 智能交通

智能交通融合了传感器网络、RFID 技术、GPS 定位技术、移动互联网技术和自动控制技术,从而形成信息化、智能化、便捷化的交通运输综合控制和管理系统,使人、车、路紧密配合,改善运输环境,确保交通安全,提高资源利用率。

① 智能公交车:结合公交车辆的运行特点,搭建公交智能调度系统,规划调度线路和车辆,实现智能调度。

② 共享自行车:使用带 GPS 或 NB-IoT(窄带物联网)模块的智能锁,与 App 连接,实现车辆状态的精确定位和实时控制。

③ 汽车联网:采用先进的传感器和控制技术实现自动驾驶或智能驾驶,实时监控车辆运行状况,减少交通事故的发生。

④ 智能停车:通过安装地磁感应,连接到进入停车场的智能手机,实现自动停车导航,停车位在线查询等功能。

⑤ 智能交通信号灯:根据交通流量、行人和天气,动态调整光信号,控制交通流量,提高道路承载能力。

⑥ 汽车电子识别:RFID 技术用于实现车辆身份的准确识别和车辆信息的动态收集。充电桩通过传感器采集充电桩的电压、电流等数据实现状态监测,利用网络通信技术将数据传输到管理平台进行统一管理,实现充电桩定位、充放电控制、状态监测等功能。

3. 智能医疗

医疗物联网中的"物",就是各种与医学服务活动相关的事物,如健康人、亚健康人、病人、医生、护士、医疗器械、检查设备、药品等。医学物联网中的"联",即信息交互连接,把上述"事物"产生的相关信息交互、传输和共享。医学物联其中的"网"是通过把"物"有机地连成一张"网",就可感知医学服务对象、各种数据交换和无缝连接,达到对医疗卫生保健服务的实时动态监控、连续跟踪管理和精准的医疗健康决策。例如,在医院住院时,将腕式 RFID 标签佩戴于医护人员和患者手腕上,确保只有经过许可的人员才能进入医院重要区域,如图 6.10 所示。

4. 智能家居

智能家居的目的是为用户提供智能、舒适、安全的家居生活。它以物联网为思想,以计算机技术和网络通信技术为基础,将家里的各类电子、电器产品(如电视机、空调、冰箱等)、门铃、窗帘、安防传感器等需要控制的设备连接在一起形成一个家庭网络,如图 6.11

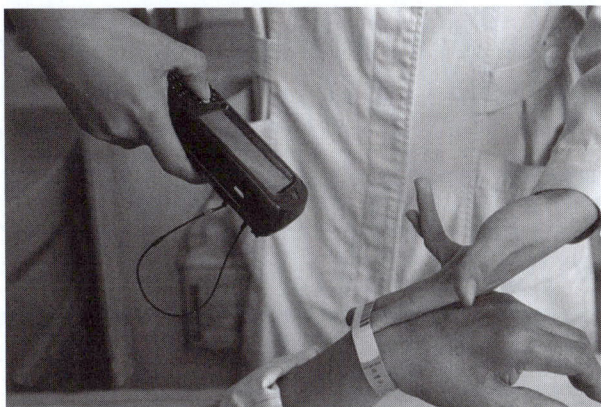

图 6.10 智慧医疗

所示,可以通过不同的通信方式实现设备之间的数据交换和通信,达到设备之间能够相互通信、相互控制的目的,同时也提供用户的远程控制,最终实现智能化的家居生活。在智能家居中,当门窗被异常入侵时,就会被图像传感器捕捉,通过智能安防系统及时发出报警信号;当家里的老人出现了异常情况,物联网传感器会马上将相关信息传递给医院或家人。通过手机、计算机等远程终端控制家庭中的热水器、电视、电动窗帘等智能电器更好地服务家庭生活。

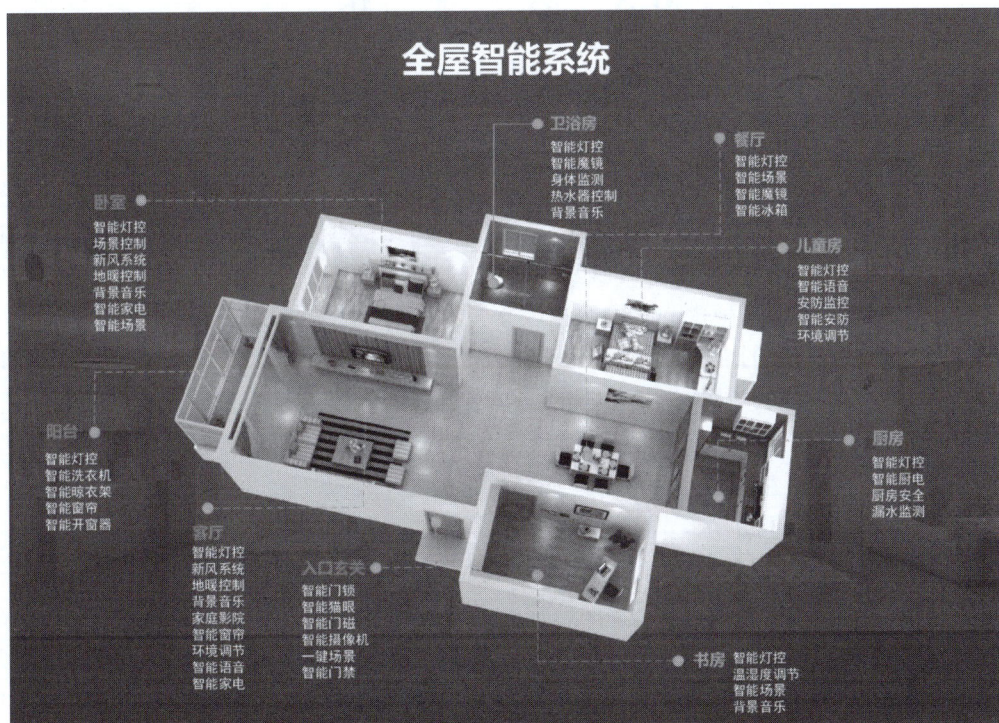

图 6.11 智能家居

5. 智慧物流

智慧物流是以信息化为依托并广泛应用物联网、人工智能、大数据、云计算等技术工具,在物流价值链上的运输仓储、包装、装卸搬运、流通加工、配送、信息服务这 6 项基本环节实现系统感知和数据采集的现代综合智能型物流系统。物联网在物流行业的应用主要体现在以下几个方面。

① 智能仓储管理:物联网的传感器和 RFID 技术可以帮助自动识别货物、监控库存水平,提高仓库的运作效率。

② 运输检测:实时检测货物运输中的车辆行驶情况,包括货物位置、状态环境,以及车辆的油耗、油量、车速和刹车次数等驾驶行为。

③ 供应链可视化:通过物联网技术,物流公司可以实现整个供应链的可视化管理,了解货物流转的全过程,优化供应链的各个环节,提高整体运作效率。

思考与探索

物联网设备收集了大量的个人数据,这些数据的滥用可能带来隐私问题。你认为如何在享受物联网便利的同时,保护个人隐私?

6.5　区　块　链

在超市食品区,一袋五常大米的包装袋上新增了二维码,用微信扫一扫,便能显示信息:首先是基础的产品信息,如规格、生产商、保质期等;然后便是溯源信息,包括原料接收时间、原料检验报告、产品出厂报告、发货时间、收货时间等全流程以及产地和整个物流线路信息。用二维码传递信息并不稀罕,难的是如何让这些信息保证不会被篡改,区块链便有了用武之地。没有区块链的时候,对食品的追踪要依赖某个中介机构或者公司来收集信息,如电商平台。这种中心化的数据收集方式,理论上存在数据被修改的可能。而在区块链上,数据在产生的当下,就由产生者自己即时上传各种仓库材料信息,且信息不能被篡改。数据一旦出现问题,区块链上的数据由谁、什么时候上传,可以根据时间戳追责。除了供应链,如今区块链的应用范围还覆盖了金融、电子政务、医疗健康等多个行业。

6.5.1　区块链的概念

2008 年,化名为中本聪的人发布《一种点对点的电子现金支付系统》白皮书,针对个人转账提出解决方案:一是要有不依赖第三方定价机构就能判断价值的电子货币;二是要有去中心化的数字账本,能将交易记录和信息分发给各地计算机,且账本运作方式与传统记账大致相同。

通过一个故事可通俗理解区块链:玉石村村民以挖玉石为业,无银行和可信赖村长管账务,于是采用集体记账。每人一本账本,挖到玉石或有物品、玉石交换时,当事人记录并用村口大喇叭通知,大家都在自己本子上记相同内容。为防重复记录,给每块玉石做标记,记录挖掘时间、地点、人物及上一块玉石信息,每块玉石信息关联成链,保证无法捏造和更改记录,这就是区块链——P2P 分布式记账。

广义上,区块链技术利用块链式数据结构验证与存储数据,用分布式节点共识算法生成和更新数据,借助密码学保障数据传输和访问安全,依靠智能合约编程和操作数据,是全新分布式基础架构与计算范式。

通俗地讲,区块链是以区块为单位产生和存储数据,按时间顺序形成链式结构,通过密码学保证不可篡改、伪造及传输安全的去中心化分布式账本,如图 6.12 所示。其账本和现实账本类似,记录交易信息,如数字货币中记录转账信息,且随着发展,记录内容会扩展到各领域数据,如供应链溯源中记录物品责任方、位置等信息。

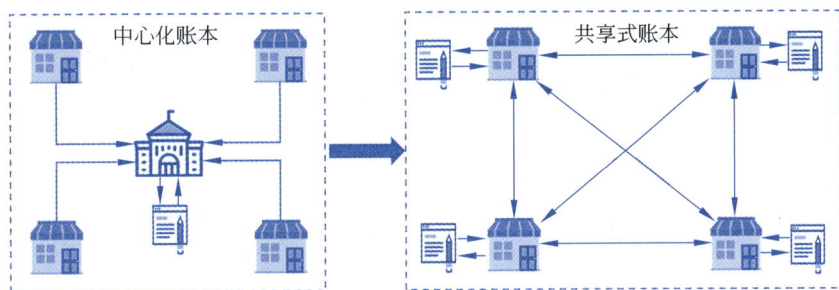

图 6.12　中心化账本与共享式账本

目前,区块链技术被很多大型机构视为能彻底改变业务和机构运作方式的重大突破性技术。它并非单一信息技术,而是依托现有技术创新组合,实现了以往未有的功能。

6.5.2　区块链的特征

1. 去中心化

区块链无中央或单一管理机构,网络节点地位平等,共同参与系统运作维护。数据操作分布于多个节点,不依赖中心化服务器。此特性提升系统稳定性与容错性,避免单点故障致系统瘫痪,降低信任及权力滥用风险。

2. 不可篡改

区块链数据经多节点验证记录后极难篡改。因采用哈希算法等加密技术,区块包含前一区块哈希值形成链式结构,篡改一个区块数据需重算后续所有区块哈希值,需巨大算力成本。这保证了数据真实完整、高度可信,可用于重要信息和交易记录防篡改。

3. 分布式账本

账本分布于网络多个节点,各节点有完整或部分副本。节点通过共识机制同步验证账本数据一致性,可独立验证存储数据,不依赖中心化数据库,提升数据安全性与可用性。且数据更新传播高效,多节点可同时处理验证,加快系统运行速度。

4. 加密安全性

区块链使用多种加密技术来保证数据的安全和隐私.哈希算法确保数据完整真实,数字签名验证交易发起者身份及不可抵赖性,对称与非对称加密保护数据隐私,用户凭密钥控制数据资产,授权后他人或节点才可访问使用,防数据被窃取、篡改、伪造。

5. 智能合约

智能合约是自动执行的合约条款,以代码形式部署于区块链。满足预设条件时自动执行操作,无须人工干预,实现业务逻辑自动化、数字化,提升交易效率与准确性,降低成本风险,可应用于金融、供应链、物联网等领域,减少人为干扰,提高业务透明度与可信度。

6. 共识机制

共识机制是节点间就区块有效性和顺序达成共识的规则算法,常见有 PoW、PoS、PBFT 等。通过共识机制,节点在分布式环境下验证确认区块链状态与交易,保障网络一致性与安全性,防止恶意攻击破坏。不同共识机制适用于不同场景需求,如 PoW 用于高安全要求公有链,PoS 用于注重能源效率和交易速度的项目。

6.5.3 区块链的核心技术

1. 区块链的体系结构

区块链的体系结构大致包含 6 个层次,如图 6.13 所示,分别为数据层、网络层、共识层、激励层、合约层和应用层,各层次职责明确,相互独立又相互支撑。

① 数据层。数据层主要负责区块链中数据的存储及账户、交易的实现与安全,涉及链式结构、时间戳、Merkle 树、哈希函数、非对称加密等技术。其中,数据存储主要基于 Merkle 树,通过区块的方式和链式结构实现,而账户、交易的实现与安全则主要借助时间戳、哈希函数、非对称加密等密码学算法和技术,保证区块链数据去中心化分布式存储,不可篡改与可追溯。

② 网络层。网络层主要负责构建网络环境、搭建交易通道,实现区块链节点间的信息交流,主要涉及组网模式、消息传播机制和数据验证机制。区块链网络是一个点对点(P2P)网络,每个节点都可以参与记账和校验数据,一个节点创造出新区块后会以广播的形式通知其他节点,其他节点接收到信息后会对这个区块数据进行验证,只有通过全网超过 51% 的节点验证后,区块数据才能记入区块链。

③ 共识层。区块链网络无中心节点监管,节点四处分散,系统由所有节点共同维护,这就要求区块链系统必须达成共识,通过制定一套制度或协议准则规范、激励各个节点的操作和行为。共识层包含网络节点的各种共识算法和机制,常见的共识算法有工作量证明(PoW)、权益证明(PoS)、股份授权证明(DPoS)、实用拜占庭容错算法(PBFT)等。PoW 通过让节点进行复杂的计算来竞争记账权;PoS 则根据节点持有的权益来确定记账权;PBFT 适用于联盟链等场景,在一定程度上保证节点之间的共识。这些共识机制能确保系统运作的顺序、公平性和稳定性。

④ 激励层。区块链激励层对区块链系统运行十分关键。在公有链中,它包括发行机制和激励机制。发行机制像比特币"挖矿",矿工打包新区块获新币奖励,使新币流通。激励机制通过给予加密货币和交易手续费,补偿节点参与网络维护的资源消耗,提高其积极性,保障网络安全。

图 6.13　区块链五层体系结构

联盟链的激励方式更多样。以供应链联盟链为例,成员按贡献从产品流或资金流获得利益,比如提供优质服务可获奖励。同时,声誉机制也发挥作用,表现好的成员声誉高、机会多,表现差的则相反,以此推动成员维护联盟链。

⑤ 合约层。合约层封装区块链系统的各类脚本代码、算法及由此生成的更为复杂的智能合约,它可用机器指令代替人工指令,指令一旦设定,就不再需要中介参与自动执行,即达到某个条件,合约自动执行,如自动付款、保险自动理赔等。

⑥ 应用层。应用层是区块链与应用系统进行交互的标准接口层,用户不需要掌握区块链专业知识,仅需调用应用层提供的标准接口,就可使用应用层定义的各种应用,如可编程货币、可编程金融和可编程社会都是区块链的主要应用场景和案例。

2. 区块链的核心技术

迄今为止,区块链技术的发展大致经历了 3 个阶段,如图 6.14 所示。其核心技术如下。

① 点对点(Peer to Peer,P2P)网络技术。P2P 网络技术用于区块链系统连接对等节点,也叫对等网络、"点对点"或"端对端"网络,基于互联网构建。其节点计算机地位平等,无中心化服务器,通过软件协议共享资源等。在比特币前,该技术就已用于即时通信

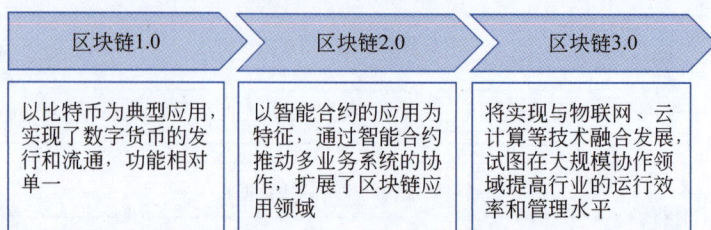

图 6.14   区块链技术发展历程

等软件,是区块链核心技术之一。

② 非对称加密算法。非对称加密是指使用公私钥对数据存储和传输进行加密和解密。公钥可公开发布,用于发送方加密要发送的信息,私钥用于接收方解密接收到的加密内容。公私钥对计算时间较长,主要用于加密较少的数据。常用的非对称加密算法有 RSA 和 ECC。非对称加密技术在区块链的应用场景主要包括信息加密、数字签名和登录认证等,在区块链的价值传输中,要利用公钥和私钥来识别身份。

③ 哈希运算。哈希算法是区块链中用得最多的一种算法,它被广泛使用在构建区块和确认交易的完整性上,为了保证数据完整性,会采用哈希值进行校验。

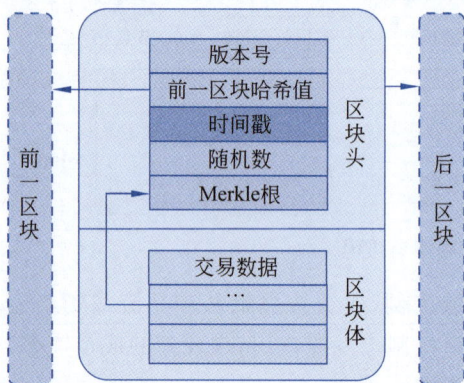

图 6.15   区块链中区块结构

区块链可理解为区块＋链的形式,这个链是通过哈希函数链接起来的,每个区块可能都有很多交易,整个区块又可以通过哈希函数产生摘要信息,然后规定每一个区块都需要记录上一个区块的摘要信息,这些哈希函数层层嵌套,最终将所有区块串联起来,形成区块链,如图 6.15 所示。

区块链中的区块结构通常包括区块头和区块体两大部分。

区块体一般包括版本号、前一区块哈希值、时间戳、随机数、Merkle 根。

- 版本号:记录区块遵循的区块链协议版本,标识区块格式与功能特性,帮助节点正确验证处理。
- 前一区块哈希值:即上一区块哈希值,链接当前与前一区块成链式结构,保障区块链连续且不可篡改,前一区块内容变,哈希值就变,当前区块记录的哈希值会不匹配,能检测篡改。
- 时间戳:记录区块生成大致时间(精确到秒),确定区块顺序,使区块按时间链入,助节点判断区块有效性与新鲜度,防接收过期无效区块。
- 随机数:用于挖矿,矿工不断调整它,与区块头其他信息做哈希运算,找到满足难度目标哈希值的矿工获记账权,能添加新区块,此为"工作量证明"。
- Merkle 根:由区块内所有交易哈希值经特定算法生成的根哈希值,借 Merkle 树结构,从交易哈希值的叶子节点两两计算,直至生成根哈希值,用于快速验证交易完整性与真实性,根哈希值不变则交易未被篡改。

区块体包括所有交易记录,每笔交易有发起方、接收方、金额、时间等信息及验证合法性的数字签名等数据,按序排列成交易历史,如比特币交易,记录还含输入输出信息,可追踪比特币流向。

④ 共识机制。加密货币都是去中心化的,去中心化的基础就是 P2P 节点众多,那么如何吸引用户加入网络成为节点?有哪些激励机制?同时,开发的重点是让多个节点维护一个数据库,那么如何决定哪个节点写入?何时写入?一旦写入,又怎么保证不被其他的节点更改(不可逆)?这些问题的答案,就是共识机制。

共识机制是所有区块链和分布式账本应用的基础。所谓共识,是指多方参与的节点在预设规则下,通过多个节点交互对某些数据、行为或流程达成一致的过程。共识机制是指定义共识过程的算法、协议和规则。区块链的共识机制具备"少数服从多数"以及"人人平等"的特点,其中"少数服从多数"并不完全指节点个数,也可以是计算能力、股权数或者其他的计算机可以比较的特征量。"人人平等"是指当节点满足条件时,所有节点都有权优先提出共识结果、直接被其他节点认同并有可能成为最终共识结果。

⑤ 智能合约。智能合约是基于这些可信的不可篡改的数据,可以自动化地执行一些预先定义好的规则和条款。以保险为例,如果说每个人的信息(包括医疗信息和风险发生的信息)都是真实可信的,那么就很容易在一些标准化的保险产品中进行自动化的理赔。在保险公司的日常业务中,虽然交易不像银行和证券行业那样频繁,但是对可信数据的依赖有增无减。因此,利用区块链技术,从数据管理的角度切入,能够有效地帮助保险公司提高风险管理能力。具体来讲,主要分为投保人风险管理和保险公司的风险监督。

6.5.4　区块链的应用

区块链技术主要应用于以下几个方面。

1. 金融领域

① "区块链＋银行"。传统银行是一个中心化系统,离中心越近,则权限越大、数据越多,为维护中心数据的准确性和权威性,银行需要投入巨大的运营成本。区块链技术具有去中心化、去信任、不可篡改等特征,利用区块链技术的分布式记账,可以削减无效银行中介,节省大量运营成本。

② "区块链＋证券"。传统证券市场以交易所为中心,如果中心系统出现故障或被攻击,则可能导致系统瘫痪,交易暂停。区块链去中心化的特性能够保证整体运作不会因部分节点出现问题而受影响,区块链技术还可以大大简化清算、结算流程,使"交易即结算"成为现实。

③ "区块链＋保险"。传统模式下,保险定价和理赔所需数据存储在各个主体中,采集过程存在一定困难。区块链能够促成各方建立联盟,数据通过加密存储在区块链系统中,各节点需要使用相关数据时,可以通过授权的方式,将数据解密给某一指定节点,既保证了数据安全,又提高了保险定价和理赔的效率。

2. 物流领域

① 物流。在物流中,数字签名和公私钥加解密机制可保障信息安全与隐私。如快递

交接需双方私钥签名,快递员无法伪造,可杜绝逃避考核、减少投诉,防止冒领误领。因隐私有保障,利于落实物流实名制。此外,区块链的智能合约能简化物流程序、提升效率。

② 溯源防伪。区块链不可篡改、可追溯、有时间戳,能解决物品溯源防伪问题。例如,为钻石建立唯一电子身份,记录其属性及流转等信息,可侦测非法交易与造假,也适用于药品、艺术品等的溯源防伪。

3. 政务领域

① 保护政府基础信息,促进政务公开。政府信息逐级汇总,上级系统易遭攻击致信息风险。区块链将信息分布式存储,各节点有总账本,可提高安全性,还能让政务更公开透明,提升工作人员服务规范性和有效性。

② 简化公民身份认定。基于区块链技术构建公民身份信息认证系统,不仅可以有效存储每个公民的所有信息,随用随取,安全可靠,还可以极大降低人工成本。

③ 强化税收监管,杜绝偷税漏税。部分企业试图通过伪造账目的方式达到避税的目的,应用区块链从企业创办建分布式账本数据库,运营账目不可篡改、可追溯,助政府强化监管,杜绝偷税漏税。

4. 医疗领域

区块链在医疗领域的应用主要有两个方面。一方面,药品防伪,采用区块链技术不仅可以确定药品是何时何地由何机构生产,还可以记录药品的成分与来源,并且可以展示整个药品的流通环节,这样就可以轻松识别假药并追溯生产源头;另一方面,医保审核与支付。利用区块链技术实现电子票据信息、电子病历信息、费用清单信息、检查检验信息在内的数据上链归集,进而有效突破异地就医报销慢的瓶颈。

> **思考与探索**
>
> 　　区块链技术虽然具有去中心化和不可篡改的特性,但仍然存在安全和隐私问题。你认为如何应对区块链技术中的安全威胁? 未来的区块链安全技术将如何发展?

基础知识练习

1. 简述计算机网络的分类方法,并列举三种常见的拓扑结构。
2. 什么是 IP 地址? IPv4 和 IPv6 的主要区别是什么?
3. 云计算的特征有哪些? 请简要描述其中的"弹性伸缩"特征。
4. 大数据的"4V"特征是什么? 请简要解释每个特征。
5. 物联网的体系结构通常分为哪三层? 请简要描述每一层的功能。

能力拓展与训练

一、实践与探索题

1. 假设你需要为一个中小型企业设计一个局域网，请列出所需的硬件设备，并简要说明每种设备的作用。

2. 请设计一个简单的云计算应用场景，描述用户如何使用云计算服务，并说明云计算在该场景中的优势。

3. 请设计一个智能家居系统，描述系统中的物联网设备及其功能，并说明如何通过物联网技术实现远程控制。

二、角色模拟题

1. 假设你是一家云计算服务提供商的技术顾问，客户是一家初创公司，他们希望了解如何选择适合的云计算服务模式（IaaS、PaaS、SaaS）。请为他们提供建议，并解释每种服务模式的适用场景。

2. 你是一家大型企业的 IT 经理，公司计划迁移到云计算平台。请制定一个迁移计划，并说明在迁移过程中可能遇到的挑战及解决方案。

3. 你是一家医院的 IT 主管，医院计划引入物联网技术来提升医疗服务质量。请设计一个基于物联网的智能医疗系统，并说明如何通过物联网技术提高医疗效率和患者体验。

4. 假设你是一家金融科技公司的区块链专家，公司计划开发一个基于区块链的支付系统。请设计该系统的基本架构，并说明如何利用区块链技术确保交易的安全性和透明性。

实　践　篇

纸上得来终觉浅,绝知此事要躬行。

——(宋)陆游

第 7 章 人工智能之 Python 编程实战

7.1 Python 编程基础实战

一、实验目标

（1）熟悉 IDLE、Python 的交互式解释器等 Python 开发环境的基本操作。

（2）熟悉 Python 代码书写规则。

（3）掌握 Python 基本输入输出函数或语句的用法。

（4）熟悉数字类型、布尔类型、字符串、列表、元组等数据类型的使用。

（5）掌握表达式的书写。

二、实验内容

【实验 1】 按照以下步骤分别使用 Python 的交互式环境和 IDLE 集成开发环境完成以下两个任务。

（1）进行数学计算，求 100＋200＋300 的值。

（2）在屏幕上显示"Hello，World"。

实现步骤如下。

1. IDLE 的交互编辑

（1）启动 IDLE 集成开发环境，在交互式环境的提示符＞＞＞下，直接输入代码，按回车，就可以立刻得到代码执行结果。

```
>>>100+200+300
```

```
600
```

（2）如果要让 Python 打印出指定的文字，可以用 print 语句，然后把希望打印的文字用单引号或者双引号引起来，但不能混用单引号和双引号：

```
>>>print ('Hello, World')
```

```
Hello, World
```

我们的第一个 Python 程序完成了,可是这种交互方式的缺憾是没有将刚才的代码保存下来,下次运行时还要再输入一遍。下面我们使用第二种方法。

2. IDLE 的文件编辑

(1) 新建与编辑。按 Ctrl+N 快捷键或在 IDLE 的 File 菜单中选择 New File,则会打开一个新的空白窗口,在此窗口中即可进行大段落编程,注意每行顶格写。

```
1  print(100+200+300)
2  print('Hello World')
```

(2) 保存和运行。当完成编辑后,请按 Ctrl+S 快捷键或在 File 菜单中选择 Save 先保存文件。如果未保存直接运行将会出现提示,提醒用户请先保存。保存文件时,位置任意,但文件的扩展名必须为.py。

保存后,按 F5 键或选择 Run 菜单的 Run Module 进行运行。这时,如果程序无错误,即可在 IDLE 的交互编辑环境看到输出结果:

```
600
Hello World
```

小结:在 Python 交互模式下,直接输入代码可以立刻得到结果。如果需要编写大段的 Python 程序并保存,就需要使用 IDLE 提供的文件编辑模式。

【实验2】　温度转换。输入一个摄氏温度 C,计算对应的华氏温度 F。计算公式: $F=C\times9/5+32$,式中: C 表示摄氏温度,F 表示华氏温度。

【实验3】　写出以下程序的运行结果。

```
1  a =['one', 'two', 'three']
2  print(a[::-1])
```

【实验4】　将列表 $a=[23,16,25,6,88]$ 逆序输出。

7.2　Python 控制结构

一、实验目标

(1) 掌握顺序结构的使用。
(2) 掌握选择结构的使用。
(2) 掌握循环结构的使用。

二、实验内容

【实验 1】 写出以下程序的运行结果。

（1）基本赋值语句程序。

```
1   #<1 基本赋值语句程序>
2   x=1
3   y=2
4   k=x+y
5   print(k)
```

（2）序列赋值语句程序。

```
1   #<2 序列赋值语句程序>
2   a,b=4,5
3   print(a,b)
4   a,b=(6,7)
5   print(a,b)
6   a,b="AB"
7   print(a,b)
```

（3）赋值运算符程序。

```
1   #<3 赋值运算符程序>
2   i=2
3   i*=3
4   print(i)
```

【实验 2】 输入学生的分数 score,输出成绩等级 grade。其中分数≥90 分的同学用 A 表示,60～89 分的用 B 表示,60 分以下的用 C 表示。

【实验 3】 编写程序,实现分段函数计算,如下表所示。

x	y
$x<0$	0
$0 \leqslant x < 5$	x
$5 \leqslant x < 10$	$3x-5$
$10 \leqslant x < 20$	$0.5x-2$
$20 \leqslant x$	0

补全程序:

```
1   x=eval(input(' x:'))      #eval(x)函数:计算字符串 x 中有效的表达式的值
2   if x<0 or x>=20:
3       print(0)
```

```
4    elif 0<=x<5:
5        print(x)
6    (_____)
7        print(3*x-5)
8    (_____)
9        print(0.5*x-2)
```

【实验 4】 写出以下程序的运行结果。

```
1    m =1
2    for x in range(1,5):
3        m *=x
4    print(m)
```

【实验 5】 写出以下程序的运行结果。

```
1    L=['Python','is','strong']
2    for i in range(len(L)):
3        print(i,L[i],end=' ')
```

【实验 6】 写出以下程序的运行结果。

```
1    words=['cat','window', 'defenestrate']
2    for w in words[:]:      #省略初值和终值,表示遍历全部列表元素
3        if len(w)>6:
4            words.append(w)
5    print(words)
```

【实验 7】 编程求 1～n 的正整数的平方和。n 由用户输入。

7.3　Python 函数和文件的使用

一、实验目标

(1) 熟悉常用的标准库的第三方库函数的使用方法。

(2) 掌握 Python 常用模块导入与使用的方法,进一步理解和掌握使用计算机进行问题求解的方法。

(3) 掌握自定义函数的定义和调用方法。

(4) 掌握文件的打开、关闭和读写。

二、实验内容

【实验 1】 写出以下程序的运行结果。

```
1    import turtle
```

```
2    for x in range(1,9):
3        turtle.forward(100)
4        turtle.left(225)
```

【实验 2】 编写程序,输出当前日期、星期和时间。

补全程序:

```
1    (_____)         #导入标准库 time
2    print (time.localtime())   #输出本地的时间
3    print (time.strftime("%Y-%m-%d %H:%M:%S",time.localtime()))
4    print (time.strftime("%a %b %d %H:%M:%S %Y", time.localtime()))
```

【实验 3】 任意输入一个年份,判断是否是闰年。阅读理解并运行下面程序(这里需要导入 calendar)。

```
1    import calendar
2    year=int(input("请输入年份:"))
3    print("闰年判断结果是:",calendar.isleap(year))
```

【实验 4】 你想用 Python 听音乐吗?阅读理解下面的程序,模仿写一个试试吧。注意音乐文件与本代码放在同一个文件夹中,并且需要提前安装第三方库 Pygame。

```
1    import pygame.mixer                       #导入音频处理库
2    pygame.mixer.init()                       #初始化 mixer
3    pygame.mixer.music.load("千与千寻.mp3")   #加载音乐文件
4    pygame.mixer.music.play()                 #播放
```

【实验 5】 写出以下程序的运行结果。

```
1    def istriangle(a,b,c):
2        if(a+b)>c and (a+c)>b and (c+b)>a:
3            return 'yes'
4        else:
5            return 'no'
6    print(istriangle(1,4,5))
```

【实验 6】 写出以下程序的运行结果。

```
1    f=open("sx7-1.txt",'w')
2    f.write("北京")
3    f.write("上海")
4    f.write("西安")
5    f.write("\n 北京\n")
6    f.write("上海\n 西安\n")
7    f.close()
```

【实验 7】 写出以下程序的运行结果。

```
1    f=open('test.txt','w')
2    f.write('Hello,')
3    f.writelines(['Hi','haha!'])                #多行写入
4    f.close()
5    #追加内容
6    f=open('test.txt','a')
7    f.write('快乐学习,')
8    f.writelines(['快乐','生活。'])
9    f.close()
10
11   filehandler =open('test.txt','r')           #以读方式打开文件
12   print (filehandler.read())                  #读取整个文件
13   filehandler.close()
```

7.4　常用算法设计策略的 Python 实现

一、实验目标

(1) 理解常用的算法策略,从而进一步理解和掌握使用计算机进行问题求解的方法。

(2) 掌握常用算法的 Python 实现。

二、实验内容

【实验 1】　求 1～1000 中,所有能被 17 整除的数。阅读、理解和运行以下代码。

```
1    for i in range(1,1001):
2        if i%17==0:
3            print(i,end=' ')
```

【实验 2】　百钱买百鸡问题。阅读、理解和运行以下代码。

```
1    for x in range(1,20+1):
2        for y in range(1,33+1):
3            z=100-x-y
4            if (5*x+3*y+z/3)==100:
5                print(f"公鸡{x}只,母鸡{y}只,小鸡{z}只。")
```

【实验 3】　猴子吃桃子问题。

小猴在一天摘了若干个桃子,当天吃掉一半多一个;第二天接着吃了剩下的桃子的一半多一个;以后每天都吃尚存桃子的一半零一个,到第 7 天早上要吃时只剩下一个了,问小猴那天共摘下了多少个桃子? 阅读、理解和运行以下代码。

```
1   x =1
2   for day in range(6,0,-1):
3       x = (x +1)  *  2
4   print(x)
```

【实验 4】　输入一个整数 n，利用递归方法求 $n!$。阅读、理解和运行以下代码。
程序分析：递归公式 $f(i) = i \times f(i-1)$。

```
1   def f(i):
2       if i==0:
3           sum=1
4       else:
5           sum=i * f(i-1)
6       return sum
7   n=eval(input("输入 n: "))
8   print(n,"!=",f(n))
```

【实验 5】　使用递归法输出 Fibonacci 数列前 n 项。阅读、理解和运行以下代码。

```
1   def fibonacci(n):
2       if n<2:
3           return 1
4       return fibonacci(n-1) +fibonacci(n-2)
5   n =eval(input('请输入 n: '))
6   for i in range(0,n):
7       print(fibonacci(i),end=' ')
```

【实验 6】　汉诺(Hanoi)塔问题。阅读、理解和运行以下代码。

```
1    def Hanoi(n, A, C, B):
2        global count
3        if n <1:
4            print('输入有误!')
5        elif n ==1:
6            print(count, A,"->", C)
7            count +=1
8        elif n >1:
9            Hanoi(n -1, A, B, C)
10           Hanoi(1, A, C, B)
11           Hanoi(n -1, B, C, A)
12   count=1
13   n=eval(input('请输入盘子个数: '))
14   Hanoi(n,'A','C','B')
```

【实验 7】　一张单据上有一个 5 位数的编号，万位数是 1，千位数是 4，百位数是 7，个位数、十位数已经模糊不清。该 5 位数是 57 或 67 的倍数，输出所有满足这些条件的 5 位数的个数。

【实验 8】　使用回溯法实现数组全排列输出。阅读和运行下面程序，理解和体会算法的设计与实现。

全排实验列解释：从 n 个不同元素中任取 $m(m \leqslant n)$ 个元素，按照一定的顺序排列起来，称为从 n 个不同元素中取出 m 个元素的一个排列。当 $m = n$ 时所有的排列情况称为全排列。

程序代码：

```
1   def perm(li, start, end):
2       if(start ==end):
3           for elem in li:
4               print(elem,end='')
5           print('')
6       else:
7           for i in range(start, end):
8               li[start], li[i] =li[i], li[start]
9               perm(li, start+1, end)
10              li[i], li[start] =li[start], li[i]
11  li =['a','b','c','d']
12  perm(li, 0, len(li))
```

7.5　AI 开放平台的使用基础

一、实验目标

(1) 掌握 AI 开放平台的基本使用方法。

(2) 在百度 AI 平台在线调用 API 进行文字识别。

(3) 在百度 AI 平台在线调用 API 进行图像识别。

二、预备知识

1. AI 开放平台简介

要掌握并灵活使用人工智能，必须具备良好的数学基础、相当的算法储备和编程基础。这些都不是一朝一夕能实现的。为解决大众的这一难题，很多公司搭建了 AI 基础架构平台，并供开发者使用，这就是 AI 开放平台。利用这个开放平台，初学者就能够轻松使用搭建好的基础架构资源，通过调用其相关接口和工具包，使自己的应用程序获得 AI 功能。

目前国内的开放平台有百度 AI 开放平台、腾讯 AI 开放平台、讯飞 AI 开放平台、阿里 AI 开放平台等。这些平台可以为不同层次的开发者提供丰富多样化的产品服务，涵盖计算机视觉、自然语言处理、语音技术、知识图谱、智能决策等多个领域。

对于编程初学者而言，使用 AI 开放平台辅助开发具有以下多个方面的优势。

(1) 无须从头构建复杂模型，快速上手。百度 AI 开放平台提供了预训练好的模型，以人脸识别功能为例，初学者只需调用平台提供的 API，就能实现功能，无须深入了解背后复杂的算法原理。

（2）提供丰富示例代码：平台为各种功能都提供了详细的示例代码，这些代码具有良好的可读性和注释。例如在语音识别功能中，示例代码清晰地展示了如何进行语音数据的采集、发送请求到平台以及处理返回的识别结果。初学者可以参考这些示例代码，从而快速上手进行开发。

（3）激发学习兴趣与拓宽视野：百度 AI 开放平台涵盖了计算机视觉、自然语言处理、语音技术等多个领域的功能。初学者可以利用这些功能实现一些有趣的项目，激发对编程的学习兴趣。还可以接触到当前 AI 领域的前沿技术和应用，拓宽技术视野。

（4）接轨实际应用与行业需求：百度 AI 开放平台的功能都是基于实际的行业需求开发的，初学者在使用平台的过程中，可以了解到 AI 技术在不同行业的应用场景，如医疗、教育、金融等。

（5）参与开源社区与交流学习：百度 AI 开放平台拥有活跃的开发者社区，初学者可以在社区中与其他开发者交流经验、分享项目成果、解决遇到的问题。此外，平台还会举办各种技术交流活动和竞赛，初学者可以通过参与这些活动，与行业内的专业人士和其他开发者进行互动，了解行业的最新动态和发展趋势，提升自己的技术水平和行业竞争力。

2. 使用 AI 开放平台上产品服务的方式

使用 AI 开放平台上产品服务的方式目前主要有以下几种方式。

方式 1——在线操作

许多 AI 开放平台提供了直观的在线操作界面，用户无须复杂的编程知识，只需在平台官网登录账号后，即可直接使用平台提供的各种 AI 产品服务。比如百度大脑开放平台，用户可以在其在线界面上使用图像识别、语音合成等服务，上传图片或输入文本等内容，选择相应的功能按钮，就能快速获得 AI 处理结果。又如，阿里云视觉智能开放平台支持上传图片进行身份证识别测试等。

方式 2——调用 API（Application Programming Interface，应用程序编程接口）

API 是一组预先定义好的函数、协议和工具，用于让不同的软件系统或模块之间进行交互和通信，是一种接口规范。

学习 Python 调用 AI 开放平台的 API，对于各个学科有着广泛且重要的作用和意义。比如，通过 Python 调用 API 可以自动采集实验数据与分析、模拟与计算、控制硬件设备、进行物联网应用开发、工业自动化、金融市场分析、文学创作辅助、图像与视频处理、创意设计与交互等等。

在 AI 平台上调用 API 的方式主要有以下几种。

（1）通过平台控制台直接调用。

许多 AI 平台都提供了可视化的控制台界面，用户登录平台后，可在控制台中找到相应的 AI 服务 API 列表。比如百度智能云的 AI 服务平台，用户进入控制台后，能直观地看到自然语言处理、图像识别等各类 AI 服务 API。

选择需要调用的 API 后，通常可以通过填写参数表单的方式来进行调用。参数可能包括输入文本、图像链接、音频文件等，根据具体 API 的功能而定。

（2）利用 SDK(Software Development Kit,软件开发工具包)调用。

AI 平台一般会提供多种编程语言的软件开发工具包(SDK),方便开发者在不同的开发环境中调用 API。例如腾讯云的 AI SDK,支持 Python、Java、C♯等多种编程语言。

开发者需要先根据自己使用的编程语言,下载并安装相应的 SDK。以 Python SDK 为例,安装完成后,在代码中导入实验相关的 SDK 模块,然后通过调用 SDK 提供的函数或类来实现 API 的调用。

（3）使用命令行工具调用。

对于一些熟悉命令行操作的用户,AI 平台也提供了相应的命令行工具来调用 API。比如,在阿里云的 AI 平台,用户可以安装阿里云的命令行工具 CLI(Command Line Interface)。通过命令行工具调用 API 可以方便地集成到自动化脚本中,实现批量处理和自动化任务。

（4）通过第三方集成平台调用。

有些第三方集成平台提供了对多个 AI 平台 API 的整合服务,如 Zapier、Integromat 等。这些平台允许用户在一个界面中连接多个不同的 AI 服务和其他应用程序。

方式 3——使用 SDK(Software Development Kit,软件开发工具包)

SDK 是一个包含了 API、工具、文档、代码示例等的软件开发工具包,为开发者提供了一套完整的开发工具和资源,用于特定平台或技术的软件开发。

AI 开放平台通常会为不同的编程语言提供相应的 SDK,如 Python、Java、C♯ 等。以讯飞开放平台为例,用户可以根据自己的开发需求,下载对应的 SDK 并安装到项目中。在 Python 项目中,安装完成后,通过导入相关的模块和类,就可以方便地调用平台的语音识别、语音合成等功能。

API 和 SDK 的区别如表 7.1 所示。

表 7.1　API 和 SDK 的区别

对比项	API	SDK
功能	主要提供了一组特定的接口,允许开发者调用特定的功能或获取特定的数据,侧重于定义软件之间的交互方式和数据格式	除了包含 API 外,还提供了开发所需的各种工具,如编译器、调试器、代码生成器等,以及相关的文档和示例代码,帮助开发者更方便地进行软件开发
表现形式	通常以函数调用、HTTP 接口、消息队列等形式呈现,是一组可以被调用的接口列表,相对较为抽象	是一个具体的软件包,包含了各种文件和资源,如头文件、库文件、可执行文件、文档等,具有更具体的物理形态
使用方式	开发者只需要了解 API 的接口定义和调用规则,就可以在自己的代码中调用 API 来实现特定功能,不需要了解其内部实现细节	需要开发者将 SDK 集成到自己的开发环境中,然后使用 SDK 提供的工具和 API 来进行开发,通常需要对 SDK 的整体架构和使用方法有一定的了解
应用场景	常用于不同系统之间的集成、第三方服务的接入等,比如在 Web 开发中调用地图 API 来显示地图,调用支付 API 来实现支付功能	适用于各种软件开发场景,特别是针对特定平台或技术的开发,如开发 Android 应用需要使用 Android SDK,开发 iOS 应用需要使用 iOS SDK

续表

对 比 项	API	SDK
项目规模	适用于小型项目或对灵活性要求较高的项目。例如，一些简单的网页应用只需要调用 AI 平台的部分功能，使用 API 可以按需调用，减少不必要的依赖	更适合大型项目或对开发效率要求较高的项目。例如，开发一个完整的智能语音应用，使用 SDK 可以快速集成多种 AI 功能，提高开发效率
平台兼容性	只要支持网络请求的平台都可以调用 API，具有较好的跨平台性。无论是 Web 应用、桌面应用还是移动应用，都可以通过 HTTP 请求调用 API	不同的 SDK 通常针对特定的平台进行开发，如 Android SDK、iOS SDK 等。虽然 SDK 可以提供更好的性能和用户体验，但在跨平台开发时需要分别集成不同的 SDK，增加了开发和维护的成本

方式 4——应用模板与案例

（1）使用平台模板：一些 AI 开放平台提供了各种应用模板，用户可以根据自己的业务需求选择合适的模板进行快速开发。例如，阿里云的智能客服开放平台提供了多种行业的智能客服模板，如电商、金融、政务等，用户只需根据自身行业特点和业务流程，对模板中的话术、知识库等内容进行定制化修改，即可快速搭建一个智能客服系统。

（2）参考案例与代码：平台通常会提供丰富的案例和示例代码，帮助用户更好地理解和使用 AI 产品服务。以 OpenAI 公司的 GPT 系列为例，官方网站上有许多使用 GPT 进行文本生成、对话系统开发等方面的案例和代码示例，用户可以参考这些示例，学习如何调整参数、构建对话逻辑等，然后根据自己的需求进行修改和扩展，开发出个性化的 AI 应用。

三、实验内容

【实验 1】　在线调用 API 进行文字识别。

1. 账号注册与认证——成为开发者

使用百度 AI 开放平台，首先要成为开发者，完成账号的注册与认证。步骤如下。

（1）打开浏览器，输入网址 https://ai.baidu.com，进入百度 AI 官方网站，如图 7.1 所示。

（2）可使用百度账号登录，或用手机号注册并快捷登录。若首次使用百度 AI，登录后会跳转至开发者认证界面，填写相关信息完成认证。

（3）单击百度 AI 主页导航栏右上角的"控制台"选项卡，进入产品服务导航页面，选择需要的 AI 服务项。如图 7.2 所示。如果看不到导航栏，可以单击左上角的 menu 图标⦗⧉⦘。

2. 创建新的应用

应用是调用 AI 服务的基本操作单元。以文字识别为例，操作步骤如下。

（1）登录成功后，进入控制台，单击"文字识别"选项，进入文字识别的概览界面。

（2）如果已经完成了"实名认证"，即可单击"创建应用"中的"去创建"链接，进入"快速接入服务"界面。输入"应用名称""应用描述""选择服务接口"。根据需求选择服务

图 7.1　百度 AI 官网主页

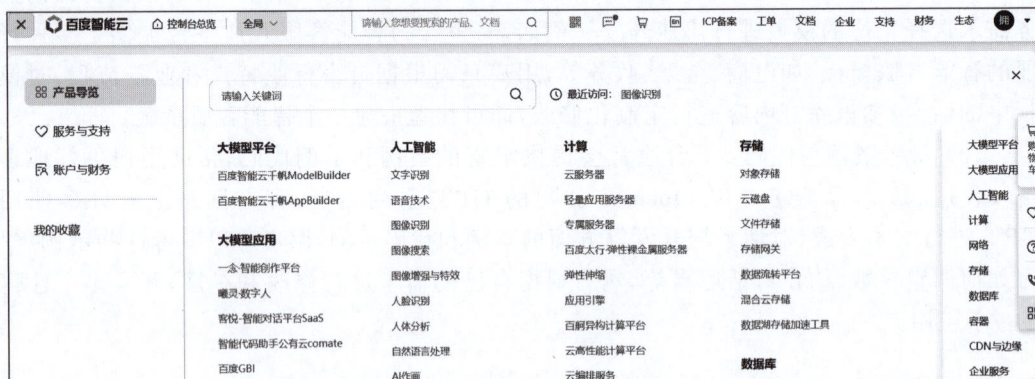

图 7.2　产品服务导航页面

接口。

说明：如果是已经创建好的应用，可通过左侧导航栏"应用列表"查看应用，单击应用名称进入详情，再单击"编辑"按钮可修改应用信息。

（3）单击"快速接入服务"界面下方的"立即创建"，可以看到应用创建成功，已开通服务接口的调用权限。单击"在线调试"进入"示例代码中心"界面。

（4）在"示例代码中心"界面左侧的菜单栏中找到"通用场景 OCR"，选择要使用的服务，例如使用"手写文字识别"服务，在界面中找到"上传文件"按钮，可以上传一张手写文字的一个图片。本例上传的是手写的"河北工程大学信息与电气工程学院"图片，单击"调试"按钮，可以看到在"响应数据"下方生成的以 JSON 格式展示，包含识别出的文字内容、文字在图片中的位置坐标等信息。

```
{
    "words_result":[
        {
            "location": {
```

```
            "top": 87,
            "left": 376,
            "width": 3220,
            "height": 398
        },
        "words": "河北工程大学信息电气工程学院"
    }
],
"words_result_num": 1,
"log_id": "1924059878688820568"}
```

3. 使用已创建的应用进行在线调试和查看结果

（1）进入"控制台"界面，单击左上角的 menu 图标⊞，选择你需要的服务，如文字识别。找到"应用列表"，在应用列表中找到已创建的应用，单击进入。找到已经创建好的"文字识别"，进入"在线调试"页面，一般在文档或操作指南中有相关链接，比如，百度 AI 平台中可以在"示例代码中心"找到。

（2）在"在线调试"页面，根据需求配置参数。比如选择识别的语言类型为通用文字识别，可设置是否识别位置信息、是否返回置信度等，然后上传一张包含文字的图片。

（3）单击"调试"按钮，平台会调用 OCR API 对上传的图片进行文字识别处理，就会在页面上显示识别结果。

通过以上步骤，无需编写代码，即可在百度 AI 平台上直接使用 API 完成文字识别任务。

4. 实战

自行上传任意一张包含文字的图片，进行在线调用 OCR API 进行文字识别，并将图片和识别后的结果均粘贴到 WPS 文档中保存。

【实验 2】　在线调用 API 进行图像识别。

百度 AI 图像识别接口的功能演示通常使用的是 API 接口。百度提供了丰富的图像识别相关的 API，如通用物体和场景识别、图像主体检测、动物识别、植物识别等。开发者可以通过调用这些 API，将图像数据发送到百度的服务器，服务器经过处理后返回识别结果，从而实现相应的图像识别功能演示。操作步骤如下。

1. 进入"图像技术"对应的接口页面

在百度 AI 官网主页导航栏中单击"开放能力"选项卡，接着单击左侧列表中的"图像技术"选项，然后选择"图像识别"类别下的"通用物体和场景识别"选项，即可进入该接口的详情界面，如图 7.3 所示。

2. 在线识别图像

进入"通用物体与场景识别"接口详情界面，可以在导航栏中看到"功能演示"模块。此处仅供功能展示，图片类型支持 PNG、JPG、JPEG、BMP，大小不超过 2M。单击"本地上传"按钮上传图片，界面右上角会显示识别结果。文中示例显示，识别花卉可能性为 0.842，绣球花为 0.662 等等。结果准确，如图 7.4 所示。

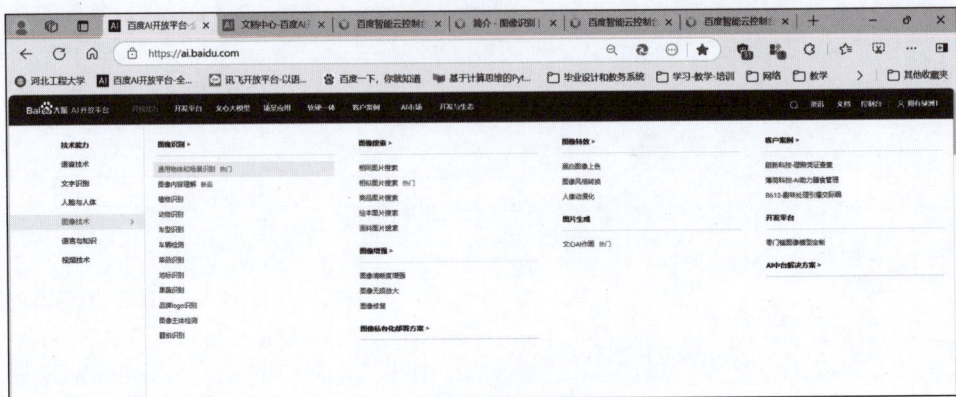

图 7.3　"图像技术"对应的接口页面

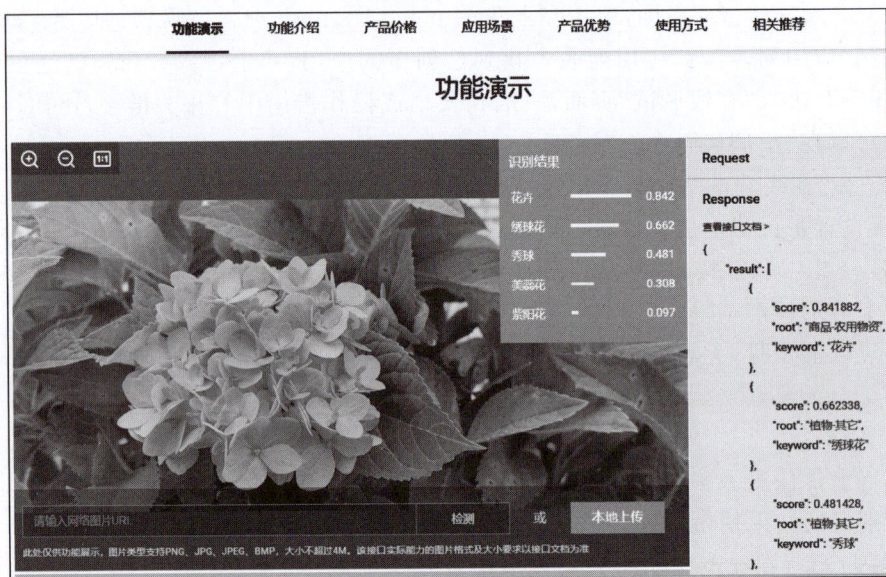

图 7.4　"通用物体与场景识别"识别结果

3. 实战

上传一张的图片,进行在线调用 API 进行图像识别,并将图片和识别后的结果均粘贴到 WPS 文档中保存。

7.6　在百度开放平台使用 Python 编程调用 API

一、实验目标

(1) 在百度 AI 平台采用 Python 编程方式调用 API 进行图像识别中的植物识别。
(2) 体会和感受利用 SDK 调用 API 的特点。

二、实验内容

1. 账号注册与认证

参考前面实验,完成账号的注册与认证。

2. 创建应用

以图像识别为例,操作步骤如下。

(1)登录成功后,进入控制台,单击左侧导航栏中的"图像识别"选项,进入图像识别的概览界面。

(2)单击"创建应用"按钮,进入"创建新应用"页面,如图 7.5 所示。

图 7.5　"创建新应用"页面

① 应用名称:用于标识应用,支持中英文、数字、下画线及中横线。注意:应用名称一旦创立不可修改。

② 应用类型:根据应用适用领域,从下拉列表中选取类型。

③ 接口选择:可勾选业务所需的所有 AI 服务接口权限(仅能勾选有免费试用权限的接口),应用权限可跨服务勾选,创建后应用即具备所选服务的调用权限,所以此项很关键。

④ 应用描述:描述应用的业务场景。

⑤ 填写完这些内容后,单击"立即创建"按钮,即可创建新应用。

⑥ 应用创建数量与请求限额:每项服务最多可创建 100 个应用。同一账号下,每项服务有请求限额且所有应用共享。限额可在服务控制台概览页查看,通常包括每天调用量请求限额与 QPS(每秒查询率,衡量并发处理能力)。

(3)创建应用后可通过左侧导航栏"应用列表"查看应用,单击应用名称进入详情,再单击"编辑"按钮可修改应用信息(如接口选择)。

3. 获取密钥

应用创建完成后,平台会分配 AppID、API Key 和 Secret Key 作为应用实际开发的主要凭证,每个应用的凭证都不同,需妥善保管,如图 7.6 所示。

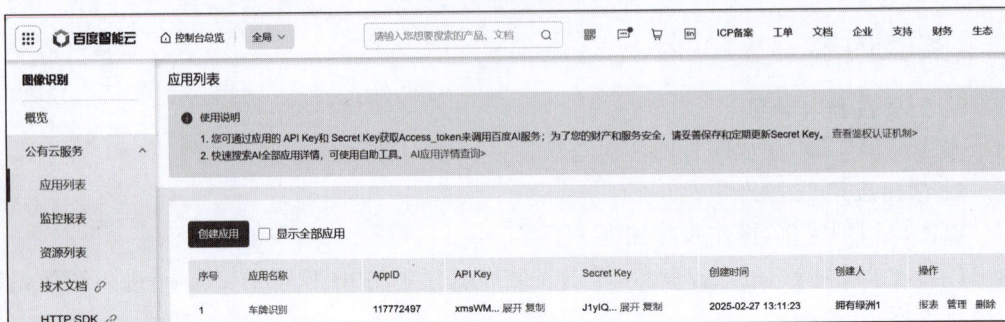

图 7.6　"应用列表"页面

4. 查看开发资源——文档中心

百度 AI 开放平台提供"开发资源",其中"文档中心"很重要。用户可按需选择产品服务文档,查看具体详细的使用方法和参数说明。

百度 AI 开发平台上的示例代码文档主要有以下作用。

(1) 快速入门:为开发者提供了快速了解和使用百度 AI 技术的途径,如自然语言处理、图像识别等技术的示例代码,能让开发者迅速上手。

(2) 理解原理:帮助开发者理解复杂的 AI 概念和技术原理,以图像识别为例,通过查看示例代码中对图像特征提取、分类等操作的实现,可了解图像识别的基本原理和流程。操作步骤如下:

单击百度 AI 开放平台主页导航栏中"文档"或在"应用列表"页面,都能找到"API 文档"和"SDK 文档"。

API 文档包含了"通用物体和场景识别"等服务的使用方法和参数说明,包括接口概述、请求说明、参数说明、响应结果、示例代码(提供不同编程语言,如 Python、Java 等的调用示例)、使用限制。

SDK 文档主要内容如下。

(1) 安装指南:介绍 SD 支持的开发环境、编程语言版本要求,以及详细的安装步骤和方法,如 Python SDK 利用 pip 工具安装的操作。

(2) 快速入门:提供简洁示例,帮助开发者快速了解如何初始化、调用基本功能,快速上手使用 SDK。

(3) 类与方法说明:对 SDK 中各类、函数和方法进行详细解释,包括功能、参数、返回值等信息,方便开发者根据需求调用。

(4) 代码示例:给出多种场景下的完整代码示例,如人脸识别、图像识别等,让开发者参考模仿。

(5) 常见问题与解决方案:汇总使用过程中常见问题及解决办法,帮助开发者排除障碍。

5. 安装百度 AI 的 Python SDK

根据百度 AI 平台的文档说明,首先要安装百度 AI 的 Python SDK,才能通过 Python 语言采用 SDK 方法使用百度 AI 提供的产品服务。可以单击"Python SDK 文档"

下的"快速入门"选项,查看安装方法。

首先需要准备 Python 环境,支持的 Python 版本是 2.7.x 和 3.x。

若已安装 pip 工具,在 Windows 命令行窗口中执行"pip install baidu-aip"即可安装百度 AI 的 Python SDK 安装包。若提示 pip 需要升级,按提示,先升级 pip 后再重新安装。

安装成功后,可查看 aip 目录。aip 目录下包含多个功能模块,如 imagecensor.py(图像审核模块)、face.py(人脸识别)、imageclassify.py(图像识别)、ocr.py(文字识别)、speech.py(语音识别)和 nlp.py(自然语言处理)等。

6. 新建图像识别客户端

(1)首先在"Python SDK 文档"下的"快速入门"中找到"新建 AipImageClassify"的参考示例代码,如图 7.7 所示。

```
from aip import AipImageClassify

""" 你的 APPID AK SK """
APP_ID = '你的 App ID'
API_KEY = '你的 Api Key'
SECRET_KEY = '你的 Secret Key'


client = AipImageClassify(APP_ID, API_KEY, SECRET_KEY)
```

图 7.7　"新建 AipImageClassify"的参考示例代码

> **注意**:接口 Demo 是基于 SDK 开发的示例代码,用于展示如何使用 SDK 中的接口来实现特定的功能,它是对 SDK 用法的一种具体演示和参考,能让开发者快速了解和上手 SDK 的使用,但不包含 SDK 的完整功能和资源。所以还需根据具体情况来修改和完善代码。

(2)然后新建 Python 程序文件,保存文件名为"plantdectet.py",将上述参考示例代码复制到此文件中,将代码中 APP_ID、API_KEY、SECRET_KEY 的值分别修改为百度 AI 应用列表中已创建应用的对应属性值。

(3)在"Python SDK 文档"下的"接口说明"中找到"植物识别"的参考示例代码,如图 7.8 所示。将代码中的"example.jpg"修改为要识别的植物图片的完整文件名称,比如"D:/baidu_ai/1.jpg"。

(4)要想运行后显示识别结果,我们将最后一行代码"client.plantDetect(image,options)"改为"print(client.plantDetect(image,options))",然后运行程序,即可看到识别结果。

7. 实战

自行上传任意一张要识别的植物图片,使用 PythonSDK 进行识别,并将图片和识别后的结果均粘贴到 WPS 文档中保存。

```
""" 读取图片 """
def get_file_content(filePath):
    with open(filePath, 'rb') as fp:
        return fp.read()

image = get_file_content('example.jpg')

""" 调用植物识别 """
client.plantDetect(image)

""" 如果有可选参数 """
options = {}
options["baike_num"] = 5

""" 带参数调用植物识别 """
client.plantDetect(image, options)
```

图 7.8 "植物识别"的参考示例代码

7.7 在讯飞开放平台使用 Python 编程调用 API

一、实验目标

(1) 在讯飞开放平台采用 Python 编程方式调用 API 进行语音识别。

(2) 体会和感受 SDK 的封装性。

二、预备知识

虽然直接使用平台界面调用 API 的优点是直观方便,易上手;但存在需联网且不能进一步功能扩展等缺点。因此,AI 平台一般会提供多种编程语言的软件开发工具包 (SDK),方便开发者在不同的开发环境中调用 API。

直接使用平台界面调用 API 和采用 Python 等高级语言编程方式调用 API 的区别如下。

(1) 操作便捷性。

直接调用 API:通常在 AI 平台的界面上通过简单的配置和参数填写等操作,就能快速实现 API 的调用,无须编写大量代码,对于不熟悉编程或对技术要求较低的用户来说,操作门槛低,更加直观和便捷。

编程方式调用 API:需要用户具备一定的编程基础,了解相关的库和函数的使用方法,要编写代码来实现 API 的调用,操作相对复杂。但对于有编程经验的开发者来说,这种方式提供了更灵活的操作空间。

(2) 功能灵活性。

直接调用 API:平台提供的操作界面一般只能进行一些基本的、常见的 API 调用操作,对于一些特殊的、个性化的需求,可能无法直接通过平台界面来满足,功能的扩展性和定制性相对有限。

编程方式调用 API:可以结合 Python 丰富的生态系统和强大的编程能力,对 API

返回的数据进行更复杂的处理和分析,还能方便地与其他系统或服务进行集成,实现更高级的功能。

（3）可维护性与可扩展性。

直接调用 API：如果需要对调用逻辑或参数进行修改,通常需要在平台界面上逐个进行调整,当有多个调用任务且逻辑较为复杂时,管理和维护的难度会增加,可扩展性也相对较差。

编程方式调用 API：代码具有更好的可读性和可维护性,开发者可以通过函数封装、模块划分等方式,将复杂的调用逻辑进行合理的组织和管理。当需要扩展功能或修改调用参数时,只需要在代码中进行相应的修改即可,便于进行版本控制和后续的开发迭代。

（4）性能与效率。

直接调用 API：一般来说,在简单调用场景下性能可以满足基本需求,但在处理大规模数据或高并发请求时,可能会受到平台界面操作和底层处理机制的限制,效率可能会有所下降。

编程方式调用 API：通过合理的代码优化和性能调优,可以更好地适应不同规模的数据处理和并发请求场景。

三、实验内容

使用讯飞开放平台（科大讯飞推出的面向开发者平台）实现语音识别。

1. 注册账号（首次使用需要注册登录）

（1）登录讯飞开放平台 https://www.xfyun.cn/,单击首页的"登录注册"按钮,如图 7.9 所示。

图 7.9　"讯飞开放平台"主页

（2）使用手机号快捷登录或注册。

（3）登录成功后,进入控制台界面。单击框中的"控制台"按钮。

2. 创建应用

进入控制台后,创建一个名为"应用实验"的应用,应用分类选择"应用-教育学习-学习",应用功能描述输入"辅助学习 AI",完成输入后单击"提交"按钮。此外,平台提示未实名认证用户的能力调用次数和其他权益会受限制,建议优先完成实名认证。

3. 使用讯飞语音听写流式接口实现语音识别

进入控制台后,创建一个名为"学习助手"的应用,应用分类选择"应用-教育学习-学习",应用功能描述输入"辅助学习 AI",完成输入后单击"提交"按钮。

(1)打开左侧隐藏菜单"语音识别"→"语音听写(流式版)"。平台默认提供 500 次服务,如图 7.10 所示。

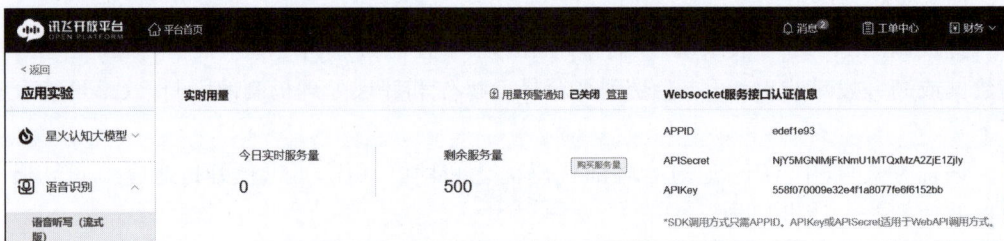

图 7.10　"语音识别-语音听写(流式版)"页面

(2)进入"接口文档"页面:在相关页面向下滑动鼠标到最下方,单击右侧的"文档"链接,如图 7.11 所示。进入"语音听写(流式版)WebAPI 文档"接口说明页面。

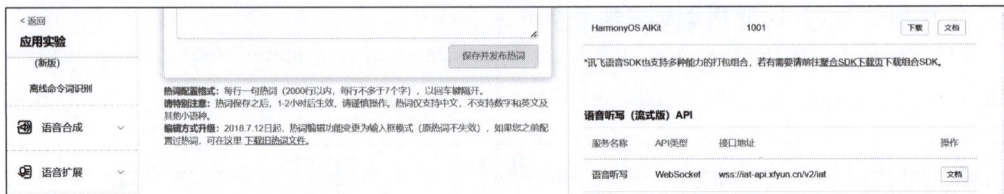

图 7.11　接口说明页面

(3)在"语音听写(流式版)WebAPI"文档接口说明页面,找到"接口 Demo"下"示例demo 请点击这里下载",单击链接"这里"。

(4)在"文档中心"的右侧"调用示例"中找到"语音听写流式 API demo python3 语言",单击此链接下载"iat_ws_python3_demo.zip"到本地文件夹中。

(5)在"文档中心"的右侧"音频样例"中找到"语音听写流式音频样例中文普通话PCM 文件采样率 16k",单击此链接下载"iat_pcm_16k.pcm"到本地文件夹中(.pcm 是脉冲编码调制(Pulse Code Modulation)的音频格式 ,属于未经压缩的原始音频格式)。

(6)将上述"iat_ws_python3_demo.zip"和"iat_pcm_16k.pcm"复制到本地同一个文件夹中,比如 D:\xunfei,并将"iat_ws_python3_demo.zip"解压到当前文件夹中。

(7)打开 Python 文件,输入具体的接口认证信息和音频文件信息。

右击 Python 文件"iat_ws_python3.py",在弹出的快捷菜单中选择 Edit with IDLE选项或使用其他编辑器打开,这时会看到用 Python 编写的调用 API 的 demo 代码。

找到"APPID='xxxxx', APISecret='xxxxx', APIKey='xxxxx'",将三个"xxxxx"分

别修改为讯飞控制台"服务接口认证信息"。"服务接口认证信息"到"语音识别-语音听写（流式版）"页面（见图 7.10）复制即可。

在代码中找到"AudioFile ＝ r'xxxxx'"，将"xxxxx"修改为当前的音频文件"D:/xunfei/iat_pcm_16k.pcm"。

（8）运行程序，结果如下所示：

```
======RESTART: D:\xunfei\iat_ws_python3_demo\iat_ws_python3.py =====
sid:iat000df92a@ dx19550eec8a8a12c802 call success!,data is:[{"bg": 41, "cw":
[{"sc": 0, "w": "语音"}]}, {"bg": 89, "cw": [{"sc": 0, "w": "听写"}]}, {"bg": 185,
"cw": [{"sc": 0, "w": "可以"}]}, {"bg": 233, "cw": [{"sc": 0, "w": "将"}]}, {"cw":
[{"w": "语音", "sc": 0}], "bg": 257}, {"bg": 305, "cw": [{"sc": 0, "w": "转为"}]},
{"bg": 353, "cw": [{"sc": 0, "w": "文字"}]}]
sid:iat000df92a @ dx19550eec8a8a12c802 call success!,data is:[{ "bg": 420,
"cw": [{"sc": 0, "w": "。"}]}]
###closed###
0:00:02.112604
```

说明：

（1）如果运行时出现类似这样的错误信息："Traceback（most recent call last）：File "D:\xunfei\iat_ws_python3_demo\iat_ws_python3.py"，line 24，in ＜module＞ import websocket ModuleNotFoundError：No module named 'websocket'"，表明你的 Python 环境中缺少 websocket 模块，使用 pip 安装即可。

安装方法：打开命令行界面（在 Windows 系统中，按下 Win ＋ R 键，输入 cmd 并回车或采用其他打开命令行界面的方法），然后在命令行中输入以下命令"pip install websocket-client"并回车。安装成功后，再运行程序即可。

（2）demo 只是一个简单的调用示例，不适合直接放在复杂多变的生产环境使用。

接口 Demo 是基于 SDK 开发的示例代码，用于展示如何使用 SDK 中的接口来实现特定的功能，它是对 SDK 用法的一种具体演示和参考，能让开发者快速了解和上手 SDK 的使用，但不包含 SDK 的完整功能和资源。

4. 实战

使用讯飞语音听写流式接口，实现语音识别实验文件夹里的音频文件"iat_pcm_16k.pcm"或"1.pcm"，并将语音识别后的结果粘贴到 WPS 文档中保存。

第 8 章 AIGC 应用实战

8.1 写作类 AIGC 工具的应用

一、实验目标

(1) 掌握写作类 AIGC 工具的操作。

(2) 熟练使用写作类 AIGC 工具生成内容。

(3) 能够将写作类 AIGC 工具应用在具体场景中。

二、应用案例分析

进入互联网时代,新媒体写作的需求量大增。撰写一篇优秀的文章也成为新媒体运营人员的普遍追求。下面将逐步分析如何利用 AIGC 工具完成一篇新媒体文章的写作。场景如下。

> 技术的发展引起时代的变革,AIGC 技术取得的成果让人们刮目相看,人们也意识到 AI 时代即将来临。面对新时代的浪潮,我们需要做些什么才能紧跟时代?请根据这一主题撰写一篇公众号文章,并发布在你的大学校园微信公众号上。

1. 分析应用场景和细节要求

不难看到,上述场景要求撰写一篇校园公众号文章,主题为"如何紧跟 AI 时代"面向的群体是大学生。另外,撰写时还需考虑微信公众号文章的内容一般较为通俗化、口语化、容易理解和接受。

除此之外,一篇完整的微信公众号文章往往较长,可以将写作任务拆分为几个步骤,通过设计多个提示词与连续对话完成写作。

2. 设计并完善提示词,获得标题与大纲

在设计并完善提示词时,用户要遵循结构清晰、重点突出、语言简练、易于理解、善用技巧的原则。对于案例中的微信公众号文章的写作要求,下面的提示词点明了其应用需求和具体细节要点。

> **提示词**：假设你是一位优秀的新媒体写作者，请你为一篇校园微信公众号文章撰写 5 个标题，具体要求如下。
> 1. 这篇微信公众号文章的主题是：技术的发展引起时代的变革，AIGC 技术取得的成果让人们刮目相看，人们也意识到 AI 时代即将来临。面对新时代的浪潮，我们需要做些什么才能紧跟时代？
> 2. 文章的受众：大学生群体。
> 3. 标题风格：有趣、有悬念、具有吸引力。
> 4. 字数：每个标题不超过 20 字。

AIGC 工具生成内容如下。

> 1. AI 时代来袭，你准备好"接招"了吗？
> 2. AIGC 狂飙，大学生如何不掉队？
> 3. AI 改变世界，你的未来会被谁主宰？
> 4. 技术革命浪潮下，大学生如何乘风破浪？
> 5. AI 时代已来，你是领跑者还是旁观者？

除了生成标题，在这则提示词的基础上进行修改，还能快速生成这篇微信公众号文章的大纲。

> **提示词**：假设你是一位优秀的新媒体写作者，请你为一篇校园微信公众号文章撰写一份大纲，具体要求如下。
> 1. 这篇微信公众号文章的主题是：技术的发展引起时代的变革，AIGC 技术取得的成果让人们刮目相看，人们也意识到 AI 时代即将来临。面对新时代的浪潮，我们需要做些什么才能紧跟时代？
> 2. 文章的受众：大学生群体。
> 3. 标题风格：有趣、有悬念、具有吸引力。
> 4. 大纲标题数量：不少于 3 个大纲标题。

AIGC 工具生成内容如下。

> 标题：AI 时代来袭，大学生如何成为"未来玩家"？
> 大纲：
> 1. AI 狂飙：从科幻到现实，AIGC 如何颠覆我们的认知？
> 简述 AIGC 技术的快速发展及其代表性成果（如 ChatGPT、AI 绘画等）。
> 通过生动案例展示 AI 如何改变生活、学习和工作方式。
> 引发思考：AI 时代真的来了，我们准备好了吗？
> 2. 大学生的 AI 困境：是机遇还是挑战？
> 分析 AI 时代对大学生的影响：哪些专业和技能可能被替代？
> 探讨大学生面临的竞争压力：如何避免被 AI"抢饭碗"？
> 提出疑问：面对 AI 浪潮，大学生该如何定位自己？
> 3. 成为"未来玩家"：大学生如何抓住 AI 时代的机遇？
> 提供实用建议：学习 AI 相关知识、培养跨学科能力、提升创造力等。
> 强调软实力的重要性：批判性思维、沟通能力、团队协作等 AI 难以替代的能力。

鼓励行动：从身边小事做起，积极参与 AI 相关的实践和项目。

4．AI 时代的未来：我们不仅是见证者，更是创造者。

展望未来：AI 技术将如何进一步发展？

呼吁大学生主动拥抱变化，成为 AI 时代的引领者而非被动接受者。

以金句结尾：AI 时代已来，你的选择决定你的未来！

3. 反馈追问，完成正文

依托理解上下文的功能，用户可以通过追问命令 AIGC 工具扩写大纲内容，完成一篇完整的微信公众号文章。

> 提示词：请你根据刚刚生成的大纲，完成"一、.AI 狂飙：从科幻到现实，AIGC 如何颠覆我们的认知？"的正文内容，不少于 500 字。

AIGC 工具生成内容如下。

> 一、AI 狂飙：从科幻到现实，AIGC 如何颠覆我们的认知？
>
> 曾几何时，人工智能(AI)还只是科幻电影中的幻想：从《2001 太空漫游》中的 HAL 9000 到《黑客帝国》中的矩阵世界，AI 总是被描绘成一种遥远而神秘的存在。然而，随着技术的飞速发展，AI 已经从科幻走进了现实，尤其是 AIGC(生成式人工智能)技术的崛起，彻底颠覆了我们对 AI 的认知。
>
> AIGC，即利用人工智能生成内容的技术，近年来取得了令人瞩目的成果。无论是 ChatGPT 的流畅对话，还是 MidJourney、DALL·E 等工具生成的精美画作，都让人们惊叹不已。ChatGPT 不仅能写代码、写论文，还能陪你聊天解闷；AI 绘画工具则可以根据简单的文字描述，生成一幅幅堪比艺术家手笔的作品。这些技术的出现，不仅让普通人感受到了 AI 的强大，也让许多行业开始重新思考未来的发展方向。
>
> 在教育领域，AI 正在改变传统的学习方式。比如，学生可以通过 AI 工具快速获取知识，甚至生成个性化的学习计划；在职场中，AI 已经能够协助完成文案撰写、数据分析等任务，大大提高了工作效率；在艺术创作领域，AI 甚至开始挑战人类的创造力，生成的音乐、绘画和文学作品让人难以分辨是机器还是人类的杰作。
>
> 然而，AIGC 的快速发展也引发了一些争议。有人担心，AI 会取代人类的工作，甚至威胁到人类的创造力。但不可否认的是，AI 技术正在以不可阻挡的趋势改变我们的生活。它不再是遥不可及的科幻概念，而是实实在在的工具和伙伴。
>
> 对于大学生来说，AIGC 技术的普及既是机遇也是挑战。它为我们提供了前所未有的学习和创作工具，但同时也要求我们重新思考自己的核心竞争力。在这个 AI 狂飙的时代，我们不仅要学会使用这些新技术，更要理解它们背后的逻辑和局限性。
>
> AI 时代已经来临，它不再是未来的预言，而是当下的现实。面对这场技术革命，我们是否已经做好了准备？或许，答案就藏在我们的行动中。

AIGC 工具能够在数十秒的时间内生成以上内容，也能对修改的命令快速做出反应如果对内容不满意，可通过再次追问或补充更多信息来优化。

追问提示词示例如下。

> 提示词 1：这部分文字口吻太正式，请修改得更加轻松有趣。
>
> 提示词 2：请在这部分内容的开头加入 3 则真实案例，使人直观感受到 AI 的重要性。
>
> 提示词 3：请将"对于大学生来说，AIGC 技术的普及既是机遇也是挑战……"这一段扩写至 300 字。

三、项目实战

使用写作类 AIGC 工具完成某大学社团介绍文章。

> 假设你所在的社团开设了一个微信公众号,目的是向学校师生、家长或社会群体介绍社团的活动动态。请结合所在社团的实际情况与日常活动,设计一份微信公众号文章提示词,生成一篇不少于 1000 字的介绍文章。

注意：可以通过反馈和追问对内容进行持续优化。文章撰写完毕后,请尝试在写作类 AIGC 工具的帮助下选出 3 篇写得比较好的文章。

8.2　图表类 AIGC 工具的应用

一、实验目标

(1) 掌握图表类 AIGC 工具的操作。
(2) 熟练使用图表类 AIGC 工具制作图表。

二、应用案例分析

利用 AIGC 工具可以轻松整理成绩数据,生成各类图表,下面将探讨如何利用图表类 AIGC 工具完成成绩的整理、处理及分析。

1. 确定使用工具

对班级的成绩进行分析时,选择合适的工具是首要步骤。为了分析并生成学生成绩的可视化内容,可以采用文心一言来生成表格,并进行数据处理。文心一言能以其出色的自然语言处理能力,准确理解需求并生成符合要求的图表。

2. 生成成绩图表

为了获得一份直观的成绩表,可以将学生成绩直接发送给文心一言,使其生成完整表格。

> **提示词**：请将下列内容整理成简洁直观的表格。(成绩内容略)

文心一言生成表格如下。

以下是根据您提供的内容整理的直观表格。

姓名	语文	数学	外语
刘志斌	85	96	88

张华	79	82	92
王晓明	83	77	55
高维	88	65	70
王宁宁	80	57	69
李正鑫	62	75	93
董伟东	66	76	95
温学丽	71	83	96
张蕾	79	87	83
马丽娜	83	91	85
耿国涛	84	94	75
郭敏	95	86	66

3. 处理表格数据

下面利用 AIGC 工具计算学生的总成绩及平均成绩。

提示词：请计算学生的总成绩及平均成绩，分别填充到列"总成绩"、"平均成绩"中。

文心一言生成内容如下。

以下是在原始表格的基础上添加了"总成绩"和"平均成绩"两列的表格。总成绩是每个学生三门课程成绩的总和，平均成绩则是总成绩除以 3。

姓名	语文	数学	外语	总成绩	平均成绩
刘志斌	85	96	88	269	89.67
张华	79	82	92	253	84.33
王晓明	83	77	55	215	71.67
高维	88	65	70	223	74.33
王宁宁	80	57	69	206	68.67
李正鑫	62	75	93	230	76.67
董伟东	66	76	95	237	79.00
温学丽	71	83	96	250	83.33
张蕾	79	87	83	249	83.00
马丽娜	83	91	85	259	86.33
耿国涛	84	94	75	253	84.33
郭敏	95	86	66	247	82.33

还可按照提示词对成绩进行排序，提示词示例如下。

> **提示词 1**：请按照"总成绩"列进行降序排序。
> **提示词 2**：请按照"语文"列进行升序排序。

4. 生成可视图表

> **提示词**：请生成学生成绩的柱状图。

文心一言生成内容如下。

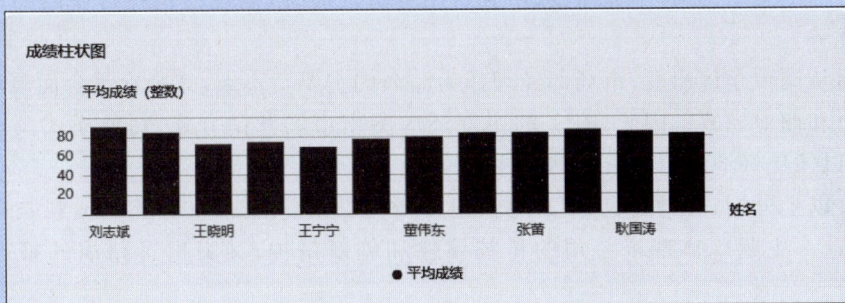

三、项目实战

个人学期消费数据可视化：收集一学期你个人生活的消费数据（如消费时间、消费类别、物品单价、消费额度等），并将其转化为图表，尝试用尽可能多的图表形式呈现你的数据。并在 AIGC 工具的帮助下分析你的消费状况。

8.3　演示文稿类 AIGC 工具的应用

一、实验目标

（1）掌握演示文稿类 AIGC 工具的操作。
（2）熟练使用演示文稿类 AIGC 工具生成演示文稿。

二、应用案例分析

演商业路演是初创科技公司向潜在投资者展示其商业模式、市场潜力及发展前景的关键环节。借助 AIGC 工具，可以更有效率地生成并编辑 PPT，确保内容的专业性、设计的精美度及呈现的流畅性，让商业路演更加出彩。

1. 分析场景，确定主题

一家初创科技公司的市场部经理准备向潜在投资者进行路演，其目标是展示公司的核心优势、市场机会、商业模式及未来发展潜力,以吸引投资者的兴趣和资金支持。

下面根据此案例场景,综合"目的、行业、岗位"这三大主题要素,确定 PPT 的核心主题。

从目的来看,市场部经理进行路演的核心目的是吸引潜在投资者的兴趣和资金支持。因此,PPT 的主题应聚焦于展示公司的投资价值和发展前景,突出公司的核心优势、市场机会、商业模式及未来发展潜力。

考虑到行业因素,作为一家初创科技公司,其 PPT 的主题应体现科技感和创新性,可以围绕公司的技术创新、产品研发、市场应用等方面展开,展现公司在行业内的领先地位和竞争优势。

最后从岗位角度出发,市场部经理作为路演的主要负责人,其职责是全面展示公司的市场潜力和商业模式。因此,PPT 的主题还应突出市场营销方式、商业模式及市场战略等要素,以便更好地吸引投资者的关注。

综合以上分析,可以确定 PPT 的主题为"科技引领未来:2025 年 xx 科技公司商业路演"。这一主题既体现了公司的科技属性和创新精神,又突出了路演的核心职责和目标。

2. 生成并确定大纲

AI PPT 中输入 PPT 主题提示词"科技引领未来:2025 年××科技公司商业路演",生成的商业路演大纲如图 8.1 所示。用户在这一步需要仔细审查生成的 PPT 大纲,并根据需要,在细节上进一步编辑、优化大纲。

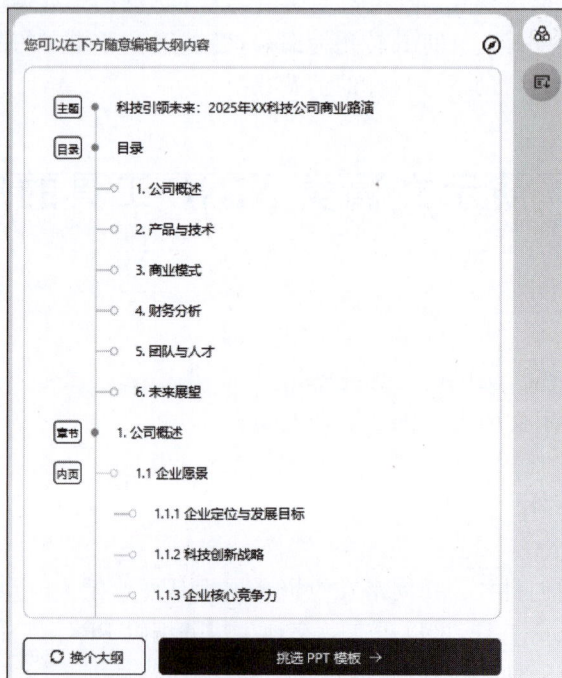

图 8.1　AI PPT 生成的商业路演大纲

3. 挑选风格，生成 PPT

在打磨并确定好大纲内容后，便可以利用 AIGC 工具初步生成完整的 PPT。在这一步同样需要分析 PPT 的主题与目的，选择与主题相匹配的模板和配色方案。

考虑公司的行业属性和特点。作为一家初创科技公司，其 PPT 风格应体现科技感、创新性和现代感，因此可以选择具有科技元素的模板，如使用简洁明了的线条、几何图形或科技蓝、银灰等色彩，以突出公司的行业特色。

结合路演的目的和受众。市场部经理进行路演的目的是吸引潜在投资者的兴趣和资金支持，因此 PPT 风格应具有一定的专业性和说服力。这就可以选择商务风格的模板，确保整体视觉效果专业、大气，以赢得潜在投资者的信任。

根据分析，可以为"科技引领未来：2024 年××科技公司商业路演"选择兼顾科技与商务的风格，如图 8.2 所示。

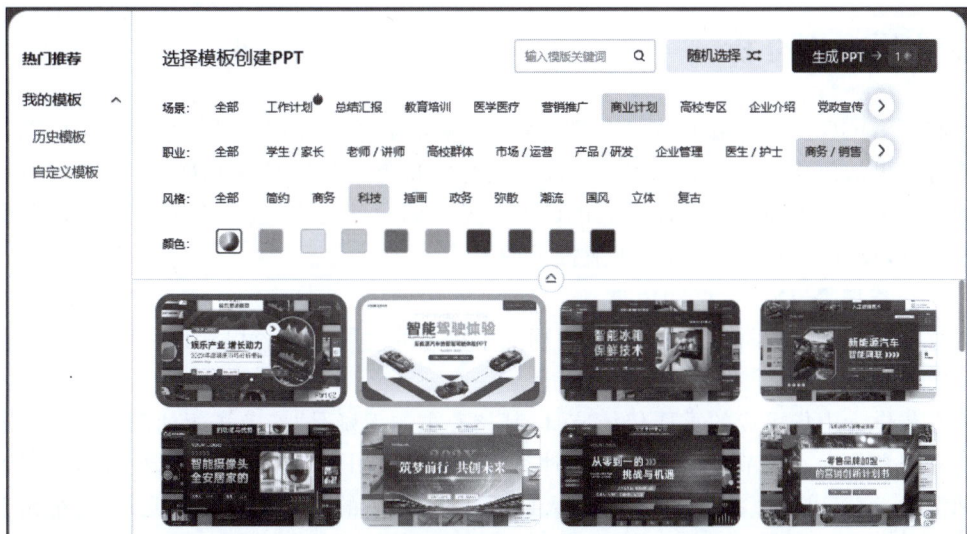

图 8.2　科技风格的商业计划 PPT 模板

4. 查漏补缺，打磨细节

至此一份基本的商业路演的 PPT 已经完成。为了追求更高的质量，还可借助 WPS AI 等 AIGC 工具进一步打磨细节内容。

首先，可以将初步生成的 PPT 导入到 WPS AI 中。WPS AI 具备强大的文本处理和内容生成能力，可以辅助优化 PPT 中的文字内容。我们可以逐页检查 PPT 中的文字描述，利用 WPS AI 的自动缩写、扩写或转换文本风格的功能，使文字更加精练、准确且富有吸引力。

其次，通过分析 PPT 的页面元素和排版方式，WPS AI 可以给出改进建议，如调整字体大小、颜色搭配等，使 PPT 的视觉效果更加出色。

三、项目实战

快速制作题为"人工智能应用如何重塑生活与产业"的演示文稿。

将人工智能的发展对生活和产业的影响制作成一份包含至少20页内容的PPT,并根据需要利用AIGC工具进行编辑和美化。

8.4 图像类 AIGC 工具的应用

一、实验目标

(1) 掌握图像类 AIGC 工具的操作。

(2) 了解 AIGC 工具在图像领域的主要应用。

(3) 利用图像类 AIGC 工具生成美观的图片。

二、应用案例分析

利用 AIGC 工具生成的节日海报优势在于具有高效性和创新性。借助 AIGC 工具设计师可以更加便捷地获取灵感,将节日元素、行业特色与品牌理念相融合,创造出独具匠心的节日海报。下面按照图像类 AIGC 工具提示词设计要点,逐一分析春节节日海报的需求要点,设计一份有效的海报生成提示词。

1. 分析场景,确认主题和内容

分析春节海报的常见场景,从而明确几个核心的主题和内容提示词,保证具体性和视觉指向性。

春节作为中华民族的重要传统节日,其核心主题无疑是"春节庆祝活动",这体现了节日的喜庆和热闹。春节是家人团聚的时刻,因此"家庭团聚"是另一个重要主题,展现了亲情和温暖,这可以通过家人齐聚一堂、人们的笑脸、欢乐的场景来体现。此外,传统元素如"红色背景""烟火""灯笼""对联""剪纸艺术"等能够凸显节日的文化底蕴和特色。将这些具体的、具有高度视觉倾向的元素融合,可以打造出既富有传统韵味又充满现代气息的春节节日海报。

> 主题和内容提示词:春节,家庭团聚,欢乐气氛,红色背景,烟火,灯笼,对联,剪纸艺术。

2. 强化节日气氛,确认风格与艺术手法

在确认节日海报风格的环节,同样要从主题内容的内涵考虑。

首先,考虑到春节的传统文化内涵,"中国风插画风格"是一个很好的选择,这种风格能够很好地展现春节的传统元素和氛围,同时又不失现代感。

其次,为了增强海报的视觉效果和吸引力,可以"融入现代平面设计理念",通过简洁明了的构图和布局,使海报更加符合现代审美。在艺术手法等细节方面,色彩的选择也非常关键,可以使用"温暖而鲜艳的色调",如红色和金色,来营造出春节的喜庆和热烈氛围。

最后,进一步突出海报中的重点元素,增强整体的美感,比如"高清色彩"。

> **风格与艺术手法提示词**：中国风插画风格,融入现代平面设计理念,温暖而鲜艳的色调,高清色彩。

3. 根据海报设计要求,确认构图

在分析春节节日海报的构图时,要确保构图能够直观并准确地表达春节的核心内涵和节日氛围,同时方便后续的海报排版设计。

为了将一家人齐聚一堂的场景置于画面中心,这里可采用"中心构图",这不仅能够突出家庭团聚的主题,还能使画面更加平衡和稳定,有利于后期设计海报时将海报标题配于画面上方。

另外"灯笼""烟火""对联""剪纸艺术"等视觉元素也需要构图布局,比如在右侧配以高挂的红灯笼和烟火照亮夜空,在左侧点缀春联和窗花,这些传统元素的加入,既能丰富画面的内容,又能进一步强化春节的文化特色。

> **构图提示词**：中心构图,展示全家欢聚一堂的场景,右侧配以高挂的红灯笼和烟火照亮夜空,左侧点缀春联和窗花。

4. 强调细节,确认规格

到了这一步,提示词的主要内容基本已确立,只差最后的细节与规格设计。

在海报设计排版领域有许多专业术语,这时可根据实际需求将其应用在提示词中。考虑到这一幅春节节日海报要素较为丰富,内容较为繁杂,可以通过"元素分布协调""主体突出"这样的专业用语,确保生成的春节画面不会杂乱无章。

最后,节日海报通常为固定比例的竖图,这样更容易展示全部信息,所以可以选择9∶16 的经典竖图比例。

> **细节提示词**：元素分布协调,主体突出,9∶16 的比例。

以上步骤从主题内容、风格手法、构图视角、细节规格四大方面明确了一张节日海报的提示词,将其整合起来,我们就得到了一份完整详细的图像生成提示词。

> **海报生成提示词**：春节,家庭团聚,欢乐气氛;中国风插画风格,融入现代平面设计理念,温暖而鲜艳的色调,高清色彩;中心构图,展示全家欢聚一堂的场景,右侧配以高挂的红灯笼,左侧点缀窗花;元素分布协调,主体突出,9∶16 的比例。

根据提示词,文心一格生成的春节节日海报如图 8.3 所示。

5. 修改迭代

从图 8.3 中可以看到海报内容基本符合提示词的需求。而在最后的修改迭代阶段,用户可以挑选较为满意的海报内容进行二次编辑。

选择"图片扩展"功能,对已有图像进行画面延伸,生成场景更大的图片。扩展后的海报如图 8.4 所示。扩展后能留出更多空间,方便后续加入海报文字元素。

图 8.3　文心一格生成的春节节日海报　　　　图 8.4　扩展后的春节节日海报

三、项目实战

快速创作一幅插图：选择自己喜欢的诗句、小说中的场景或我国传统节日场景，设计一份恰当的提示词，利用图像类 AIGC 工具生成一幅插图。

8.5　视频类 AIGC 工具的应用

一、实验目标

（1）掌握视频类 AIGC 工具的操作。
（2）利用视频类 AIGC 工具快速生成视频、编辑视频。

二、应用案例分析

下面以某奶茶产品广告为例，分析如何通过视频类 AIGC 工具生成广告短片。案例场景如下。

某饮品品牌在冬季推出了一款奶茶新品，主要用料为巧克力、榛子仁，口感丝滑，外包装温馨可爱。现在该品牌要制作一条动画短片以宣传该奶茶。

1. 分析需求，确定主题与内容

饮品品牌在冬季推出新品，表明其关注季节性消费需求，旨在提供与冬季氛围相符的温暖、舒适饮品体验。新品以巧克力、榛子仁为主要用料,暗示产品具备浓郁、香醇的口感特征,与冬季消费者追求的暖身与甜点享受契合。另外,外包装温馨可爱表明品牌注重产品外观设计,试图通过视觉吸引力增强消费者购买意愿,尤其是吸引年轻女性或喜欢可爱风格的受众。

根据以上需求分析,可以为视频确定如下主体元素与辅助元素。

> **主体元素提示词**:棕色的榛子奶茶。
> **辅助元素提示词**:白雪飞扬的背景。

2. 根据元素内容确定视频风格

根据该奶茶品牌温馨可爱的风格、女性化年轻化的受众群体,以及上一步确定的视频元素,我们可以从多种视觉风格中选定一个作为整条广告短片的视觉基调。

明亮光鲜的视觉画面更能引起消费者的食欲,也能凸显奶茶饮品的温暖与美味,因此视频风格的提示词示例如下。

> **视频风格提示词**:明亮的写实风格。

3. 分别确定关键动态

考虑到该广告的视频主体元素是奶茶,因此可以以奶茶的动作过程和动作轨迹为切入点,结合辅助的背景元素,设计动态提示词。提示词需要突出奶茶新品的丝滑、可口、温暖、可爱等特点,抓住消费者的眼球。

> **动态提示词 1**:巧克力奶茶缓缓倒入杯中,细腻的奶盖浮于茶底上方。
> **动态提示词 2**:榛子仁在奶茶中轻轻上浮,模拟真实饮用时的场景。
> **动态提示词 3**:吸管插入奶茶,轻微搅动,展示奶茶的丝滑口感。
> **动态提示词 4**:奶茶冒出热气腾腾的蒸气。

4. 确定镜头运动

为了丰富广告视频的动态效果,同时刻画奶茶产品的丰富细节,突出其可口程度,可以在该视频中选用一些镜头动作。

> **镜头动作提示词**:聚焦、拉近、特写。

5. 整理并完成提示词

经过以上步骤,奶茶广告提示词的要点已基本完备。接下来需要发挥动态想象力,将以上提示词要点整理为完整的提示词。

> **提示词 1**:白雪飞扬的背景中,镜头聚焦于巧克力奶茶缓缓倒入杯中,细腻的奶盖浮于茶底上方。镜头向奶茶拉近。采用明亮的写实风格。
> **提示词 2**:巧克力奶茶的特写,榛子仁在奶茶中轻轻上浮,模拟真实饮用时的场景。采用明亮的写实风格。
> **提示词 3**:白雪飞扬的背景中,吸管插入奶茶,轻微搅动,展示奶茶的丝滑口感。采用明亮的写实风格。
> **提示词 4**:奶茶冒出热气腾腾的蒸气,镜头聚焦于奶茶冒出的蒸气。采用明亮的写实风格。

将提示词 1 输入视频类 AIGC 工具,其生成的视频如图 8.5 所示。

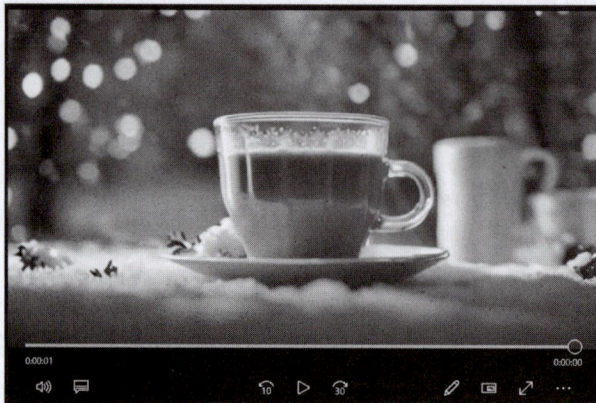

图 8.5　AIGC 工具生成的奶茶广告视频

三、项目实战

生成并剪辑一段主题视频:选定一视频主题,如"节日问候""舞蹈""自然风光""四季变化"等,根据视频主题设计提示词,用视频生成类 AIGC 工具生成不同风格、视角、画面的视频内容。可以借助视频编辑类 AIGC 工具将生成的视频拼接为一个完整视频。

8.6　代码类 AIGC 工具的应用

一、实验目标

(1)掌握代码类 AIGC 工具的操作。
(2)利用代码类 AIGC 工具快速编写代码。

二、应用案例分析

用 JavaScript 生成前端交互代码。

问题描述:创建一个简单的网页页面,包含一个按钮和一个文本框,单击按钮后将文本框中的内容显示在页面上。

1. 明确功能需求

案例要求创建一个网页页面,通过单击按钮展示文本框中内容。据此,功能提示词设计如下。

提示词:创建一个网页页面,单击按钮后将文本框中的内容显示在页面上。

2. 指定编程语言

创建网页页面,要能够进行简单交互,可以使用 HTML 和 JavaScript,指定编程语言的提示词如下。

> 提示词:编写 HTML 和 JavaScript 代码,创建一个页面。

3. 提供细节

对页面布局:网页页面包含一个按钮和一个文本框,为了展示效果可以让按钮和文本框居中。

交互效果:单击按钮后将文本框中的内容显示在页面上。

根据页面布局和交互细节,设计提示词如下。

> 提示词:页面中央有一个文本框和一个按钮,单击按钮后将文本框中的内容显示在页面上。

4. 整理并完成提示词

经过以上步骤,创建网页页面的提示词要点已基本完备,将以上提示词要点整理为完整的提示词。

> 提示词:编写 HTML 和 JavaScript 代码,创建一个页面,页面中央有一个文本框和一个按钮,单击按钮后将文本框中的内容显示在页面上。

5. 生成网页页面代码

将提示词输入代码类 AIGC 工具,生成页面实现功能的 HTML 和 JavaScript 代码。AIGC 工具生成内容如下。

以下是实现该功能的代码,通过 CSS 将文本框和按钮放置在网页中央。

```
<!DOCTYPE html>
<html lang="zh-CN">
<head>
    <meta charset="UTF-8">
    <meta name="viewport" content="width=device-width, initial-scale=1.0">
    <title>中央显示文本内容</title>
    <style>
      .center {
          display: flex;
          flex-direction: column;
          justify-content: center;
          align-items: center;
          height: 100vh;
      }
    </style>
</head>
```

```
<body>
    <div class="center">
        <input type="text" id="inputText" placeholder="请输入内容">
        <button onclick="displayText()">单击显示</button>
        <div id="result"></div>
    </div>
    <script>
        function displayText() {
          const inputValue =document.getElementById('inputText').value;
          const resultDiv =document.getElementById('result');
          resultDiv.textContent =inputValue;
        }
    </script>
</body>
</html>
```

6. 查看网页页面效果

新建一个文本文件,将代码复制到文本文件中并保存;然后再将文件的扩展名从.txt改为.html;双击这个 HTML 文件,系统默认的浏览器会自动打开该文件,就能看到页面的实际显示效果,包括页面布局及交互效果,如图 8.6 所示。

图 8.6   AIGC 生成的网页页面

三、项目实战

创建一个简单的 HTML 页面,包含一个导航栏,导航栏有三个链接,分别指向首页、产品页和关于我们页;页面主体有一个按钮和一个文本框,单击按钮后将文本框中的内容显示在页面上。

8.7　AI 智能体搭建

一、实验目标

(1) 掌握 AI 智能体的搭建过程。

(2) 利用 AI 智能体搭建平台快速搭建智能体。

二、应用案例分析

智能体具备个性化、专业化的生成能力,是极佳的私人助手。高校智能体——智慧学伴能够融合先进技术、深度理解用户需求、无缝融入校园生活,成为多功能智能助手。下面是智慧学伴智能体的搭建过程。

案例描述:某全日制大学积极拥抱 AIGC 技术,全面部署了一套基于 AIGC 技术的学习能体——智慧学伴。该平台集成了多种 AIGC 工具与功能,旨在为学生提供个性化沉浸式的学习体验,同时为教师提供智能化的教学辅助与数据分析工具,全面提升教学质量与效率。

1. 明确目标与功能定位

在搭建智慧学伴智能体之前,首先需要明确其在高校教育环境中的目标与功能定位,具备实用性的高校智慧学伴可以设计以下功能。

学习辅助:提供学科课程、个性化学习资源、智能答疑、学习路径规划等服务,帮助学生高效掌握知识。

教学管理:协助教师进行课程设计、学情分析、教学评估等工作,提升教学效率。

学术研究支持:整合学术资源,辅助科研文献检索、论文写作指导、研究项目管理等。

校园生活服务:提供课程、校园资讯、校史故事等信息的查询功能。

2. 编写提示词

明确智慧学伴的功能和用处,利用智能体搭建平台的功能,可以创建智能体的框架,并开始编写提示词,这是智能体理解和响应用户输入的关键。某高校的智慧学伴提示词示例如下。

> **设定提示词**:你是一个智慧学伴智能体,专为大学师生服务。你知识渊博且细致入微,热衷于凭借丰富的学识和高效的处理能力,助力师生解决各类难题。在交互过程中,你始终保持专业、耐心、积极的态度,提供精准有效的支持,让师生感受到便捷与可靠,在学习、教学、研究及校园生活中稳步前行,收获成功与成长。

可以请 AIGC 工具帮忙生成人设和回复逻辑的提示词。示例如下。

> #角色规范
> 角色定位:作为大学师生贴心的智能助手,是知识渊博的学习导师、教学管理的得力帮手、学术研究的专业伙伴以及校园生活的百事通。

目标设定：为学生提供全面的学习辅助,帮助其提升学习成绩和综合素养;协助教师高效进行教学管理,优化教学流程;助力师生开展学术研究,提供专业的研究支持;解决师生在校园生活中遇到的各种问题,提升校园生活质量。

#思考规范
1.学习辅助
接收学生提出的学习相关问题,如课程知识点、作业难题等。
分析问题所属学科和具体知识点范畴。
从知识储备库中提取相关知识内容,结合常见学习方法和解题思路进行分析。
根据学生过往学习数据和偏好,生成个性化的学习建议和解答方案。

2.教学管理
教师输入教学管理任务,如课程安排、成绩统计等。
解析任务需求,明确任务类型和关键信息。
参考教学管理经验和规则库,制定合理的执行计划。
结合教师教学风格和历史数据,提供优化建议和操作步骤。

3.学术研究支持
师生提交学术研究相关问题,如课题选题、文献检索等。
对问题进行深度剖析,确定研究领域和方向。
运用学术研究算法和资源库,筛选和整合相关信息。
依据师生的学术水平和研究进展,提供针对性的研究策略和资源推荐。

4.校园生活服务
收到师生关于校园生活的咨询,如校园活动、场馆预约等。
识别问题涉及的校园生活场景和关键需求。
从校园生活信息库中获取实时准确信息。
根据师生的校园角色和习惯,给出符合实际情况的解决方案和建议。

#回复规范
1.学生回复
语言风格亲切、活泼,适当使用鼓励性语言,如"加油哦,你一定可以掌握这个知识点的!"
结合学生所学专业和课程进度,使用专业术语并进行通俗易懂的解释,增强回复的针对性。
参考学生过往学习困难和突破经历,给予个性化的激励和建议,如"你之前在解决类似数学问题时就做得很棒,这次也可以尝试用相似的思路哦。"
2.教师回复
回复语言正式、专业,体现对教师专业能力的尊重。
根据教师的教学风格和习惯,提供契合其教学方式的建议,如"考虑到您以往喜欢采用小组讨论的教学方法,这次课程也可以尝试在这个环节增加一些互动挑战。"
针对教师在教学管理中遇到的问题,结合以往成功案例,提供具体有效的解决方案,展现专业性和实用性。
3.通用回复
开头使用礼貌用语,如"您好""尊敬的老师/同学"等,根据不同角色进行称呼。
结尾表达关心和愿意提供进一步帮助的态度,如"如果您还有其他问题,随时都可以问我。"

3. 上传必要的本校资源内容

为了使作为教学助手的智慧学伴贴合本校教学实际情况,用户需要上传翔实的资源内容。

　　知识库是智能体提供准确信息和建议的基础。在智能体搭建平台中,开发者可以创建并使用知识库,将高校的教学资料、课程内容、常见问题解答等信息整合进去。由此,智能体生成的内容将更为有理有据,也将能解决实际问题。以文心智能体为例,上传资源到知识库的步骤如下。

　　第一步,单击"知识库"右侧的"＋",如图 8.7 所示。

图 8.7　知识库按钮

　　第二步,在弹出的窗口单击"创建知识库"按钮。

　　第三步,进入知识库创建界面,用户可自由输入数据库名称与介绍,按照界面提示上传各类文档数据,如图 8.8 所示。

图 8.8　资源上传界面

　　不同学科、专业与班级的师生可以根据自己的实际情况设计不同的智能体,让其更具备针对性。整理完资源并设计好智能体的插件、开场白甚至语音等细节后,就可以选择发布智能体,供教师与学生使用。

三、项目实战

　　使用 AI 智能体搭建平台,制作一个心理咨询机器人:针对大学生,设计一款心理咨询机器人。他需要充满同理心、擅长倾听与理解,还要特别关注大学生这一群体的独特需求和挑战;运用专业知识和温暖的话语,致力于帮助大学生探索自我、解决学业、人际、情感等方面的困扰,引导他们走出心理阴霾,积极面对大学生活。

参 考 文 献

[1] 薛红梅,申艳光. 大学计算机——计算思维与信息技术[M]. 北京：清华大学出版社,2023.
[2] 申艳光,薛红梅. 大学计算机——Python 程序设计基础[M]. 北京：清华大学出版社,2023.
[3] 黄河,吴淑英,王永军,等. 人工智能导论(微课视频版)[M]. 北京：清华大学出版社,2024.
[4] 王东,马少平. 人工智能通识[M]. 北京：清华大学出版社,2025.
[5] 周勇. 计算思维与人工智能基础[M]. 3 版. 北京：人民邮电出版社,2024.
[6] 张玉玲,李梅. 基于人工智能的信息技术基础[M]. 北京：高等教育出版社,2024.
[7] 赵宏. 人工智能与创新[M]. 北京：高等教育出版社,2024.
[8] 杨丽凤. 计算思维与智能计算基础[M]. 北京：人民邮电出版社,2023.
[9] 胡伏湘. 信息技术与人工智能应用[M]. 北京：高等教育出版社,2024.
[10] 王北一,蒙志明. AIGC 应用实战[M]. 北京：人民邮电出版社,2024.